STEFFI BURKHART

DIE SPINNEN, DIE JUNGEN

STEFFI BURKHART

# DIE SPINNEN, DIE JUNGEN

EINE GEBRAUCHSANWEISUNG
FÜR DIE GENERATION Y

# INHALT

# VORWORT:
## DER HANDLAUF

D as Jahr 2010 war spannend, es war der Auslöser für dieses Buch. Wobei ich das damals noch nicht wusste. Ich war 25, frische Sportstudium-Absolventin und bewarb mich um meinen ersten Arbeitsplatz. Ein dicker Fisch hatte angebissen, es lief alles nach Plan. Ich war top motiviert und echt neugierig darauf, was mich da draußen in der Arbeitswelt erwartet. Und dann endlich: Meine erste Arbeitswoche stand vor der Tür. Doch schon am zweiten Arbeitstag ging es mit meiner Motivation bergab. Ich kann mich noch so gut daran erinnern: Es war Mittagszeit, und ich war mit meinen Arbeitskollegen auf dem Weg zur Kantine. Weil ich immer so flink unterwegs bin, war ich die Erste. Heiter teiter ging es zwei Etagen die Treppen runter – und plötzlich war er da! Der Ruf meines Chefs: »Frau Burkhart, bitte den Handlauf benutzen!« Nicht wissend, was der von mir wollte, drehte ich mich mit hochgezogener Augenbraue um und war leicht von dem Anblick meiner Kollegen irritiert. Wie eine Entenfamilie hintereinander aufgereiht gingen sie die Treppen runter und hielten sich am Geländer fest. Sie haben richtig gehört und erahnen es! Wer den Handlauf benutzt, verhält sich regelkonform. Wer nicht, nicht. Und es kommt noch schlimmer: Zwei Stufen auf einmal – Regelverstoß! Telefonierend auf der Treppe – Regelverstoß! Erhöhte Geschwindigkeit auf der Treppe – Regelverstoß! Großes Paket aufm Arm – Regelverstoß! Ja, die spinnen doch! #Handlauf

Ich war unterwegs in einer Welt voller Fremdbestimmung, Entmündigung, Konformismus und Regelwut. Um mich herum lauter angepasste Weicheier, Jammerlappen und Ja-Sager. Vor- und Querdenker gab es zwar auch welche und für den Austausch mit jenen bin ich noch heute sehr dankbar – die waren dort aber in der Minderheit. Die Masse war geprägt vom Entengang. Über Jahre hinweg gebrainwashed und zurechtgebogen laufen sie der Menge hinterher und halten nur für normal, was den Regeln entspricht. Als ich das Unternehmen verließ, war jeder meiner Überzeugungsversuche vergebens gewesen. Dabei war für mich so klar: Wir leben alle nur einmal auf dieser Erde. Da möchte ich mehr tun, als nur sinnlosen Regeln und Anweisungen meines Chefs zu folgen. #YouOnlyLiveOnce

Kulturschock pur! Anders kann ich es nicht beschreiben. Während sich draußen die Welt im Hier und Jetzt bewegt, ist die Uhr hinter den Unternehmensmauern im letzten Jahrhundert stehengeblieben: Stempelsystem, Acht-Stunden-Tage, Anwesenheitspflicht, von Kreativität weit und breit keine Spur, die Wörter Spontanität und Flexibilität kennt man nicht, Nackenschmerzen vom Hochschauen, Rückenschmerzen vom Bücken und und und. #AlteArbeitswelt #NeueArbeitswelt

Schon nach wenigen Wochen Konzernluft-Schnuppern stellte ich mir die Frage: Wie soll ich es dort zwei Jahre (ich durfte dort meine Promotion umsetzen) aushalten, ohne in innere Kündigung abzudriften?

Nach einem Jahr begann ich, an mir selbst zu zweifeln: Liegt es vielleicht an mir? Muss ich lernen, mich anders zu verhalten? Bin ich zu frech? Zu eckig und kantig? Hm, vielleicht. Also fing ich an, mich zu verbiegen, um besser da reinzupassen. Aber: Lange hielt ich das nicht aus. Fühlte mich nicht mehr wohl in meiner Haut, war nicht mehr ich selbst. Und weil ich das nicht wollte und mir mein Freundeskreis schon kritisches Feedback zu meiner beginnenden Metamorphose hin zur Konzerngestalt gab, krempelte ich mich wieder um zur echten Steffi. #DieSpinnenDieJungen!

Und genau dafür plädiere ich: mehr ausgeprägte Individualisten, starke Persönlichkeiten, die unterstützt und nicht in Massenabfertigung eingestampft werden. Und ich plädiere dafür, die Diskussion um die Generation Y nicht mit flapsiger Handbewegung vom Tisch zu wischen. Die Diskussion ist viel weitreichender als nur mit Behauptungen um sich zu werfen und die junge Generation als faul, frech und fordernd zu beschreiben. Sie umfasst einen gesamten Wandel der Arbeitswelt – in dem die Generation Y die Rolle des Vorreiters einnimmt. Nicht alle und nicht für alles. Aber schon für einiges: Sie hinterfragt bestehende Erfolgsmuster von Arbeit und Führung, bringt das Baby »Internet« zum Laufen, baut sich eine digitale Realität auf und überträgt die dortigen Spielregeln in die analoge Arbeitswelt, sie denkt mehr im Wir als im Ich, prägt eine neue Lernkultur, entwertet klassische Rollenbilder, lebt vielfältigere Lebensläufe und lernt schon recht früh, mit der wachsenden Komplexität zurechtzukommen. *#EvolutionDerArbeitswelt*

Die spinnen, die Jungen? Na, wollen wir mal sehen!

# DIE JUGEND VON HEUTE

## WAREN WIR NICHT ALLE MAL DIE JUGEND VON HEUTE?

Es gibt kaum eine Zeitschrift, die im vergangenen Jahr nicht über die heute 20- bis Mitte-30-Jährigen berichtet hat. Die »Generation Y«. Ein leider missverstandener Begriff. Ein Buzz-Wort für die ungezogene Jugend: Heulsusen, Weicheier, frech, faul, fordernd, wollen nur Spaß haben, keine Karriere machen und sind respektlos Führungskräften gegenüber. Das alles und noch viel mehr wird uns nachgesagt. Ich habe manchmal das Gefühl, Medien wie die Frankfurter Allgemeine Zeitung, der »Spiegel« oder die »Zeit« streben geradezu danach, sich in der Schwarzmalerei zu übertreffen. Viele nutzen das Meckern über die junge Generation als Ventil für ihren Frust über die veränderten Bedingungen des Arbeitsmarkts, insbesondere über den wachsenden Leidensdruck – ob als Unternehmen, Führungskraft oder langjähriger Mitarbeiter. Das darf nicht passieren. Wir neigen zu häufig dazu, Sündenböcke für Veränderungen zu suchen, statt uns selbst zu fragen, welchen konstruktiven Beitrag wir leisten können. Und wenn ich mich nicht an den Wandel dieser (Arbeits-)Welt anpassen möchte und den guten alten Zeiten hinterherschwärme, sollte ich die Klappe halten und aufhören, die Menschen von morgen auszubremsen. Sicherlich ist nicht alles gut, nicht alles perfekt an meiner Generation. Aber was ist schon perfekt?

## DIE GENERATION Y ...

Wer ist sie nun eigentlich, diese Generation Y? Betrachten wir sie mit der **demografischen Brille,** umfasst sie die Alterskohorte der heute 20- bis Mitte-30-Jährigen (*1980–1995). Neben ihr gibt es:

- die U-20-Jährigen, die als »Generation Z« bezeichnet werden, (*1995–2010)
- die Generation X, die heute Mitte-30- bis 50-Jährigen, (*1965–1980)
- die Babyboomer, die Eltern-Generation der Generation Y, (*1950–1965)
- sowie die 68er-Generation, die älteste Generation, die sich aktuell auf dem Arbeitsmarkt rumtreibt (*1935–1950)

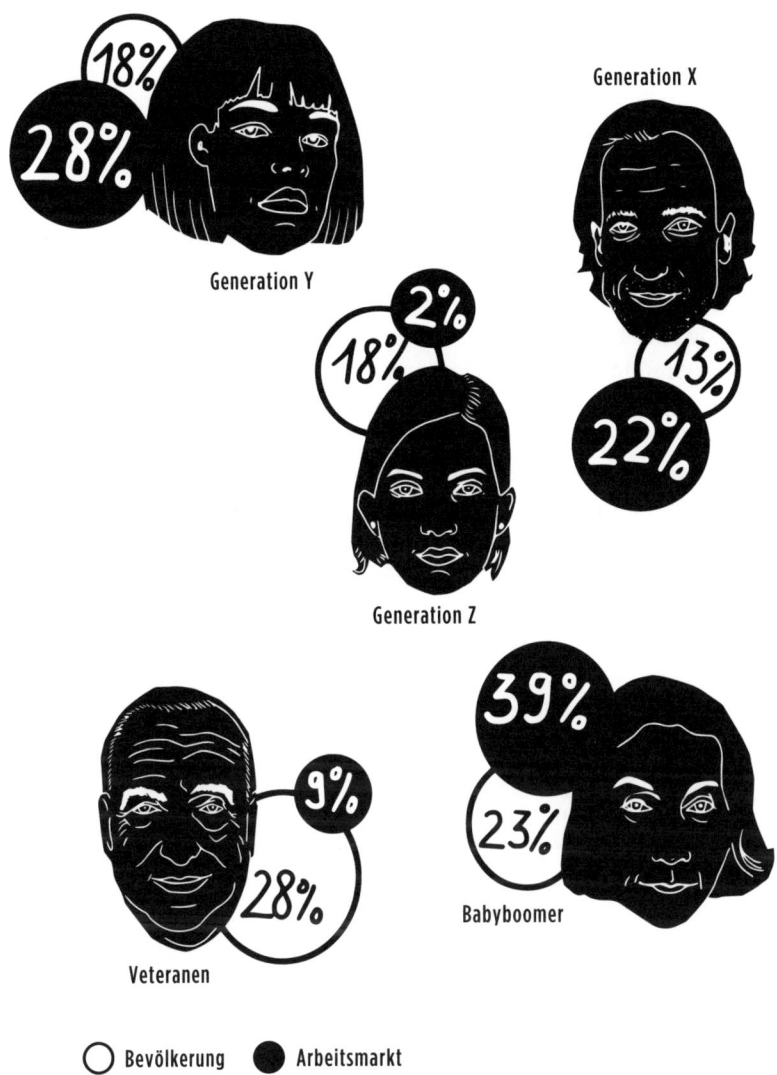

Generation Y

Generation X

18%

28%

2%

18%

13%

22%

Generation Z

9%

28%

39%

23%

Veteranen

Babyboomer

○ Bevölkerung  ● Arbeitsmarkt

Anteil der Generationen an der Gesamtbevölkerung und am Arbeitsmarkt (Quelle: Destatis 2013).

Es gibt Autoren, die Beginn und Ende einer jeweiligen Kohorte um bis zu fünf Jahre nach oben oder unten schieben. Das soll uns hier nicht interessieren. Erstens, weil Übergänge zwischen Generationen fließend sind, und zweitens, weil für meine Gedankengänge exakte Jahresangaben nicht von Bedeutung sind.

So weit zur demografischen Einteilung. Mit der **soziologischen Brille** betrachtet, finden wir einige Charaktereigenschaften, welche die Mehrheit der Vertreter meiner Generation von denen der älteren Generationen und auch der jüngeren unterscheidet. Wobei mir an dieser Stelle wichtig ist, zu betonen, dass ich persönlich kein Freund des Generationen-Schubladen-Denkens bin und nicht alle Menschen einer Generation über einen Kamm schere. Nichtsdestotrotz gibt es kollektive Gemeinsamkeiten unterschiedlicher Altersgruppen. Denn ob ich in Zeiten von Armut oder Wohlstand aufwachse, mit oder ohne Internet, regional oder international, mit Bargeld oder häufiger Nutzung von EC-Karte, prägt und beeinflusst meine Sicht- sowie Denkweise und damit einhergehend auch mein Handeln.

Viele von uns sind im **materiellen Wohlstand** und Überfluss groß geworden. Wir haben mit High Class Barbies gespielt, nicht mit Stein und Stock. Wir wissen nicht, wie es ist, wochenlang Geld sparen zu müssen oder Gefühle wie Existenzangst zu haben. Wenn wir uns als Jugendliche die Lieblingshose, den Gameboy oder whatever selbst nicht kaufen konnten, sind unsere Eltern finanziell eingesprungen. Besitztum und materielle Existenz haben demnach für uns einen ganz anderen Stellenwert als noch für unsere Eltern- oder Großelterngeneration. Für viele ist es in der aktuellen Lebensphase nicht relevant, im Hamsterrad zu laufen, um einen Wohlstand aufzubauen. Weil der ja da ist, von unseren Eltern aufgebaut. Uns geht es gut. Noch. Gleichzeitig aber wird uns mehr und mehr bewusst, dass wir den Lebensstandard unserer Eltern, den sie auch uns bis dato ermöglicht haben, wohl so nicht mehr halten können. Ein Ergebnis der Studie »Telefónica Global Millennial« von 2014, bei der mehr als 12 000 junge Menschen zwischen 18 und 30 Jahren in 27 Ländern befragt wurden, ist, dass sich in Deutschland fast jeder zweite Jugendliche um die eigene finanzielle Situation sorgt. Steigende Lohnnebenkosten, teure Mietpreise in Ballungszentren und verhält-nismäßig geringe Bezahlungen im Job machen jungen Menschen das Leben schwer. Hinzu kommt das Rentenpa-ket, welches zum aktuellen Zeitpunkt in einem Generationenungleichge-wicht mündet und uns Junge vor neue finanzielle Herausforderungen stellt: Wir müssen mehr in die Rentenkasse einzahlen, bekommen weniger raus, haben Schwierigkeiten, privat vor-zusorgen, Kinder zu finanzieren und gleichzeitig auch noch pflegebedürf-tige Eltern zu betreuen.

Umso relevanter wird es für meine Generation, auf **Sharing-Modelle** wie Car-Sharing (statt ein Auto zu kaufen, dafür die Versicherung zu bezahlen und einen Stellplatz anzumieten), Schlafplatz-Sharing (statt teure Hotel-buchungen) oder zukünftig vermehrt auch Haushaltsartikel-Sharing (statt sich eine eigene Bohrmaschine, ei-nen Rasenmäher oder ein Ballkleid zu kaufen) zurückzugreifen (Abb. S. 17). Dieser Sharing-Ansatz resultiert also weniger aus der Tatsache heraus, dass wir »plötzlich ganz öko und nachhaltig geworden«[3] sind. Wir können in Bal-lungszentren nur noch schwer Stell-platz UND Auto finanzieren und fin-den Plattformen wie Airbnb gut – um uns nebenher ein Zusatzeinkommen zu verdienen oder einfach günstige Wohnmöglichkeiten zu haben, wenn wir auf Reisen sind. #SharingEconomy

### Stimmen zum Gesetzentwurf: Rentenreform kostet 60 Milliarden Euro bis 2020[1]

»Genau! Verschenkt einfach alles an die Generation, die ein Leben lang Zeit hatte, sich Besitz zu schaffen. Übersieht dabei unbedingt, dass die gleiche Generation nicht genug Nachwuchs produziert hat, um das System nachhaltig zu finanzieren, und stopft Löcher mit höheren Lohn-nebenkosten. Verlasst euch darauf, dass die Jungen zahlenmäßig nicht gegen euch anstinken können (als Wählerzielgruppe sind sie eh uninteressant, weil zu wenig) und die Alten Deutschland ohnehin fest unter sich aufgeteilt haben. Redet euch ein, zu verteilen sei sozial. Und verdienen zu müssen (oder zu wollen), sei irgendwie nur lästige Pflicht (oder sogar moralisch anrüchig). Aber wundert euch dann nicht über junge Leute ohne Engagement für die Gesternwelt, Gründermangel, Sozialneid, Inflation, noch mehr gefühlte Ungerechtigkeit etc. – und dass vielen Alten am Ende kaum noch jemand den Hintern abwischt, weil ein paar wenige Junge wie bekloppt im Hamsterrad rennen müssen, um noch Rechnungen bezahlen zu können ...«

**Dr. Stefan Frädrich im Juni 2014**

### Oder wie es Prof. Dr. Cornelia Koppetsch im SZ-Interview[2] formuliert:

»Vor allem sind es die Achtundsechziger, die auf gesellschaftlichen Logenplät-zen sitzen und in guten Positionen in Unternehmen sitzen und die Jungen schlecht bezahlen. Weil sie überhaupt keine Lust haben, ihre Privilegien mit den Jüngeren zu teilen oder an Ausgegrenzte abzugeben. Das erzeugt Misstrauen.«

Hinzu kommt unser Streben nach räumlicher Freiheit. Ein Grund, warum wir in unserer aktuellen Lebenssituation wenig Interesse zeigen, materiellen Besitz groß zu denken: Mein Haus, mein Auto, mein Boot, mein Gartenhäuschen, mein Dies, mein Das führt zu einer räumlichen Abhängigkeit, die viele junge Menschen heute nicht mehr anstreben. Vielleicht später mal. Zukunftsprognosen gehen jedoch nicht davon aus.

In Deutschland waren zum 1. Januar 2015 bei den rund 150 deutschen Car-Sharing-Anbietern 1 Million Fahrberechtigte angemeldet. Das entspricht einem Zuwachs von 37,4 Prozent gegenüber 2014. Tendenz steigend.

Aus all dem geht hervor: Es gibt zum einen Generationenunterschiede und zum anderen Altersunterschiede. In der Diskussion um die Generation Y wird dieser wichtige Unterschied oftmals außer Acht gelassen. Natürlich verhalten sich junge Menschen IMMER anders als alte Menschen. Die wichtige Frage ist nur: Welche Differenzen resultieren aus einem Generationenunterschied und eben nicht aus einem Altersunterschied?

Wenn wir also von der Generation Y als erster Vertreterin der neuen Sharing Economy sprechen, dann ist es falsch zu glauben, wir sharen (nur), weil wir die altruistischere Generation sind. Wir sharen viel mehr, weil es für uns eine neue Form und vor allem auch kostengünstigere Form der Freiheit bedeutet. Freiheit misst sich eben mehr an dem Zugang zu Dingen als am Besitz der Dinge – und zwar an einem Zugang genau dann, wenn wir ihn haben wollen, und das in unterschiedlichen Variationen. Wir gönnen uns lieber das neuste iPhone, das einen hohen Nutzwert hat und viele Dinge kann.

Dank der Kombination aus moderner Technologie und dem Zugang zum Internet entstehen neue Möglichkeiten, die diesem Bedürfnis nach Freiheit nachkommen (Abb. S. 19). Hierunter fallen die für den Nutzer kostenfreien Sharing-Modelle wie Soundcloud, YouTube, foodsharing.de sowie all die kostenfreien Social-Media-Plattformen wie Facebook, der Kurznachrichtdienst Twitter oder das Job-Portal LinkedIn. Darüber hinaus entwickeln sich Sharing-Geschäftsmodelle,

Dematerialismus – Kleiderkreisel, MyTaxi, Airbnb, Bike-Sharing und Uber
sind digitale Plattformlösungen für das Teilen physischer Produkte.

die für den Nutzer mit Kosten verbunden sind wie Bike-Sharing, der Musikanbieter Spotify, Airbnb oder die Taxi-Skandal-Plattform Uber – alles kommerzielle Angebote, die auf Kundenwünsche individuell und situationsbedingt angepasst werden. Diese Modelle münden nach Zukunftsforscher Sven Gábor Jánsky nicht in einer »Sharing Economy«, sondern in einer »Adaptive Economy«. Denn »das Neue«, so Jansky, »ist […] nicht das Teilen, sondern die Fähigkeit, durch Datenanalyse die Produkte für jeden Kunden individuell und situativ passend zu machen.«[4] Ich selbst habe beispielsweise mein Auto verkauft, meinen Stellplatz in der Kölner Innenstadt weitervermietet und nutze nun häufiger öffentliche Verkehrsmittel, mein Fahrrad, und ich habe mir die Bahncard 25 zugelegt. Zudem mache ich Car-Sharing mit Drive-Now, Car2go und Cambio. Damit bin ich kein Einzelfall. Eine Studie von elf führenden Car-Sharing-Unternehmen kam zu dem Ergebnis, dass 80 Prozent der befragten Car-Sharing-Nutzer vorher selbst ein Auto besaßen. Und wenn ich in Großstädten unterwegs bin, düse ich hin und wieder mit gemieteten Bikes durch die Stadt. Wohlgemerkt: Diese Entwicklungen bezüglich Car- und Bike-Sharing sind vermehrt in Ballungszentren zu beobachten. Aktuell noch weniger in ländlichen Regionen. Nichtsdestotrotz hat Jeremy Rifkin bereits vor Jahren in seinem Buch »Access – Das Verschwinden des Eigentums« die folgende These aufgestellt: »Die Ära des Eigentums geht zu Ende, das Zeitalter des Zugangs beginnt.« Teilen wird zum neuen Haben. Und das wird Auswirkungen auf unsere Gesellschaft, Wirtschaft und Arbeitswelt haben. Dazu aber später mehr.

Neben Wohlstand und materiellem Überfluss ist die Generation Y auch geprägt von dem Phänomen der **Multioptionalität**. Gefühlt in allen Lebensbereichen können wir zwischen Tausenden von Optionen auswählen: bei Sporthosen, Turnschuhen, Lebensmitteln, Studiengängen, Partnern, Möbelstücken, Sportangeboten, Urlaubszielen, Nagellackfarben, Schmuck, Biersorten, Versicherungen, Bankinstituten – einfach bei allem! Und es gibt heute schon erste Geschäftsmodelle, über die sich Kunden individuelle Wünsche erfüllen können: Turnschuhe im eigenen Farbdesign oder Müsli angepasst an den eigenen Geschmack. Diese grenzenlose Vielfalt führt uns gleichzeitig in die Qual der Wahl. Ständig verfolgen uns Ungewissheit und Angst, die falsche Entschei-

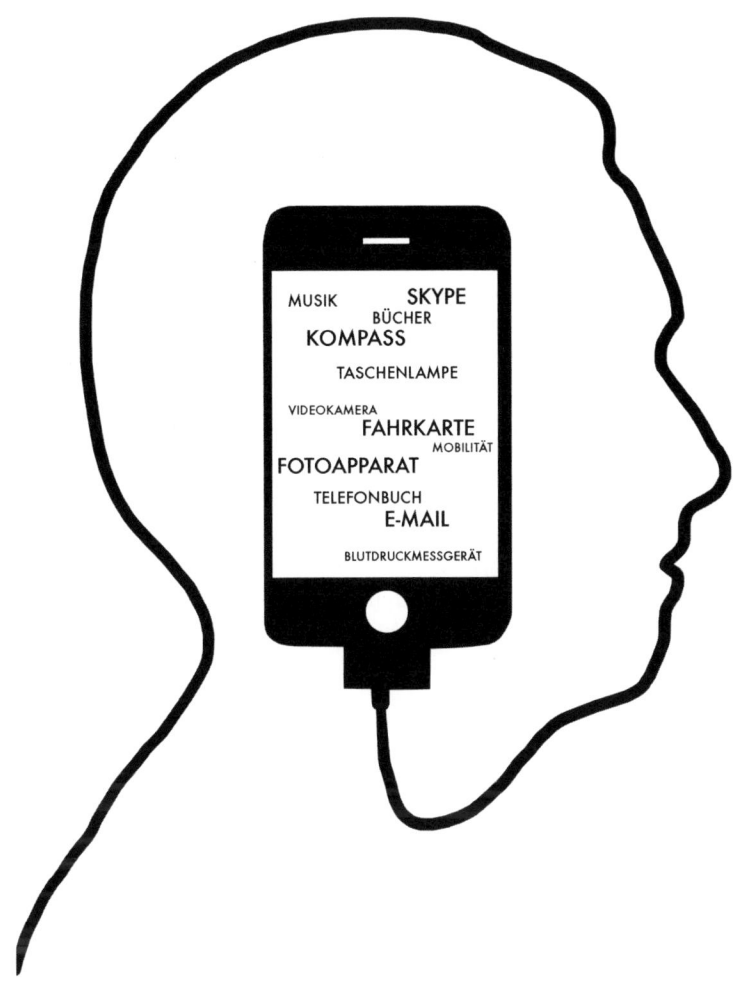

MUSIK      SKYPE
BÜCHER
KOMPASS

TASCHENLAMPE

VIDEOKAMERA
FAHRKARTE
MOBILITÄT
FOTOAPPARAT

TELEFONBUCH
E-MAIL

BLUTDRUCKMESSGERÄT

Das Smartphone ermöglicht uns immer mehr, unterschiedliche Services
und Dinge digital über Apps abzurufen.

dung getroffen zu haben. Die Generation-Y-Vertreterin Kerstin Bund hat es in ihrem Buch »Glück schlägt Geld« treffend formuliert: »Wir sind die freieste Generation aller Zeiten, doch wir bezahlen diese Freiheit mit Unsicherheit.« Und ständig streben wir danach, diese Unsicherheit in den Griff zu kriegen. Manchmal erfolgreich. Oftmals nicht. Besonders weil die Ausbildungs- und Studienzeit die entscheidungsreichste Zeit des Lebens ist. #Multioptionalität #DieQualDerWahl

## INTERVIEW MIT DER STUDENTENZEITSCHRIFT STUDI38 (AUSGABE APRIL 2014)

### »WAR DAS JETZT ALLES?«

*Steffi, du bist 28, hast promoviert, bloggst, schreibst für die Huffington Post und arbeitest als Beraterin. Eine Sinnkrise stelle ich mir irgendwie anders vor …*
(Lacht.) Ich bin permanent in einer Sinnkrise und frage mich, ob mein aktueller Weg der richtige ist. Früher hat mir diese Frage Energie geraubt, mittlerweile habe ich den Zustand aber akzeptiert und kann viel Positives aus der Reflexion über das eigene Leben ziehen.

*Warum stellt sich die Sinnfrage gerade in unserer Generation?*
Das ist natürlich keine neue Frage, aber wir haben viel mehr Möglichkeiten als beispielsweise unsere Eltern. Das fängt schon bei den Studienrichtungen an, die immer spezieller werden. Dazu kann ich problemlos ins Ausland gehen, mich für ganz unterschiedliche Berufe oder die Selbstständigkeit entscheiden. Diese Freiheit wird für uns zur Herausforderung und zukünftig sicher nicht kleiner.

*Heißt das, wir haben Angst uns zu binden, weil irgendwo noch ein besserer Partner oder spannenderer Job warten könnte?*
Das ist eine Erfahrung, die ich lustigerweise gerade in einem Eigenversuch sammle: Hab mich jetzt mal über Internet auf Partnersuche begeben. Ich hatte drei verschiedene Dates in einer Woche und kann trotzdem keine Entscheidung fällen. Also neigt man dazu, sich alle Personen warmzuhalten, um keine Option zu verlieren.

Total bescheuert! Unsere Eltern hatten nicht die Möglichkeit, sich unter Tausenden von potenziellen Partnern einen auszusuchen, und es deshalb zugleich einfacher. Wir müssen lernen, trotzdem Entscheidungen zu treffen und eine Zufriedenheit im Jetzt und Hier zu entwickeln. Wer nach immer mehr Perfektion strebt, kommt nicht zur Ruhe.

### Wie ist das auf der beruflichen Ebene?
Ähnlich. Wenn ich mir zum Beispiel meinen bisherigen Berufsweg anschaue, verlief der ja eigentlich ganz erfolgreich. Weil wir aber dazu neigen, uns zu vergleichen, gibt es immer jemanden, der noch schneller, noch erfolgreicher geworden ist als wir selbst. Ich habe lange Zeit immer andere Menschen nach ihrem Alter gefragt und dann gedacht: »Scheiße, der ist zwei Jahre jünger und schon viel weiter.« Ich für mich muss lernen, dass es wichtig ist, sich auf den eigenen Weg zu besinnen.

### Gibt es also die durch die amerikanischen Autorinnen Abby Wilner und Alexandra Robbins populär gewordene Quarterlifecrisis?
Absolut, ich finde es auch wichtig, dass man darüber spricht. In den Mittzwanzigern gibt es vor allem zwei kritische Phasen. Wenn ich das Studium beende und unsicher bin, wie es weitergehen soll, und dann noch einmal einige Jahre nach dem Berufseinstieg. Dann kommt schnell die Frage auf »War das jetzt alles?«. Das Wichtige ist, Lösungsansätze zu suchen.

### Wie lautet dein persönlicher Notfallplan?
Mir hat es sehr viel geholfen, dass ich mir Vorbilder für ganz unterschiedliche Bereiche gesucht habe. Denen höre ich zu und versuche, ihre Entscheidungen auf meine Situation zu übertragen und zu überlegen, welche Aspekte ich für mich übernehmen möchte und welche nicht.

Genug gejammert. Die Multioptionalität bietet uns auf der anderen Seite ein Leben voller Möglichkeiten. Es gab keine Generation zuvor, die sich in Bezug auf Karrierewege, Lebensstile und auch Konsumgüter so verwirklichen konnte wie die Generation Y. Individualität in der Berufs- und Lebensgestaltung wird als **Patchwork-Lebenslauf** bezeichnet. Multigrafien[5] junger Menschen sind oftmals viel komplexer als die Biografien ihrer Eltern. Damit haben wir es mit einem weiteren neuen Phänomen zu tun, das in erster Linie die junge Generation auf dem Arbeitsmarkt betrifft. Und diese Multigrafie ist nicht nur von der Generation Y selbst gewünscht, sondern wird auch immer mehr von einem dynamischen Arbeitsmarkt gefordert. Das führt dazu, dass Eltern mittel- und langfristig keine beruflichen Vorbilder und Austauschpartner mehr sein können. Ich erlebe das recht häufig – auch bei mir selbst. #PatchworkLebenslauf

## DAS KLASSISCHE LEBENSMODELL MEINER ELTERN

Ich liebe meine Eltern. Das schon mal vorweg. Sie leben in einem Vorort, mit 50 Einwohnern. Mein Papa hat mit Mitte 20 die Handwerksfabrik seines Vaters übernommen. Zu der Zeit war meine Schwester drei Jahre alt, und mein Bruder und ich waren in der Pipeline. Mama war schwanger und damals Anfang zwanzig. Als mein Papa die Fabrik übernommen hat, stand fest, die Frau schmeißt das Büro. Nicht ihr Traumjob, aber so war es halt. Für den Job war sie gut qualifiziert, sie hatte eine bankkaufmännische Ausbildung absolviert. Um Kindererziehung und Arbeit unter einen Hut zu kriegen, wurde das Büro ins Haus verlagert, das mein Papa zur damaligen Zeit gerade gebaut hatte. Ein großes Haus. Eine richtige Familienidylle.

Heute noch steht in diesem Büro eine alte Schreibmaschine – als Kind habe ich es geliebt, dort in die Tasten zu hauen. Die Fabrik vom Papa steht direkt neben dem Wohnhaus. Die Rollenverteilung? Klassisch! Papa war fürs Geldverdienen verantwortlich und meine Mama hat sich um den Haushalt gekümmert. Frühstück gab es immer zur gleichen Zeit. Mama hat für Papa und die Kinder Brote geschmiert und uns für die Schule fertig gemacht. Papa war dann immer Punkt 7 Uhr in der Fabrik. Punkt 12 Uhr war das Mittagessen vorbereitet. Als wir später von der Schule nach Hause kamen, wurde das Mittagessen auf 12.30 Uhr verlagert. Nach dem Essen gab es für Papa ein Mittagsnickerchen und danach gings wieder weiter mit dem Arbeiten. Um 18.30 Uhr stand dann das Abendessen auf dem Tisch. Auch wieder von Mama zubereitet. Jeden lieben Tag war sie damit beschäftigt, Wäsche zu waschen, uns als Kinder zum Sport oder Klavierunterricht zu bringen, das Haus zu putzen. Nur samstags mussten wir immer alle mithelfen. Meine Schwester und ich in der Küche beim Kuchenbacken oder beim Hofkehren. Mein Bruder durfte Rasen mähen oder dem Papa in der Werkstatt helfen.

Dieses Muster haben wir dann bis zu unserem 20. Lebensjahr so (oder so ähnlich) eingehalten, bis wir ausgezogen sind. Der Lebensabschnitt Kindererziehung war vollbracht! Ein neuer Abschnitt für meine Eltern begann. Heute sind mein Bruder und ich 29. Das Fabrikinventar ist verkauft. Meine Mama hat sich einen neuen Job gesucht und fängt jetzt immer mehr an, ihr eigenes Leben zu leben. Papa nennt sich jetzt Rentner und genießt es, all den Projekten nachgehen zu können und Träume zu verwirklichen, die sich über die letzten fast 30 Jahre aufgestaut haben.

Meine Geschwister und ich hingegen stellen immer öfter fest: Ratschläge unserer Eltern sind sehr traditionell und passen nicht immer zu unserem Großstadtleben. Und bei persönlichen Treffen ist es häufig so, dass nicht nur wir noch von unseren Eltern lernen, sondern Mama und Papa interessiert zuhören, wenn wir von neuen Entwicklungen, Werten und unseren Lebenswegen erzählen.

Was junge Menschen demnach brauchen, sind **neue Vorbilder als Orientierungshilfe**. Doch wo sollen wir hinschauen? Welche Vorbilder haben wir? Uli Hoeneß? Karl-Theodor zu Guttenberg? Alice Schwarzer? Theo Sommer? Josef Ackermann? Die katholische Kirche? Den Vorgesetzten, der sich mit Ellbogenmentalität und Angepasstheit nach oben bringt? »Bück dich hoch, ja!«[6] Scharf formuliert: Wir sollen aufschauen zu einer Generation, die selbst viel Dreck am Stecken hat?

Passend zum Thema gab es ein spannendes Interview der Huffington Post Deutschland mit dem Ex-Telekom-Personalvorstandsvorsitzenden Thomas Sattelberger[7], auf welches Tim Kaltenborn und ich im Anschluss eine Replik verfasst haben.[8]

Einleitend schrieb die Huffington Post von einer »Generation Y, die auf den kollektiven Burn-out zusteuert«. Ex-Telekom-Personalvorstand Thomas Sattelberger wurde vorgestellt als »ein Spitzenmanager, der sich wie kaum ein anderer in seiner Berufslaufbahn so intensiv mit Fragen wie ›Was wollen die jungen Menschen wirklich?‹, ›Welche Fehler machen sie?‹, ›Wie können sie wirklich ein erfülltes Leben führen?‹ auseinandergesetzt hat«.

## INTERVIEW IN DER HUFFINGTON POST DEUTSCHLAND MIT EX-TELEKOM-MANAGER SATTELBERGER: »DIE JUNGEN MENSCHEN LAUFEN DEN FALSCHEN GÖTTERN NACH«

*Herr Sattelberger, es heißt ja immer, die jüngste Generation von Berufseinsteigern verändere den Arbeitsmarkt dramatisch. Wegen ihrer Ansprüche an den Job, die Suche nach dem wirklichen Sinn der Arbeit. Was ist das für eine Generation?*
In der Tat, viele Menschen, die heute ins Berufsleben starten, unterscheiden sich grundlegend von ihren Vorgängern vor zehn Jahren. Doch sie sind längst nicht alle kreative Freigeister, die viele unter der Generation Y verstehen.

*Sondern?*
Ich erlebe eine zutiefst verunsicherte oder rückwärtsgewandte Generation. Wenn ich sehe, wie viele junge Hochschulabsolventen am liebsten für den Staat arbeiten wollen, beschleicht mich das kalte Grauen. Und wenn sie nicht zum Staat wollen, flüchten sie unter das Dach großer Konzerne. Ich beobachte, dass etwa 75 Prozent der jungen Menschen ihre Karriere auf den Prinzipien Sicherheit oder Prestige aufbauen.

*Das wäre das Gegenteil von der angeblich freiheitsliebenden Generation Y.*
Ja. Ich glaube auch, dass die in weiten Teilen gehypt wird. Vor allem in Deutschland existiert sie so nicht. Nur wenige akademisch qualifizierte Berufseinsteiger versuchen, wirklich ihr eigenes Ding zu

machen. Diese Menschen wissen, dass sie ihr Leben viel stärker in die Hand nehmen müssen, weil ihre Renten nicht sicher sind, weil sie für sich selbst sorgen müssen und weil die Wirtschaft vor dramatischen Veränderungen steht. Sie wissen: Eigentlich ist nichts sicher.

*Große Worte, in einer Zeit, in der die Deutschen so staatsgläubig sind wie selten zuvor.*
Das ist ja genau das Problem. Die junge Generation sucht nach Kontinuität und Sicherheit – und sieht dabei nicht, dass dieser Weg der gefährlichste ist.

*Woher kommt diese Suche nach Sicherheit?*
Es ist die Krisenstabilität Deutschlands in den letzten zehn Jahren – und natürlich ist es das Ausbildungssystem, das nur noch wenig Raum gibt, Dinge auszuprobieren.

*Jahrelang hat die Wirtschaft die Verkürzung der Schul- und Studienzeiten gefordert.*
Das war sicher so absolut nicht klug. Gleichzeitig ist diese Generation auch das Produkt der Erfolgsverwöhntheit dieses Landes. Der Spaß am Risiko, am Ausprobieren und an Neuem ist dem ganzen Land abhandengekommen. Doch die Suche nach Sicherheit ist das eigentliche Risiko.

*Das müssen Sie erklären!*
Unsere Wirtschaft steht vor dramatischen Veränderungen – ganze Branchen stehen vor einem disruptiven Tsunami.

*Wie sieht der aus?*
Die deutsche Wirtschaft hat sich zu sehr auf Felder wie Maschinen, Anlagen und Automobilbau spezialisiert. Diese Branchen stehen vor dramatischen Veränderungen. Die USA sind das Digital House der Welt geworden und China das Maschinenhaus der Welt. Damit ist Deutschland im Sandwich zwischen digitaler Innovation und effizienter Produktion aus Asien. Zugleich entwickeln sich neue Felder wie IT, Biotech und Big-Data-Management in dramatischer Geschwindigkeit. Hier spielt Deutschland kaum eine Rolle.

*Was heißt das?*

Wenn sich Branchen verändern, macht das die Welt des arbeitenden Menschen turbulenter.

*Abertausende Menschen könnten ihre Jobs verlieren. Und neue Jobs entstehen.*

Völlig richtig. Aber nur für diejenigen, die nicht nur auf Sicherheit gesetzt haben. Was mich bei alledem am meisten besorgt: Um den deutschen Unternehmergeist steht es nicht mehr viel besser als um den der Franzosen.

*Damit verlieren wir unseren Innovationsmotor.*

Nicht nur das. Wir erleben gerade, dass eine ganze Generation die Lust am Risiko verliert. Damit verlieren die jungen Menschen aber die Fähigkeit, sich auf neue Bedingungen einzustellen. Die Angst vor dem Scheitern überschattet alles. Zu viele handeln nach der Maxime: »Ich gehe zu BMW und dann in den Ruhestand.« Kurz: Die junge Generation bereitet sich auf die gigantischen Umwälzungsprozesse der nächsten Jahrzehnte nicht vor.

*Wo liegt hier das Risiko?*

Im Schnitt haben Menschen heute vier Arbeitgeber im Leben. In ein paar Jahren werden Jobwechsel durch die Veränderungen der Wirtschaft deutlich zunehmen.

*Welche Chance haben Arbeitnehmer?*

Sie müssen sich selbst als Talentunternehmer, als Ich-AG verstehen. Sie müssen versuchen, zu einer Marke zu werden, und entscheiden, für welches Thema oder welche Fähigkeit sie stehen wollen. Die Generation, die sich da gerade verträumt auf ein schönes Leben vorbereitet, braucht dringend einen Weckruf. Wenn sie so weitermacht, werden viele von ihnen beruflich böse Überraschungen erleben.

*Jahrelang wurde den Studenten gesagt, sie sollten auf einen stringenten Lebenslauf achten.*

Viele Unternehmen haben verstanden, dass sie mit gleichförmigen Bewerbern nicht mehr weiterkommen.

*Was raten Sie Berufseinsteigern, um der Gleichförmigkeit zu entgehen?*

Vor allem: Lassen Sie sich nicht vom Herdentrieb der Kommilitonen anstecken, die in die großen Unternehmen streben. Fragen Sie sich lieber, was Sie wirklich wollen. Das werden Sie aber nur herausfinden, wenn Sie sich Zeit zum Experimentieren lassen. Und geben Sie sich Zeit zum Scheitern. Nehmen Sie sich ein paar Jahre zum Ausprobieren anderer sozialer Realitäten.

*Wie das?*

Unterrichten Sie Migrantenkinder, gründen Sie Unternehmen, gehen Sie an eine Behindertenschule, ins Ausland oder arbeiten Sie in den Slums von Kalkutta. Verlassen Sie Ihren Weg, damit Sie wirklich herausfinden können, was Sie wollen. Das ist wichtiger denn je. Ich sehe zu viele junge Menschen, die ein Leben in einem falschen Film führen. Sie laufen einer Sache hinterher, hinter der sie nicht wirklich stehen.

*War das früher wirklich besser?*

In den Neunzigerjahren herrschte Aufbruch. Da hatten junge Menschen Lust, etwas zu gründen, etwas zu unternehmen. Das war aber auch der Start des Turbokapitalismus in Deutschland. Mitte vergangenen Jahrzehnts kam dann die Trendwende.

*Was ist da passiert?*

Da kam vieles zusammen. Sicher spielt die Bildungsreform nach urdeutscher DIN-Norm eine Rolle, die den Menschen nur noch wenig Freiraum gibt. Aber die jungen Menschen sind auch weniger bereit, sich diesen Freiraum zu nehmen.

*Was ist die Folge dieser Entwicklung?*

Ich schätze, dass fast jeder zweite Berufseinsteiger die falsche Entscheidung trifft. Und das hat dramatische Folgen. Studien zeigen, dass Burn-out vor allem bei Menschen im Alter zwischen 35 und 45 zunimmt. Arbeitsbelastung ist hier oft gar nicht das Hauptproblem.

*Das heißt, wir werden eine ausgebrannte Generation erleben?*
Die Menschen laufen zu lange den falschen Göttern hinterher. Denn wer seiner Bestimmung folgt, dem fallen Stress und das Verkraften von Niederlagen nicht so schwer.

Im Interview mit Sattelberger gab es mehrere Aussagen bzw. Thesen, zu denen Tim Kaltenborn und ich gerne Stellung nehmen wollten: Generation Y lebt erstens zu stromlinienförmig und regelkonform, ist zweitens geprägt von Unsicherheit, der Angst vorm Scheitern und einer geringeren Risikobereitschaft und strebt drittens nach einer Festanstellung im Staatsdienst oder in großen Konzernen …

## 1. KONFORMISMUS

Nehmen wir mal an, die Behauptung von Sattelberger, viele junge Menschen leben zu angepasst und stromlinienförmig, trifft zu, dann gilt doch zu hinterfragen, warum das so ist. Und hierbei fallen uns mehrere Motive ein:

Wir sind das **Resultat der Babyboomer-Generation** (zu der Sattelberger selbst auch gehört), also unserer Lehrer-, Dozenten-, Vorgesetzten- und Eltern-Generation. Jetzt über uns zu urteilen, ist auch gleichzeitig ein Urteil über euch. Denn ihr habt uns in **Schule, Ausbildung und Studium** zu angepassten, braven, unkreativen Ja-Sagern mit stringentem Lebenslauf erzogen. Wer sich euren Vorschiften und Denkmustern nicht unterordnen wollte, wurde doch in den meisten Fällen mit schlechten Noten bestraft. Raum für eigene Ideen, Kreativität, Experimentieren, kritisches Mit- und Querdenken, Fächer zur **Förderung des unternehmerischen Denkens** waren bzw. sind in unserem Bildungssystem, dem ihr zugestimmt habt, gar nicht erwünscht.

Diese Stromlinienförmigkeit wurde in unserer Ausbildungszeit erwartet. Genauso wie von dem **klassischen Personaler**, der uns im **Bewerbungsgespräch** gegenübersitzt. Es scheint, als wäre dieser immer noch darauf geschult, Lebensläufe mit Ecken und Kanten auszusortieren und sich stattdessen auf Musterstudenten mit mehrjähriger Praktikumserfahrung, Auslandsaufenthalt, Bestnoten und einem Lebenslauf ohne Weiter- / Bildungslücken zu konzentrieren. Ein Dilemma, das ganz klar die Babyboomer-Generation mit verursacht.

»Hm, so recht Herr Sattelberger mit seiner Analyse auch hat – die junge Generation trägt daran die geringste Schuld. Wer sagt ihr denn, wie sie sich zu verhalten hat? Und wer lebt es ihr vor, was funktioniert und ›Erfolg‹ bringt? Das sind doch wir, die ›Alten‹.«
**Henrik Zaborowski**

Na ja, und diese Stromlinienförmigkeit zieht sich auch im Berufsleben so weiter durch. Weil eben auch viele **Chefs der alten Schule** – und hierbei sind wir schon wieder bei den Babyboomern, gewohnt sind, mit Anweisung und Kontrolle zu führen, und sich schwer damit tun, Neues, unkonventionelle Ideen und damit einhergehend auch Fehler zuzulassen.

Wer heute in großen Unternehmen **Karriere** machen möchte, muss sich dem bestehenden Regelwerk anpassen bzw. unterordnen. Was wiederum heißt, nicht die querdenkenden Leistungsträger, sondern angepasste **Weicheier** und Ja-Sager steigen auf.

Wir geben Herrn Sattelberger recht, dass wir junge Freigeister in jeder Position benötigen. Nur wenn wir es schaffen, Talente, die Bestehendes hinterfragen, die keine Angst davor haben, Fehler zu machen, sondern kreativ experimentieren und ihre Fehler reflektieren, in Unternehmen zu positionieren, haben diese eine Chance, am Markt zu überleben. Wenn die Chefs von heute weiterhin auf Effizienz als einziges Maß setzen, werden die wenigsten davon sich in 20 Jahren noch gegenüber den Start-ups von morgen behaupten können.

Das Fazit lautet: Wir Jungen sollten anfangen, mit **mehr Mut zum Anderssein und Andersdenken** die Arbeitswelt zu betreten. Keine Frage. Dazu brauchen wir aber die Unterstützung von oben – ihr sitzt aktuell noch in den jeweiligen Entscheiderpositionen und habt Einfluss darauf, ob wir sein dürfen, wie wir wollen, oder sein müssen, wie ihr es für richtig haltet! #AndersDenkenAndersSeinFreiSein

## 2. ANGST VORM SCHEITERN HAT AUCH DIE GENERATION Y

Mein Haus, mein Job, mein Auto ... wie soll ich das bezahlen? Trotz der entspannten Haltung dieser Generation gegenüber Statussymbolen braucht jeder von uns ein Dach über dem Kopf. So ist das kein Wunder, dass auch viele Leute der Generation Y an **Unsicherheit und Zukunftsängsten** leiden. Hierbei gilt es zu hinterfragen, warum das so ist.

Die Antwort ist: Weil wir als junge Generation uns nicht mehr wie die Generation von Herrn Sattelberger auf die Unterstützung vom Staat sowie die lebenslange Festanstellung in Unternehmen verlassen können – Eigenvorsorge wird wichtiger denn je, Steuern steigen immer weiter, Gehälter bleiben konstant oder mehr Arbeitszeit muss bei vergleichbarem Gehalt investiert werden. Uns werden oftmals nur noch befristete Verträge angeboten. Beide Elternteile müssen arbeiten, um Nachwuchs finanzieren zu können. Das Alleinversorgungsmodell ist heute fast nicht mehr realisierbar. Wie aber sollen wir Kindererziehung und Job gut balancieren, wenn in vielen Unternehmen das Versprechen einer »Work-Life-Balance« mehr Schein als Sein ist? Und wie sollen wir es zeitlich und finanziell stemmen können, unsere Eltern irgendwann zu pflegen und ihnen die Zuneigung und Liebe zurückzugeben, die wir jahrelang von ihnen erhalten haben? Wir haben es demnach zukünftig mit Lebensmodellen zu tun, die es bisher in der Form noch nicht bzw. nur selten gegeben hat.

Viele Jahre lang war (und ist immer noch) die **Jobsicherheit** eines der obersten Karriereziele von jungen Talenten. Doch es geht ihnen nicht mehr nur um eine sichere Anstellung, sondern vielmehr um die Sicherheit der eigenen Karriere bis zum Ende der Erwerbsfähigkeit. In dieser Zeit können wir uns nicht darauf verlassen, dass die Fähigkeiten, die wir während unserer Ausbildungsphasen erworben haben, noch in 40 Jahren gefragt sein werden.

Im Gegenteil, die Halbwertszeit von Fähigkeiten hat sich auf wenige Jahre reduziert. Das heißt für uns, wir müssen uns kontinuierlich auf den Prüfstand stellen sowie an neue Bedingungen anpassen. Dass wir in ein modernes Karriereverständnis immer wieder Lern- und Ausbildungsphasen einbauen müssen, das ist für uns okay. Aber wenn wir in einer Zeit der Unsicherheit leben, warum sollen wir dann nicht nach Unternehmen schauen, von denen wir uns einen Beitrag zum Erhalt unserer Beschäftigungsfähigkeit bis ins Rentenalter erhoffen?

## 3. FESTANSTELLUNG IM STAATSDIENST BZW. IN GROSSEN KONZERNEN

Sowohl die Unwissenheit über Wirtschaft und Unternehmertum als auch die **bestehende Unsicherheit** führen dazu, dass viele junge Absolventen nach einem **vermeintlich sicheren Job** im Staatsdienst oder in großen Konzernen streben. Eine negative Entwicklung. Da stimmen wir Herrn Sattelberger zu. »[Junge Menschen] müssen sich selbst als Talentunternehmer, als Ich-AG verstehen. Sie müssen versuchen, zu einer Marke zu werden, und entscheiden, für welches Thema oder welche Fähigkeit sie stehen wollen. […] Wenn sie [die Generation] so weitermacht [wie bisher], werden viele von ihnen beruflich böse Überraschungen erleben.« Aber auch für diese Entwicklung gibt es Ursachen und Motive.

Insbesondere die großen Unternehmen haben in den letzten Jahren verstärkt ihre **Arbeitgebermarken** positioniert. Dabei fokussierten sie in ihrem Markenversprechen auf die Werte und Ziele, die in den jeweiligen Zielgruppen attraktiv sind. Offensichtlich stoßen diese Maßnahmen, die einen **attraktiven Karriereeinstieg** kommunizieren, in unserer ängstlichen und von Unsicherheiten geprägten Generation auf offene Ohren.

Weniger Algebra, Zweiter Weltkrieg und Freud. Mehr Wirtschaft, unternehmerisches Denken und politische Krisen. Noch immer wird der Fokus in der schulischen Ausbildung falsch gelegt. **Entwicklungen und Alternativberufe** – das müsste gelernt werden. Nicht umsonst hat im Januar 2015 ein einziger Tweet eine Bildungsdebatte in Deutschland ausgelöst. Naina, mittlerweile 19 Jahre alt, ist ihren Frust über die schulische Bildung bei Twitter losgeworden:

> *»Ich bin fast 18 und hab keine Ahnung von Steuern, Miete oder Versicherungen. Aber ich kann 'ne Gedichtsanalyse schreiben. In 4 Sprachen.«*

Daraufhin hat sie so viel Zuspruch bekommen, dass sich Medien wie die FAZ[9] auf die damals 17-Jährige gestürzt haben. Repliken, Interviews – plötzlich war Naina eine Person des öffentlichen Lebens. Und das nur, weil sie ohnehin Offensichtliches ausgesprochen hat.

Allgemeinwissen und Schlüsselkompetenzen: Davon wünschen sich Arbeitgeber und Konzerne in Deutschland deutlich mehr. Die Verantwortung zur Ausbildung dieser Kompetenzen wird aber zu gerne auf andere Institutionen und Lebensphasen geschoben. Uns sagt man dann gerne, dass wir nicht die richtigen Fähigkeiten mitbringen oder noch nicht genügend Reife und/oder Expertise haben, um uns in unserem Alter schon als Experten und Talentmarken zu positionieren – geschweige denn, uns selbstständig zu machen.

Wenn es auch etwas provokant klingen mag: Wenn ich zum Ende meiner Ausbildung das Gefühl habe, dass die bisher erlangten Kompetenzen und Expertise noch nicht reichen, um mich langfristig als Talentunternehmer abzusichern, würde ich mir auch eine Stelle suchen, die es mir ermöglicht, nebenher meine Passion zu finden und die weiteren benötigten Fähigkeiten anzueignen, bevor ich den Schritt in die (noch) größere Unsicherheit wage.

## FAZIT

Wenn wir uns nun noch einmal die Argumente von Herrn Sattelberger vor Augen führen – 1. zu viel Konformismus, zu wenig Talentmarke, 2. zu viel Unsicherheit und Angst und 3. Wunsch nach Anstellung in großen Unternehmen – stellt sich uns abschließend die Frage, wie groß der Aufschrei (der großen Unternehmen) wäre, wenn 1. junge Menschen noch mehr individuelle Wünsche an einen potenziellen Arbeitgeber stellen, 2. die Zukunft zu rosig sehen und im Zweifelsfall blauäugig in die nächste Krise laufen würden und 3. kein junger Mensch mehr für ein DAX-Unternehmen arbeiten wollte. Wir glauben nicht, dass das den dortigen Vorständen so gut gefallen würde.

\*\*\*

Ein weiteres Merkmal der Generation Y ist ihre **Affinität zum Internet**. Deshalb nenne ich uns gerne die Internetgeneration. Andere bezeichnen uns als »Digital Natives«. Wir leben sowohl analog als auch digital. Das heißt, das Internet ist eine Erweiterung unseres realen Lebens und prägt unsere Denkmuster und Handlungsansätze. Zum Beispiel fördert die digitale Vernetzung, die dank der heutigen Technologie rund um die Uhr möglich ist, eine neue **Wir-Kultur**[10] und löst den Individualismus ab, der vor allem die Generation X stark beeinflusste. Aus der »Mein-Kultur« wird die »Wir-Kultur«. Statt Bürokratie wünschen wir mehr Demokratie oder wie die Innovationsagentur »Dark Horse« es anstrebt: Soziokratie.

**Dark Horse**

Die Berliner Innovationsagentur Dark Horse besteht aus 30 Generation-Y-Vertretern unterschiedlichster Disziplinen und führt sich komplett hierarchiefrei – über eine soziokratische Organisationsform. Für ihr neues kollektives Führungsmodell gewannen die Jungs und Mädels 2014 einen New Work Award. Über ihre Arbeitskultur und ihr Organisationsmodell haben sie das Buch »Thank God it's Monday« geschrieben (www.thankgoditsmonday.de).

**Kollaboration, Community, Share-Economy, Projektarbeit, Facebook-Gruppen und Coworking –** Schlagworte einer neuen Generation. Was nicht gleichzeitig heißt, dass Individualismus nicht weiterhin eine zentrale Rolle spielt. Im Gegenteil, die Gen Y strebt gleichzeitig nach individueller Verwirklichung und kollektiver Zusammenarbeit – sowohl im Privaten als auch beruflich. Es gab nie eine Zeit zuvor, in der beide Anforderungen einfacher realisierbar waren als heute. Und es gab auch noch nie eine Zeit, in der man so viele – auch internationale – Praxisbeispiele nachlesen oder beobachten konnte wie im digitalen Zeitalter. Matthias Horx und sein Forschungsteam sprechen hierbei von zwei zentralen Megatrends: **Individualisierung und Konnektivität,** die unseren gesellschaftlichen Wandel dominieren. Dazu später mehr. #WirKultur

Megatrends sind durch folgende Merkmale charakterisiert: 1. Zeitspanne, 2. Reichweite, 3. Auswirkung. Megatrends unterscheiden sich von einfachen Trends durch einen langfristigen Transformationsprozess.

Die **Gesetze im Internet übertragen sich mehr und mehr auf das reale Leben**: Statt Kommunikation im Hierarchiegefälle entsteht der Wunsch nach mehr Austausch auf Augenhöhe, das Lernen wird zur lebenslangen Parallelbeschäftigung, statt Wissen zu horten wird Wissen geteilt, und statt es stupide auswendig zu lernen wird es wichtiger, Wissen in kurzer Zeit aus der Informationsflut zu filtern. Wissen wird situativ. Die Wissenskompetenz der Generation Y besteht demnach nicht mehr im Aufbau von Allgemeinwissen, sondern in der situativen Anwendung von digital zugänglichem Wissen, um Probleme zu lösen. Die Kulturwissenschaftlerin und Netz-Philosophin Mercedes Bunz spricht hierbei von einer **veränderten Kultur des Wissens**: digitales Wissen ist anders beschaffen als gedrucktes Wissen.[11] Zumal digitale Portale wie Wikipedia, YouTube, Xing, TED, Blogs oder Social-Media-Plattformen wie Twitter und Facebook einen leichten Zugang zu kostenfreiem Wissen ermöglichen.

Auch hieraus formulieren Matthias Horx und sein Team einen Megatrend: **Neues Lernen.** Weiterbildung wird informeller stattfinden und lebenslanges Lernen wird immer wichtiger. Lernen und persönliches Wachstum finden demnach über eine Ebene statt, die nicht mehr auf Papier dokumentiert werden kann, wie es in der Generation X und in der Babyboomer-Generation üblich war. Studenten empfehle ich, im Lebenslauf eine weitere Rubrik »Digitale Weiterbildung« anzulegen und aufzulisten, welches Wissen sich die Studenten über das Internet aneignen bzw. angeeignet haben. Beispielsweise gibt es seit ein paar Jahren auch schon Online-Kurse auf Uni-Niveau, die akademische Bildung in der ganzen Welt revolutionieren. Diese digitale Form der Weiterbildung wird unter dem Begriff »Massive Open Online Courses« (MOOC) zusammengefasst. #NeuesLernverhalten

Gute Beispiele hierzu sind Udacity und Coursera, zwei Unternehmen, die von ehemaligen Stanford-Professoren gegründet wurden. Kein Einzelfall in Harvard. So hat die Elite-Universität gemeinsam mit dem »Massachusetts Institute of Technology« das Non-Profit-Unternehmen edX gegründet. Es bietet unter den Namen MITx und Harvardx kostenfreie Online-Kurse an. Eine weitere tolle Plattform ist »TEDEd – Lessons Worh Sharing«, auf der bereits mehr als 132 000 Lerneinheiten zu unterschiedlichen Themen wie Psychologie, Gesundheit, Literatur und Sprachen, Business, Mathematik erarbeitet wurden. In Deutschland gibt es Dienste wie Patience.io, die es Interessenten leicht machen, eigene Online-Kurse zu produzieren, zu teilen und zu monetarisieren. Wozu also noch zur Schule oder Uni gehen und sich einem starren Lehrplan unterordnen? Diese Frage stellen sich immer mehr Schüler und Studenten. In den USA nennt man Selbstlernende »EduPunks« oder auch »Education Hacker« – abgeleitet aus dem englischen »education«, was auf Deutsch so viel heißt wie Bildung.

Ich bezeichne unsere Eltern gerne als **Helikopter-Eltern**, die immer für uns gesorgt haben und uns (fast) alles ermöglicht haben, was wir umsetzen oder haben wollten. Wir durften Hobbys nachgehen, ins Ausland reisen, Markenklamotten tragen. Vielen von uns wurde ein erstes Auto und die Studentenbude in der Uni-Stadt der eigenen Wahl finanziert. Nach Discobesuchen hat uns Mama schlafen lassen, statt uns aufzuwecken und zum Arbeiten im Garten, in der Küche oder zum Autoputzen zu verdonnern. Ach ja, schön war das.

Und weil unsere Eltern immer nur das Beste für uns wollten (und heute immer noch wollen), haben sie uns immer und immer wieder mit auf den Weg gegeben, im Leben das zu tun, was uns wirklich glücklich macht. Privat und beruflich. In jungen wie in alten Jahren. Was wir also von unseren Eltern gelernt haben, ist: Mitdenken, Entscheidungsfreiheit und Spaß zu haben bei dem, was man tut. #HelikopterEltern

**Ein Babyboomer über Wissen**

»Früher«, so Helmut Muthers (62, Babyboomer) im Interview, »als ich noch jung war, hatten die Älteren das Wissens-Monopol und gaben ihr Wissen, ihre Erfahrung an die Jüngeren weiter. Bei einem Fernsehsender, einem Telefonhäuschen an der nächsten Straßenkreuzung und Oswald Kolle mit seinen Aufklärungsfilmen im Kino waren die Informationsmöglichkeiten extrem überschaubar. Im Grunde fehlte uns nichts, weil wir nicht wussten, was uns fehlen könnte. Die heutigen technischen Möglichkeiten haben die Informationsbeschaffung und die Weitergabe von Wissen auf den Kopf gestellt: Heute lernen im Zweifel die Älteren von den Jüngeren. Das ist neu und für viele Ältere schwer zu verstehen. Sie leben heute deutlich länger und könnten mehr erzählen. Aber es interessiert weniger, weil die Informationen überall und zu jeder Zeit verfügbar sind.«

**TEDtalks – ideas worth spreading**

Ich selbst bin großer Fan von TED.com, eine Online-Video-Plattform mit unfassbar vielen Kurzbeiträgen zu vielen verschiedenen Themen. Ein Muss für jeden, der sich weiterbilden möchte!

Deutsches Format hiervon ist 2b AHEAD Think Tank.

**Gesundheit**, Sport, Ernährung und Umgang mit Stress nehmen für uns eine neue Funktion im Alltag ein. Auch das haben uns unsere Eltern mit auf den Weg gegeben. Wir haben erfahren, gehört und gelernt, dass Gesundheit nicht mehr nur das Gegenteil von Krankheit bedeutet – wir also nicht erst dann in unsere Gesundheit investieren sollten, wenn wir krank sind, sondern dass wir kontinuierlich an einer guten Balance zwischen Arbeits- und Lebensenergie arbeiten müssen.

Wir wollen selbst mehr Verantwortung für unsere Gesundheit übernehmen und die Verantwortung nicht an Ärzte oder den Gebrauch von Medikamenten abschieben. Aus der Patientenhaltung wird eine gesundheitsbewusste Vorsorgehaltung. Der Fokus auf Rehabilitation wandelt sich zu einem neuen Fokus: Prävention. Was in einer immer älter werdenden Gesellschaft schließlich von großer Bedeutung ist. Diese **moderne Form der Daseinsfürsorge** wird von Zukunftsforschern als Trend bezeichnet. Besonders die Generation Y strebt danach, den wachsenden Effizienzdruck von Gesellschaft und Arbeitswelt mit Gesundheitsaktivitäten auszugleichen. Wir wollen unsere Fitness nicht mehr für Job und Geld aufopfern – so wie es einige unserer Großeltern und Eltern gemacht haben.

Auf Sonnenschein folgt Regen. Wir wollen, wir fordern, wir brauchen. Natürlich birgt das Verhalten der Generation Y auch Schwächen. Ja, auch für die Arbeitswelt. Wir als anspruchsvolle und schnelllebige Generation langweilen uns schnell. Wir brauchen die Abwechslung, vor allem im Job. Wird uns das nicht geboten, überlegen wir, den Arbeitgeber zu wechseln.

Auffällig ist, dass der klassische Gen-Y-Vertreter über eine gering ausgeprägte Frustrationstoleranz verfügt, was im unternehmerischen Denken stark einschränkt. Hinzu kommt, dass junge Leute – wie es scheint – gegenüber älteren Menschen verhältnismäßig wenig respektvoll sind. Das Alter wird nicht mehr automatisch zu einem Indikator für Re-

## Reflexionsfrage

**Wie können Sie für sich im Unternehmen die Potenziale der neuen Arbeitnehmergeneration nutzen?**

**Unterschiedliche Ideen hierzu finden Sie auf www.steffiburkhart.de/DieSpinnen.**

spekt. Viel wichtiger ist der Umgang miteinander geworden, egal in welchem Alter. Begegnet man der Generation Y auf Augenhöhe, respektiert sie einen. Wenn nicht, wird sie zickig.

## ERZIEHUNG, LEBENSUMSTÄNDE* UND BILDUNGSLÜCKE DER GEN Y

Wir haben kaum gelernt, auszuhalten, diszipliniert und hart für Dinge zu arbeiten, die wir erreichen wollen. Wenn A nicht erreichbar war, haben wir uns für Alternative B entschieden (es gibt ja immerhin genügend Auswahlmöglichkeiten). Und wenn wir A unbedingt erreichen wollten, haben die Helikopter-Eltern ausgeholfen – materiell und immateriell: Süßigkeiten im Supermarkt, Spielsachen im Lego-Land, die Jogginghose von Adidas, das Notengespräch mit dem Lehrer, das erste eigene Handy, die finanzierte Studentenbude, der Urlaub mit Freunden.

Wer in dem vergangenen Jahr hin und wieder Fernsehwerbung gesehen hat, wird es kennen: das Marshmallow-Experiment. Ursprünglich hat es die Standford University geprägt und Joachim de Posada in dem Buch »Don't Eat the Marshmallow ... Yet – Das süße Geheimnis von Erfolg« beschrieben. Inhalt des Experiments: Vierjährige Kinder bekamen die Aufgabe, 15 Minuten alleine in einem Raum zu verbringen. Vor ihnen auf dem Tisch lag ein Marshmallow – für die meisten Kinder eine Köstlichkeit. Dann wurde den Kindern erklärt: Wenn sie es schaffen, den Marshmallow nicht zu essen, während sie alleine sind, bekommen sie hinterher zur Beloh-

**Mitspracherecht als Babyboomer**

Helmut Muthers (62, Babyboomer) im Interview: »Ich war 17. Mit meiner ersten Freundin ging ich abends bei Dunkelheit in Nebenstraßen spazieren, damit uns keiner sah. Nach meinem Berufswunsch wurde ich nicht gefragt. Über gute Kontakte meiner Eltern bekam ich eine Ausbildungsstelle bei der Sparkasse. ›Das ist was fürs Leben‹ war das Argument meiner Eltern und sie haben es sicher nicht böse gemeint. Ich hatte wohlmeinende Chefs und durfte Karriere machen. Zum frühestmöglichen Zeitpunkt wurde ich zur Bundeswehr geschickt (18 Monate). Widerspruch zwecklos. Im Rückblick für mich kaum nachzuvollziehen. Mein Vater hat alles Schreckliche des 2. Weltkrieges erlebt und schickt, ohne zu zögern, seinen Sohn in den Kriegsdienst. Nachdenken – verboten. Als bekannt wurde, dass ich aus meiner Heimatstadt wegziehen wollte, wurde ich zum Bürgermeister bestellt, der mich zum Bleiben überreden wollte. Geheiratet wurde mit 22, weil alle Freunde in dem Alter heirateten. Meine erste Frau war drei Jahre älter – ein Skandal. Kinder waren gesellschaftliche Pflicht. Wir waren obrigkeitshörig und wir funktionierten. Die ›Oberen‹ hatten leichtes Spiel mit uns. Lange Zeit.«

<hr>

* erschienen bei Huffington Post, Juni 2014

nung einen zweiten. Was war das Ergebnis? Zwei Drittel der Kinder aßen ihren Marshmallow vorzeitig.

Das hat auch der Süßigkeitenhersteller Ferrero aufgegriffen. In der Fernsehwerbung haben die Kinder ein Überraschungsei statt des Marshmallows vor sich liegen.

Ich vergleiche das Marshmallow-Experiment gerne mit dem Helikopterverhalten unserer Eltern, die uns (sinnbildlich gesprochen) darin unterstützten, den Marshmallow (oder das Überraschungsei) gleich zu essen. Dadurch hat der klassische Ypsiloner nicht gelernt, kurzfristige Belohnungen aufzuschieben und den damit einhergehenden Schmerz auszuhalten. Daher kommt meiner Meinung nach die geringe Frustrationstoleranz der Gen Y. Natürlich gab es das schon vor unserer Zeit. Ich denke aber, es betrifft uns mehr als Vorgängergenerationen und ich kann mir durchaus vorstellen, dass dieses Phänomen bei der nachfolgenden Generation noch krasser ausgeprägt sein wird.

Daraus resultiert der Glaubenssatz des klassischen Ypsiloners, immer erst mal belohnt werden zu müssen, bevor er Leistung erbringt: Erst nehmen, dann geben. Oder anders ausgedrückt: Erst mal ernten zu wollen, statt mit dem Säen zu beginnen. »Überstunden machen? Nicht bei dem Gehalt!«, »Zuvorkommend zum Kunden sein? Der soll sich nicht so anstellen!«, »Am Wochenende zur Fortbildung gehen? Ey, da geht mein ganzes Wochenende drauf!«, »Mein Chef will tausend Sachen von mir. Der kann mich mal!« Es scheint, als wurden wir zu kleinen Egozentrikern erzogen. Denn mit unternehmerischem Weitblick hat das leider wenig zu tun. Und Unternehmen können mit dieser Haltung langfristig nicht überleben. Hier mangelt es an unternehmerischem Denken – eine Bildungslücke der Gen Y (die man uns in Schule und Uni vergessen hat zu schließen).

Es gibt weitere Schwächen, die uns nachgesagt werden: Wir sind eine Generation, die sich gerne selbst überschätzt, die nicht gelernt hat zu scheitern und erst mal Respekt von anderen einfordert, statt ihn im ersten Schritt selbst zu geben. Der Innovationspsychologe Christoph Burkhardt, selbst Vertreter der Gen Y, sagte diesbezüglich in einem Interview zum Thema »Kreativität und Innovationen in Unternehmen« zu mir: »Im Schnitt haben wir ein sehr gutes Bild davon, was wir können. Und wir spielen sehr stark mit unseren Stärken und ignorieren solange es geht unsere Schwächen. Und das sorgt dafür, dass wir mehr Risiken eingehen. Vor allem im Bereich von Ideen und Innovationen, weil wir viel eher Ideen auf den Tisch legen als vorherige Generationen. Das führt natürlich zu Konflikten in Organisationen. Denn wenn die Jungen reinkommen und noch nicht kapiert haben, was man jetzt hier machen darf, ist das Gefühl erst mal, Generation Y kommt rein und will alles verändern, alles neu machen. Und die kommt auch mit dem Anspruch, dass sie das kann. Weil wir denken ja, dass wir alles können. Wir überschätzen unsere Fähigkeiten. Und das ist gut und wichtig für bestimmte Sachen. Vor allem um so einen Innovationsprozess anzustoßen. Was uns auf der anderen Seite aber fehlt – und das haben vorherige Generationen besser gemacht –, ist eine realistische Einschätzung davon, was gut ist an dem, was schon da ist. Und wenn wir das machen, dann kriegen wir auch den Respekt dafür, was wir verändern wollen. Aber wir können nicht damit anfangen, dass wir Dinge ändern, und wir verlangen Respekt. Hm, das ist wahrscheinlich so eine Krankheit von uns: Das Verlangen nach sofortigem Respekt für alles, was wir tun. Auch wir müssen erkennen, dass nicht alles gut ist, was wir tun. Das Erste, was wir lernen sollten, ist das Scheitern. Denn das wurde vielen von uns nicht mitgegeben, wie wir damit umgehen, wenn etwas nicht funktioniert. Ich denke, viele von uns sind damit aufgewachsen, dass viele Sachen einfach geklappt haben. Wir werden ja auch die Trophäen-Generation genannt. Wir haben Preise für alles Mögliche bekommen und bekommen immer noch Preise für alles Mögliche. Wir haben uns daran gewöhnt, dass alles gut läuft. Und deswegen ist es auch unglaublich schwierig, Fehler zu machen, sich Fehler einzugestehen und aus Fehlern zu lernen, statt zu versuchen, alles perfekt zu halten, so wie es ist.«

**Reflexionsfrage**

Welche Möglichkeiten sehen Sie, ressourcenorientiert auf die Schwächen der Gen Y einzugehen, um Negativeffekte auf Ihr Unternehmen zu reduzieren?

Lösungsansätze hierzu finden Sie auf www.steffiburkhart.de/DieSpinnen.

Einen Mythos möchte ich an dieser Stelle aber gerne noch aufdecken. Und zwar die Behauptung, alle Generation-Y-Vertreter sind freiheitsliebende Menschen. Das ist nicht richtig. Im Gegenteil, das »next-practice® Institut« hat eine Studie[12] durchgeführt zum Wertesystem der Generation Y. Als Ergebnis kam heraus: Diese Generation ist in zwei komplett gegensätzliche Lager gespalten. 50:50. Die eine Hälfte ist sehr freiheitsliebend, strebt nach Autonomie, flachen Hierarchien, will sich vernetzen, versteht Arbeit als persönlichen Lernweg, will experimentieren, verhält sich unkonventionell und nimmt für ein gutes Arbeitsumfeld ein geringeres Gehalt in Kauf. Auf der anderen Seite gibt es die »Sicherheitsgruppe«, die eher nach traditionellen Werten und Mustern lebt. Sie strebt nach Strukturen, Jobsicherheit, Zielsicherheit, Karrieremöglichkeiten und befürwortet klare Hierarchien. Innerhalb dieser Gruppe gibt es noch mal zwei Untergruppen: Die eine Gruppe entscheidet sich mit voller Überzeugung für diesen Weg, die andere aus der Angst heraus, den neuen Veränderungen nicht gewachsen zu sein. Sie streben nach einer hierarchischen Situation, vermuten jedoch, dass sich die Arbeitswelt hin zu einem höheren Freiheitsgrad entwickelt.

Wenn Sie überlegen, bin ich mir ganz sicher: Sie kennen Beispiele mit allen drei Ausprägungen.

Die zuletzt genannte Gruppe ist ein großes Problem für eine gut funktionierende Gesellschaft, denn wie die Soziologin Prof. Dr. Cornelia Koppetsch in einem SZ-Interview[13] informiert, leben 25 Prozent unserer Bevölkerung bereits schon heute in gefährdeten Lagen, 10 Prozent sogar in verfestigter Armut. Weil wir in einer Gesellschaft leben, die von hohem Leistungsdruck und Gewinnmaximierung getrieben ist, werden es die weniger gut ausgebildeten jungen Leute sein, die perspektivlos gen Zukunft gehen und auf Transferleistungen des Staates angewiesen sein werden. Sie haben Schwierigkeiten, sich in die Arbeitswelt gut einbringen zu können, fokussieren sich im Hier und Jetzt auf den Kampf um ihre Existenz und werden mittelfristig aus dem gesamten Arbeitskreislauf herausgefiltert. Koppetsch spricht das Beispiel Kreativszene in Berlin an. Dort fällt auf: Die eine Hälfte schafft es bis Mitte 30, sich eine sichere Existenz aufzubauen, die an-

**Gen Y: Freiheitsliebend versus sicherheitsbedürftig.**
Die eine Hälfte der Gen Y strebt nach einem hohen Maß an Unabhängigkeit,
die andere fokussiert eher einen klassischen Karriereweg.

dere Hälfte wird mit zunehmendem Alter Schwierigkeiten haben, sich diese Existenz aufzubauen.

Damit schaufeln wir uns in Deutschland unser eigenes Grab, weil wir auf lange Sicht keine 25 Prozent der Bevölkerung mit Transferleistungen unterstützen können. Ein Erklärungsansatz für diese Entwicklung liefert der französische Wirtschaftswissenschaftler Thomas Piketty in seinem Buch »Das Kapital im 21. Jahrhundert«. Seine zugrundeliegende Theorie besagt, dass kein sozialer Aufstieg mehr möglich ist, wenn der Ertrag aus der Arbeit geringer als der Ertrag aus Kapitalerträgen ist. Globale Eingriffe wie: Reichensteuer, Mindestlohn, die Abschaffung von Steueroasen und die Stärkung von Arbeitnehmerrechten sind Möglichkeiten, die Schere zwischen Arm und Reich nicht weiter auseinanderklaffen zu lassen. Und es müssen Anreize geschaffen werden, damit junge Menschen nicht lieber Hartz IV beziehen wollen, als arbeiten zu gehen.

# ... BESTIMMT DIE ARBEITSWELT VON MORGEN

All die aufgelisteten Veränderungen in Gesellschaft und Wirtschaft führen zu einer **neuen Normalität der Generation Y**. »In Zeiten einer Welt-Gesellschaft, deren Grundverständnis geprägt ist vom Anspruch des Einzelnen auf Individualismus, auf persönliche Energiebalance und einen höheren Komplexitätsgrad, erreicht [die klassisch autoritäre Konzernlogik] die High Potentials nicht mehr.«[14]

Generation Y steht für mich nicht nur für die 20- bis Mitte-30-Jährigen, sondern viel mehr für eine **zukunftsorientierte Haltung**, die proaktiv auf den Wandel von Gesellschaft und Arbeitswelt zugeht.

Vorreiter hierzu sind die Jungen, die Gründer von Facebook, Google, WhatsApp, Airbnb, Runtastic, Instagram, PayPall, Google, Spotify – oder Institutionen und Start-ups, die sich mit 3-D-Druckern oder eierlosen Spiegeleiern und fleischloser Wurst auseinandersetzen. Sie alle sind Innovatoren und Impulsgeber. Sie sind Visionäre, sonst wären sie nicht heute schon so weit gekommen. Karrieretechnisch. Im Zeitalter des Homo digitalis haben wir es mit einer Machtverschiebung zu tun. Es sind die Digital Natives, die die Deutungshoheit über das wichtigste Medium unserer Zeit, das Internet, besitzen und diese Macht einsetzen, indem sie international vernetzt an neuen Themen arbeiten und forschen. Dazu gehören globale Probleme wie die Bekämpfung von Armut und Klimawandel, faire Produktion, das Internet der Dinge sowie die Realisierung von Menschheitsträumen, wie beispielsweise die Erforschung des Weltalls – Elon Musk hat mit Space X seine Vision einer privat finanzierten Raumfahrtindustrie verwirklicht.

## EIN BEISPIEL AUS DER JUNGEN GETRÄNKEBRANCHE – VON DEM MITGRÜNDER DER FIRMA »RUSHH ENERGY DRINKS« PHILIPP GHADRI

»Wer früher – also noch vor zehn Jahren – neue und innovative Getränke produzieren wollte, hat gemeinsam mit der Inhaltsstoff-, Alu-Dosen- oder Glasindustrie Prototypen entwickelt. Und diese Entwicklung hat meistens sechs Monate gedauert. Man hat Muster für kleine Serien produziert, hat die dazu händisch abfüllen müssen und hat dann in ausgewählten Gastronomieeinrichtungen und Supermärkten getestet, ob das Getränk bei den Kunden auch ankommt. Dahinter steckte immer ein großer Aufwand, der recht zeitintensiv war und eben abhängig von der Großindustrie: Man brauchte Firmen, die den Sirup und die Aromen herstellten, Firmen, die bereit waren, die kleinen Serien abzufüllen, und Flaschen oder Dosen mussten produziert und mühsam bedruckt werden. Ziel war es, herauszufinden, ob es einen potenziellen Markt für ein neues Produkt gibt, wie die Marke bei den Konsumenten ankommt und natürlich ob der Geschmack angenommen wird. In meinem Bereich, dem Bereich der Energie-Drinks, ist Red Bull Marktführer, der schon früh den Industriestandard gesetzt hat. Und anhand der Verkaufszahlen konnten wir ableiten, ob ein Markt für unseren neuen Energy-Drink RUSHH da ist oder nicht. Während die meisten großen Unternehmen heute immer noch nach diesem Schema produzieren und testen, gibt es heute Jungunternehmer, die mit diesem Old-school-Verfahren brechen. Sie testen den Markt nicht mit einem bereits vorhandenen Produkt, sondern mit einem fiktiven Produkt in der digitalen Welt, über Social-Media-Kanäle, also ausschließlich virtuell. Dazu werden Produktmerkmale, die Marketingidee und das Design des Produkts digital angetestet. Und wenn es darauf vonseiten des Konsumenten eine positive Reaktion gibt, wird automatisch davon ausgegangen, dass das Produkt im regulären stationären Handel funktionieren könnte. Das ist die neue Art und Weise, wie die neue Internetgeneration agiert. Dabei sind heutzutage Klicks und Likes im Web gleichzusetzen mit dem Kaufverhalten im Handel. Gleichzeitig überspringen junge Unternehmen sehr viele Schritte in dieser Produktentwicklungsphase und sparen sich dadurch enorm viel Zeit und Geld. Was wir also erleben, sind junge Teams, die Ideen schneller umsetzen, denen egal ist, ob eine Idee scheitert oder nicht. Hauptsache, sie verwirklichen schnell Ihre Ideen und erreichen so einen First-Mover-Effekt, im Gegensatz zur langsameren Old Economy.«

Die gleiche Herangehensweise, wie Philipp Ghadri sie schildert, wählten die Gründer Lea-Sophie Cramer und Sebastian Pollok des Lifestyle-Sexshop Amorelie.de. Um ihre Abo-Box zu testen, bei der Interessenten alle drei Monate etwas geschickt bekommen, hat das Team – bevor es dieses Abo-Produkt gab – eine Landingpage gebaut und beobachtet, ob Nachfrage besteht. Und sie schickten Newsletter raus und beobachteten die Öffnungsrate.[15]

Ein anderes Beispiel: Was glauben Sie, wer bei der Deutschen Post das Konzept der Packstation entdeckte? Vier hoch motivierte junge DHL-Mitarbeiter. Mit Rückendeckung des damaligen Vorstandsvorsitzenden Klaus Zumwinkel durften die vier das Projekt umsetzen. Trotz massivem Widerstand aus den eigenen Reihen wurde das Projekt

2006 ausgerollt. Vertrauen in kreative Köpfe der Generation Y zahlt sich aus! Jens-Uwe Meyer, Geschäftsführer der Agentur »Die Ideeologen«, kommentiert das wie folgt: »Alle vier waren erfolgshungrige Menschen, am Beginn ihrer Karriere. Sie waren bereit, einen Großteil ihres Privatlebens für das gemeinsame Vorhaben zurückzustellen. Sie waren offen, ehrlich und ohne Konkurrenzgehabe, angetrieben einzig von dem Ziel, die Zukunft des Unternehmens vorauszudenken.«[16] Das zeigt, dass Soft Skills wie Leidenschaft, Motivation, Kreativität und Neugier zu zentralen Zukunftskompetenzen mutieren. Die Unternehmensberatung Elance-oDesk und die Research-Firma Millennial Branding aus Boston haben genau dazu 2015 eine Studie herausgebracht. Demnach legt jedes zweite Unternehmen immer noch mehr Wert auf Hard Skills, 21 Prozent hingegen achten mehr auf Soft Skills.[17] Der »Übeltäter« ist im Managementsystem Taylorismus aus dem Industriezeitalter zu suchen – doch dazu später mehr.

Um noch mal auf das Zitat von Meyer zurückzukommen: Oftmals sind es die Youngster, die basierend auf einer gewissen Grundnaivität mutig, hoch motiviert (weil noch unbefleckt von Tücken und Hürden des Arbeitsalltags) und mit Neugier die Arbeitswelt betreten. Genau diese Eigenschaften sind Kernkompetenzen der neuen Arbeitswelt, der Wissensgesellschaft, auf die wir uns zubewegen.

So wie die Otto Group. Sie hat im Gegensatz zu ihren früheren Konkurrenten Neckermann und Quelle den Sprung ins digitale Zeitalter geschafft. Im Rahmen ihrer Transformation startete der heutige E-Commerce-Konzern 2011 das einwöchige Experiment »ottogroup@ betahaus« im Betahaus Hamburg. Nachdem klar war, dass junge Kreative immer weniger in großen Konzernen mit starren Strukturen arbeiten wollen, ist die Otto Group auf diese Zielgruppe zugegangen. Ihre Grundidee bestand in der Hoffnung, eine Beziehung zwischen eigenen Mitarbeitern und der technikaffinen Kreativszene aufzubauen. Näheres zum Projekt hat mir Christoph Giesa in einem Interview erzählt, der als Otto-Group-Projektmanager das Experiment losgetreten hat. Spannend fand ich seine Aussage, dass beide Kulturen erst mal lernen mussten, aufeinanderzu- und miteinander umzugehen: So lernten die Freigeister, wie ihre potenziellen Auftraggeber ticken,

»Ich habe keine besondere Begabung, sondern bin nur leidenschaftlich neugierig.«

Albert Einstein

und die Konzernmitarbeiter, welchen Zwängen sie durch die starren Strukturen unterworfen sind und wie die junge, technologienahe Szene Arbeit organisiert, ihren Arbeitsplatz gestaltet und digitale Kollaborationswerkzeuge nutzt. All diese Erfahrungen nahmen die Otto-Group-Mitarbeiter in die Konzernstrukturen mit und versuchten, diese aktiv zu streuen. Sicherlich ist die Otto Group in dieser Kooperation kein Einzelfall. Auch andere Konzerne wie Daimler Chrysler mit dem Car-Sharing-Projekt car2go oder der Touristikkonzern TUI suchen Nähe zu kreativen Coworkern.[18]

Alle Beispiele zeigen, wie wichtig es für Unternehmen ist, sich auf neue Denkansätze der jungen Generation einzulassen. Sich unbequeme Fragen zu stellen und konstruktive Lösungen zu erarbeiten – das ist für mich der entscheidende Kern der Diskussion um die Generation Y. Wer versucht, die Jugend von heute als respektlos oder arbeitsscheu abzutun, wird morgen als Verlierer dastehen. #NeueImpulse #FrischeGedanken #ZeitgemäßeIdeen

# FAZIT: NICHTS BLEIBT, WIE ES WAR

Veränderungen, die wir heute bemerken, sind nur die Spitze des Eisbergs. Viele weitere Veränderungen werden auf uns zurollen, schneller als mancher vermutet. Die exponentiell steigende Innovationsgeschwindigkeit hat gerade erst Fahrt aufgenommen und beschleunigt den Wandel in Gesellschaft und Arbeit weltweit.

Ein interessanter Newsletter mit dem Titel »Der Angriff der BitCoin Nachfolger« von »2b AHEAD« landete mal in meinem Postfach. Folgende Zeilen standen darin geschrieben: »Ich möchte mit Ihnen heute einmal nicht über Airbnb, Uber und die neusten Stars des E-Commerce sprechen […], sondern über jenen Trend, der sich anschickt, diese Stars schon wieder abzulösen. […] Nahezu im Wochentakt erscheinen derzeit die Kinder von BitCoin: OpenBazaar greift Ebay an, Lighthouse greift Kickstarter an, Darkleaks greift Netflix und Wikileaks an, Storj greift Dropbox an […] die Logik ist immer die gleiche:

**Beispiele für innovative Apps**

Lieferando – statt zum nächsten Italiener
zu fahren und Pizza zu holen
Flaconi – statt zu Douglas gehen
Ebay – statt auf den Flohmarkt zu gehen
Immobilien Scout – statt Wohnungs-
anzeigen in der Zeitung durchzulesen
Auto Scout – statt zum Autohändler zu
gehen
GoButler – statt Dinge selbst zu tun

**Nichts bleibt, wie es war ...**

Schreibmaschine → Laptop
Schnurtelefon → Smartphone
Kassette → iTunes
analoge Welt → digitale Welt
Massenproduktion → Wissensgesellschaft
analoge Produktentwicklung → digitale
Testphase
Quelle Versandhandel → Amazon, Ebay
Bankkredit → Crowd Financing
Kodak → Instagram

**Möglicherweise könnte das
Nokia-Schicksal auch anderen
drohen, denn ...**

**Google**
• stellt Roboter, Heizungssteuerung und
Autos her
• will Handwerker vermitteln

**Apple**
• produziert jetzt auch die erste schicke
Uhr
• und vielleicht bald auch ein erstes Auto

**Supermärkte wie Walmart**
• haben erste Kliniken eröffnet

Durch die dezentrale Blockchain-Technologie werden kostenlose und anonyme Märkte zum Austausch von Produkten und Leistungen geschaffen.«[19]

Nehmen wir ein Beispiel heraus: OpenBazaar. Die Logik hinter Ebay und Amazon ist klar: Jeder kann alles verkaufen und einkaufen. Wer sich als Verkäufer registriert, macht sich sichtbar und bezahlt eine Einstellgebühr. Und genau hierin liegt der große Unterschied zu OpenBazaar. Dort bleibe ich als Nutzer anonym und bezahle auch keine Einstellgebühren mehr. Der Verkauf funktioniert demnach direkt – über eine dezentrale kostenfreie und provisionsfreie Plattform.

Das heißt, die Innovation besteht darin, dass Händler aus der Händlerkette herausgekickt werden. »CUT OUT THE MIDDLE MAN! Mit der gleichen Logik, mit der die Internetakteure die klassischen Geschäftsmodelle angegriffen haben, werden sie nun selbst attackiert.«[20] Harte Fakten von Zukunftsforscher Sven Gábor Jánszky. Und spinnen wir die Idee von OpenBazaar weiter, können zukünftig alle Menschen weltweit ohne Zwischenhändler, Makler oder kostenpflichtige Plattform Geschäfte machen. Das Einzige, was wir dazu brauchen, ist eine entsprechende App.

**Reflexionsfrage**

Wie »freakig« ist Ihre Mannschaft? Wie viele Generationen, Kulturen und Berufszweige sind in Ihrem Team vertreten? Wie viel Reibung lassen Sie zu? Wollen Sie Ihren Fokus auf Innovation, Copy & Paste und/oder die Optimierung bestehender Ideen und Produkte legen? Haben Sie hierfür Ihre Mannschaft optimal besetzt?

Doch statt nach vorne zu blicken, schauen Menschen lieber nach hinten. Besonders in Deutschland herrscht ein **starkes Immunsystem gegenüber neuen Ideen und Veränderungen.**[21] Immer noch streben zu viele Unternehmen nach Effizienzinnovation und stellen vorrangig Mainstream-Vertreter statt Abenteurer, Querdenker, Tüftler oder Weltverbesserer ein und mutieren so zu einer Institution mit geringem Innovationspotenzial.

Unternehmen, die aktiv und bewusst Regeln brechen, werden vom »TREND UPDATE Magazin« als **Freak Companies** bezeichnet.[22] Freak Companies basteln an disruptiven Innovationen und verursachen so radikale Veränderungen. Wichtig: Freak Companies können aber nur freakig sein, wenn dort auch freakige Menschen arbeiten.

# EXKURSION: WIR BILDEN UNS DÄMLICH

»Drei Viertel der 517 befragten Experten meinen […], dass unser Bildungssystem vorwiegend Verlierer hervorbringt.«[23]

»Diejenigen, die heute eine akademische oder berufliche Ausbildung beginnen, werden in den nächsten Jahren primär nach herkömmlichen Lehrmustern ausgebildet. Sind sie mit ihrer Ausbildung fertig, kommen sie in ein berufliches Umfeld, das immer mehr durch **digitale Spielregeln, digitale Geschäftsmodelle** und **automatisierte Produktionsprozesse** (Industrie 4.0) geprägt sind. Schüler, Auszubildende und Studierende werden zwar gut ausgebildet; allerdings nicht ausreichend für die digitalen Anforderungen von morgen. Menschliche Wissensarbeit wird sich zudem gegen lernfähige Algorithmen behaupten müssen. Die notwendigen Fähigkeiten zu IT-Kompetenz, interdisziplinäres Denken und Kreativität bilden jedoch weder die Aus- noch Weiterbildungssysteme ausreichend ab.«[24]

Die wohl letzte große Änderung der Bildungspolitiker war die Umstellung von G9 auf G8 – also, dass Schulkinder 12 statt 13 Jahre zur Schule gehen, bis sie das Abitur machen können. Folglich kommen immer jüngere Studien- und Jobstarter auf den freien Arbeitsmarkt und wollen sich beweisen. Angenommen, ein Kind wird mit fünf Jahren eingeschult, zieht die Schule durch, ohne eine Klasse wiederholen zu müssen, erlangt es heutzutage – je nach Geburtstag – mit 17 Jahren die Hochschulreife. Falls es dann nicht ins Ausland gehen oder ein Freiwilliges Soziales Jahr machen will, beginnt es die Ausbildungs- oder Studienzeit, ohne die Volljährigkeit erreicht zu haben. Der WDR hatte 2014 über einen Jungen aus Düsseldorf berichtet, der zu Hause wohnt und studiert – ohne Studentenleben. Feiern, faulenzen – Fehlanzeige. Er macht seine Aufgaben und ist zum Essen zu Hause. Bei einer Bachelorzeit von sechs Semestern ist er mit 20 Jahren mit dem Studium fertig und kann ins Berufsleben einsteigen.

Laut einer Umfrage des Deutschen Industrie- und Handelskammertags, bei der 2000 Unternehmen befragt wurden, gaben mehr als

50 Prozent an, mit den Alumnis unzufrieden zu sein. Besonders im Tourismus- und Servicebereich wie bei Gesundheitsdienstleistern würden die Unternehmen das **Bachelor-Master-System kritisch beurteilen**. In der Studie heißt es, die momentane Studiensituation würde zu einer »Überakademisierung« führen.

Aus diesem Grund beraten Wissenschaftler, Lehrer, Dozenten und Politiker neuerdings aktiv über Maßnahmen, diese Überakademisierung zu vermindern. Unternehmen fordern schon lange, die Bachelor-Studiengänge praxisnäher zu gestalten, den Studenten mehr Freiheit für Projektarbeit zu geben. Auf einer Hochschulkonferenz haben verschiedene Bildungsminister Europas eine Variante vorgestellt: Kooperationen mit Firmen, lange Praxisphasen usw. sollen Studenten besser aufs Jobleben vorbereiten.

Weil der Schritt dahin nicht genug ist, fordern Sigmar Gabriel und die Industrie- und Handelskammer, ein neues Schulfach einzuführen: »Ökonomische Bildung«. Darin soll Wissen aus Wirtschaft und Politik gelehrt werden – aktuell und praxisbezogen. Auch sollen Schüler eine umfassende Berufsorientierung erhalten und an wirtschaftsbezogenen Projekten arbeiten können – selbstständig. Aktualität, Praxis, Selbstständigkeit.

»Ökonomische Grundbildung als Schulfach würde ich sehr begrüßen«, sagt Dr. Rahild Neuburger, »denn letztlich hat ökonomisches Denken zunächst mit dem sinnvollen Umgang mit knappen Gütern zu tun.« Neuburger ist Expertin auf dem Gebiet von Marketing und Kommunikation in Deutschland sowie Akademische Oberrätin an der Fakultät für Betriebswirtschaft der Ludwig-Maximilians-Universität München. Die Forderung nach mehr Praxis und mehr Berufsorientierung sei nicht ganz grundfalsch – die Politik müsse sie jedoch konkretisieren. Das ganze Interview können Sie auf www.steffiburkhart. de/DieSpinnen nachlesen.

Es gibt durchaus Institutionen, die sich in Richtung praktische Ausbildung orientieren, und zwar **Privatschulen**. Die Kölner Journalistenschule beispielsweise funktioniert genau nach den geforderten Kriterien: Die

Studenten studieren unter anderem Volks- oder Betriebswirtschafts-
lehre, lassen sich parallel zum Journalisten ausbilden und machen in
der gesamten Studienzeit mindestens sechs Praktika. Preis: maximal
16 000 Euro. Die International School of Management in Dortmund
funktioniert ähnlich, wenngleich sie »nur« in dem ökonomischen Bereich ausbildet. Preis: 28 200 Euro für sechs Semester. Jetzt will die
Kölner Universität einen privaten Masterstudiengang für Führungskräfte einführen. Preis: 46 500 Euro. Gleichzeitig kostet die Uni dieses
Vorhaben 400 000 Euro, weshalb die Verantwortlichen viel Kritik für
ihre Pläne ernten. Die Zahl der privaten Hochschulen ist also nicht
umsonst seit 1995 um das Vierfache gewachsen. Kein Numerus clau-
sus, dafür praktisch arbeiten. Das bedingt eine hohe Nachfrage – und
wie es immer ist in der Wirtschaft: hohe Nachfrage, hohe Preise.

Bundeskanzlerin Angela Merkel wollte Deutschland bis 2015 zu einer
Bildungsrepublik machen. Tatsächlich ist die Zahl der Schulabbrecher
auf 5,7 Prozent gesunken. Das hat der Experte für Wirtschaft und Politik Klaus Klemm in einer Studie für den Deutschen Gewerkschafts-
bund eruiert. Laut Klemm gibt es jedoch immer noch 30 Prozent der
Auszubildenden in Deutschland, die ihre Azubi-Zeit vorzeitig been-
den, also abbrechen. Auf die Frage, was ihm Sorgen in Bezug auf unser Bildungssystem bereitet, antwortete er: »Vielen jungen Menschen
in Deutschland gelingt es nicht, einen Ausbildungsplatz zu bekommen und die Ausbildung erfolgreich abzuschließen. Von den 20- bis
30-Jährigen verfügen derzeit 14 Prozent nicht über eine abgeschlosse-
ne Ausbildung; sie sind auch nicht mehr in einer irgendwie gearteten
Ausbildung. Das ist für die jungen Menschen ebenso wie für das Land
eines der größten Probleme.«

Um das zu ändern, müsse die Politik, so Klemm, zwei Ansätze zugleich
verfolgen: Sie müsse sicherstellen, dass alle Schulabgänger so weit
gebracht werden, dass sie eine Ausbildung erfolgreich abschließen
können. Und sie müsse Sorge tragen, dass ein **hinreichendes Angebot an Ausbildungsplätzen** besteht – auch für schwächere Schulabgängerinnen und
-abgänger. »Zurzeit gibt es auf der einen Seite ein Überangebot von
Ausbildungsplätzen für Abiturienten und Realschulabgänger. Auf der
anderen Seite ist die Zahl der Ausbildungsangebote für Leute mit oder

ohne Hauptschulabschluss viel zu gering. Dies lässt sich allerdings nur mit einem hohen Engagement von Politik und Unternehmen ändern. Es erfordert zudem auch zusätzliche Ausgaben«, sagt Klemm. Und weiter: »Unternehmen haben den Eindruck, dass sehr viele junge Menschen, die sich um Ausbildungsplätze bemühen, darauf in den Schulen nicht angemessen vorbereitet wurden. Dieser Eindruck hat sich in den vergangenen Jahren auch dadurch verstärkt, dass immer mehr junge Leute höhere Schulabschlüsse erlangen konnten und ihre berufliche Bildung in Fachhochschulen und Universitäten suchen. Angesichts der demografischen Entwicklung müssen sich die Ausbildungsbetriebe verstärkt auf junge Leute konzentrieren, die für die Ausbildung in Unternehmen wichtige Fähigkeiten wie Mathematik oder Rechtschreibung nicht ausreichend beherrschen. Ein vom Bundestag kürzlich beschlossenes Gesetz, das ausbildungsbegleitende Hilfen etabliert, zielt genau in diese Richtung: Es verbessert die Möglichkeiten, während der Ausbildung Schwächen zum Beispiel in der Mathematik oder im sprachlichen Bereich zu beheben.«

Auf die Frage, ob dazu passt, dass Sigmar Gabriel »Ökonomische Bildung« als Schulfach fordert, antworte Klemm, dass er grundsätzlich die Einführung eines Schulfaches, das ökonomische Kenntnisse zum Gegenstand hat, begrüßen würde. Zum Inhalt? »Keinesfalls sollte dieses Fach sich darauf beschränken, Schülerinnen und Schülern zu vermitteln, wie sie mit ihrem Taschengeld haushalten können. Es sollte unter anderem darum gehen, wie sich ein Landes- und Bundeshaushalt zusammensetzt, wie das Geschäft mit den Steuern funktioniert und dessen Wirkung auf die Gesamtwirtschaft, wie Gehälter ausgehandelt werden und so weiter. Es sollte also ein Mix der Grundelemente von Betriebs- und Volkswirtschaftslehre sein.«

Klaus Klemm sieht aber auch **Verbesserungen bei unserer Bildungspolitik:** Eine wirklich wichtige sei die Ausweitung der Krippen- sowie der Kindergartenangebote und der Ganztagsschulplätze. Dies erleichtere es den Eltern, Kinder zu haben und gleichzeitig dem Beruf nachzugehen. Die Vereinbarkeit von Familie und Beruf ist wichtig und verbessert sich dadurch.

# DIE DEMOGRA-FISCHE SITUATION

## VERGESST DIE ALTEN NICHT!

»Auf diesem Planeten haben wir 1972 den Gipfel der Jugend erreicht. Seitdem hat sich das Durchschnittsalter auf Erden jedes Jahr erhöht, und ein Ende des Älterwerdens der Welt ist in den nächsten paar hundert Jahren nicht in Sicht!« (Kevin Kelly, Autor und Gründungsherausgeber Wired Magazin)

Die demografische Entwicklung beeinflusst Arbeitsmarkt und Arbeitskräfte. Deutschland wird immer älter und somit altern auch viele Unternehmen (bis auf die Subsahara-Staaten altert die gesamte Welt). Interessant an der Entwicklung ist die sogenannte **Silver Society**[25] – inklusive der Beobachtung, dass wir aufgrund der längeren Lebenserwartung andere Phasen durchlaufen als die Generationen vor uns, dass wir mit 50 nicht mehr alt sind und dass wir in unseren letzten Lebensjahren fitter und gesünder sein wollen. Wer sich mit dieser Entwicklung als Unternehmer nicht anfreundet, verschwendet eine der wichtigsten Ressourcen: lebens- und jahrzehntelange Berufserfahrung! #SilverSociety

Vergessen dürfen wir natürlich nicht: Altert eine Gesellschaft, wird die Jugend zum knappen Gut. Umso wichtiger ist der Fokus auf beide – die Jungen und die Alten. Das ist wichtig, entspricht aber nicht den Erfahrungen, die ich draußen in der Arbeitswelt mache. Zu häufig wird die Aufmerksamkeit zu einseitig auf die Jugend gelenkt. Wer jetzt nicht um- bzw. mehr denkt, setzt sich im Wettbewerb auf die Abschussplätze.

# DIE FÜNF-GENERATIONEN-GESELLSCHAFT

In der Arbeitswelt leben wir bereits heute mit fünf verschiedenen Generationen zusammen. Ein Phänomen, das es bisher so noch nie gegeben hat: Generation Z, Generation Y, Generation X, Babyboomer und die 68er-Generation (siehe S. 12). Dieses Phänomen stellt Unternehmen vor neue Herausforderungen, es verlangt nach neuen Fragen, neuen Antworten und neuen Lösungsansätzen. Wer diese Entwicklung als Krise oder Problemsituation bezeichnet, ist dumm. Denn wir haben es hier-

**Die Jugend wird rar! Das Zeitalter der Alten beginnt!**

## Reflexionsfrage

Wie sieht aktuell die Altersverteilung in Ihrem Unternehmen oder in Ihrer Abteilung aus. Wie viele Gen-Y-Vertreter haben Sie? Wie viele Babyboomer und Generation-X Vertreter? Wann werden die Babyboomer das Unternehmen oder Ihre Abteilung verlassen? Wie gut sind Sie auf diese personelle Veränderung vorbereitet?

bei mit einem großartigen Mehrwert für Unternehmen zu tun. Es gilt eben, diesen Rohdiamanten ordentlich zu schleifen.

Die **demografische Veränderung** führt gleichzeitig zu einem neuen Lebensphasenmodell: Das Drei-Phasen-Modell unserer Eltern und Großeltern: Jugend und Ausbildung, Erwachsensein und Arbeit, Alter und Rente gibt es nicht mehr.[26] Wir denken nur immer, dass das noch so ist. Zumindest viele tun das, und genau das kann uns früher oder später zum Verhängnis werden.

Die beiden Zukunftsforscher Sven Gábor Jánszky und Lothar Abicht sprechen in ihrem Buch »2025 – so arbeiten wir in der Zukunft« (2013) davon, dass wir heute schon acht (!) Lebensphasen haben (Abb. S. 59):

**Phase 1,** die Jugendphase bis 16 Jahre verbringen wir bei den Eltern.

**Phase 2** geht bis circa zum 24. Lebensjahr und ist geprägt vom ersten eigenen Haushalt, Ausbildung, Studium und erster Beziehung.

**Phase 3** reicht bis zu einem Alter von 30 oder 40 Jahren und entspricht der ersten Jobphase, die geprägt ist von einer hohen nationalen und internationalen Mobilität und Flexibilität. Diese Phase überdauert die Eheschließung sowie die Geburt eines ersten Kindes.

**Phase 4** dauert bis zum Alter von 38 bis 48 Jahren und ist die Familienphase, in der sich die Menschen für einen Ort als Heimat entscheiden, um den Kindern ein behütetes Aufwachsen zu ermöglichen. Diese Phase entspricht demnach der Phase der Bindung.

**Phase 5** streckt sich bis zum 45. oder 55. Lebensjahr. In dieser Phase verlassen Familien die Sesshaftigkeit. Die Kinder sind nun fünf Jahre und älter. Die Selbstverwirklichung, Karriere und das Geldverdienen stehen nun wieder im Fokus, dafür wird ein Nomadenleben in Kauf genommen.

**Phase 6** reicht bis zum 52. oder 62. Lebensjahr. In dieser Phase verlassen die Kinder das Elternhaus, wodurch eine Neuausrichtung des Familienlebens und vielleicht auch noch mal des Berufslebens entsteht.

**Phase 7** dauert bis zum 70. oder 80. Lebensjahr und wird als Phase des Neuanfangs beschrieben, in der wir uns nochmals einen neuen Job, eine neue Heimat und möglicherweise auch einen neuen Partner suchen. In dieser Phase geht es nicht mehr nur ums »Absitzen des Lebensrests«, sondern um die letzte Möglichkeit der Selbstverwirklichung.

**Phase 8** beginnt ab dem Alter von 80 Jahren und entspricht der Phase, die wir heute mit der dritten Lebensphase verknüpfen. Hier geht es ums Zurücklehnen und Genießen der letzten Lebensjahre.

Die Phasen dieses Modells können natürlich von Mensch zu Mensch unterschiedlich lang und intensiv gelebt werden. Alter lässt sich deshalb nicht mehr pauschalisierend von anderen Phasen trennen. Die Übergänge sind fließend, und alt zu werden ist eine Frage der Einstellung.

Es zeigt auch, dass wir anfangen müssen, unser gesellschaftliches Bild vom Alter neu zu definieren. Wir müssen verstehen, dass wir zukünftig länger und flexibler arbeiten werden. Jammern bringt da nichts. Wir müssen anfangen, Strukturen in Politik, Gesellschaft, Ausbildung und in Unternehmen genau dieser Entwicklung anzupassen. So, als ob wir Fahrradfahren erst mit 60 Jahren lernen und die Weisheit uns schon mit 20 auf der Stirn geschrieben steht ... Was bedeutet heute schon noch »alt« und »jung«? #NeuesAltersbild

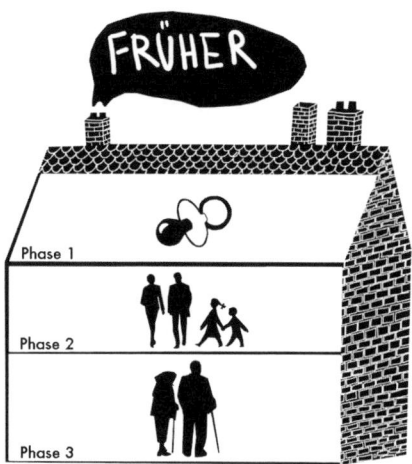

Das Lebensphasenmodell: früher und heute.

# UNS GEHEN DIE JUNGEN AUS

Wir haben es mit einer deutlichen Verringerung der Geburten- und Sterberate zu tun. Die Alterspyramide mutiert zum Altersdöner.

Wer genau hinschaut, erkennt: Die Babyboomer-Generation hat nicht nur eine Jugendgesellschaft geprägt, sondern ist nun auch die Generation, die zu einer **neuen »Altersbewegung«** führt.

Hier nun erst einmal ein paar Zahlen, Daten und Fakten zur Bevölkerungsentwicklung: Während die Anzahl der Kinder pro Frau in Deutschland seit 1890 kontinuierlich abnimmt, steigt die Zahl der Alten. Der Altenanteil wird sich bis zum Jahr 2060 von heute 34 Prozent auf 65 Prozent verlagern. In den nächsten Jahren wird der Anteil der Ü-50-Jährigen die 50-Prozent-Marke knacken. Die Zahl der Ü-100-Jährigen steigt ebenfalls an, weil die Sterblichkeitsrate der Ü-80-Jährigen deutlich sinkt. Seit 1960 hat sich die Sterblichkeit der über 80-Jährigen mehr als halbiert. Deutschland liegt damit hinter Japan und Italien und ist somit das drittälteste Land![27] Und in der **Silver Society** werden die Alten kulturell, sozial und wirtschaftlich die Oberhand gewinnen. Schon heute dominieren sie Innenstädte, Super- und Baumärkte, Restaurants, Cafés, Theater und die Politik.

Um den »Bestand« der Elterngeneration sichern zu können, müssten mindestens 2,1 Kinder pro Frau (Fertilitätsrate) geboren werden. Von dieser »Forderung« sind wir weit entfernt. Die Geburtenziffer liegt in Deutschland aktuell bei 1,38 Kindern pro Frau und es wird von einer Stagnation bei 1,4 Kindern pro Frau ausgegangen. *#MutationZumAltersdöner*

Die Fakten liefern die folgenden drei Erkenntnisse:

### 1. Die Realität hinkt dem biologischen Altersbild hinterher.

Die »neuen Alten«, auch »Forever Youngsters«[28] genannt, verhalten sich heute anders als noch die »alten Alten«. Sie gründen eine eigene Firma, fahren Achterbahn mit ihren Enkelkindern, kaufen sich Laptops, iPads und Smartphones, reisen um die Welt, heiraten mit 60

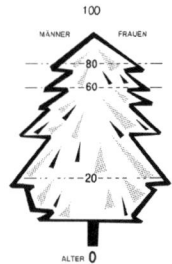

100

MÄNNER                    FRAUEN

— — — — — — —80— — — — — — —

— — — — — — —60— — — — — — —

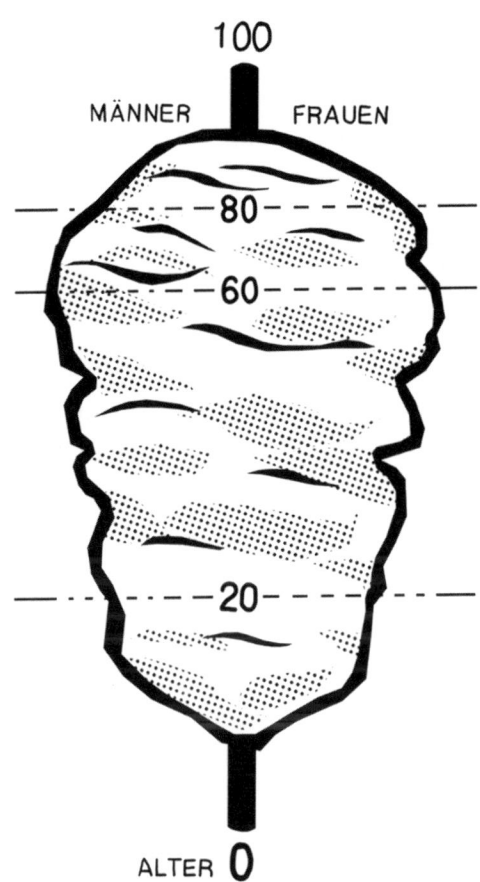

—·— —·— —·—20—·— —·— —·—

ALTER 0

Die Alterspyramide mutiert zum Altersdöner.

zum zweiten oder dritten Mal und setzen Kinder in die Welt. Stars wie Rammstein, die Rolling Stones und Udo Jürgens lieb(t)en es, bis ins hohe Alter die Bühnen dieser Welt zu rocken. Von Müdigkeit keine Spur. #SilverSocity

Wer heute mit 65 in Rente geht, hat noch 20 bis 30 vitale Jahre vor sich. So erleben wir heute immer mehr Herren und Damen Ü60, die mit eigenen Projekten durchstarten oder erneut die Hochschulbank drücken. Dazu gehören nicht nur Persönlichkeiten wie dm-Markt-Gründer Götz Werner, Politiker Wolfgang Schäuble oder Schauspielerin Senta Berger, sondern auch viele Vertreter unterschiedlicher Berufsgruppen. Da kann es passieren, dass uns unsere eigenen Eltern positiv überraschen, weil sie im Rentenalter noch mal was Sinnvolles machen wollen: ob mit sozialem Engagement, Selbstverwirklichung als Berater oder einem späten Faible für die sozialen Netzwerke.

Interessant ist auch die statistische Beobachtung, dass immer mehr Ü-65-Jährige erneut die Universität besuchen und einen neuen Bildungsabschluss erwerben wollen. Mehr als 17 000 Gaststudierende aus dem Wintersemester 2014 / 2015 waren über 60 Jahre alt.[29] Tendenz steigend.

Das Fazit lautet: Wir brauchen in Gesellschaft, Politik und Wirtschaft ein neues Altersbild. 50-Jährige dürfen im Unternehmen nicht zum alten Eisen gehören und in der Gesellschaft nicht als Senior bezeichnet werden. Wir müssen aufhören, aus der Altersdebatte eine Angstdebatte zu machen. Nicht für alle Ü-60- oder Ü-70-Jährigen ist es eine Zumutung, zu arbeiten. »Oft wird der Eindruck erweckt, Arbeit sei etwas, wovon die Politik den Menschen befreien müsste«, sagt die Bremer Altersforscherin Ursula Staudinger in einem ZEIT-Interview. »Dabei sind die meisten Menschen gern tätig, auch im Alter.«[30] Das heißt, wir alle (Politik, Wirtschaft, Gesellschaft) denken zu stark auf der Symptomebene, nicht aber auf der Ursachenebene. Es geht doch aber nicht um die Diskussion, ob ältere Menschen noch oder nicht mehr arbeiten wollen. Im Gegenteil, Arbeitsbereitschaft und der Wunsch nach einer sinnvollen Beschäftigung ist bei vielen Älteren gegeben. Demnach geht es doch viel mehr um die Diskussion, wie

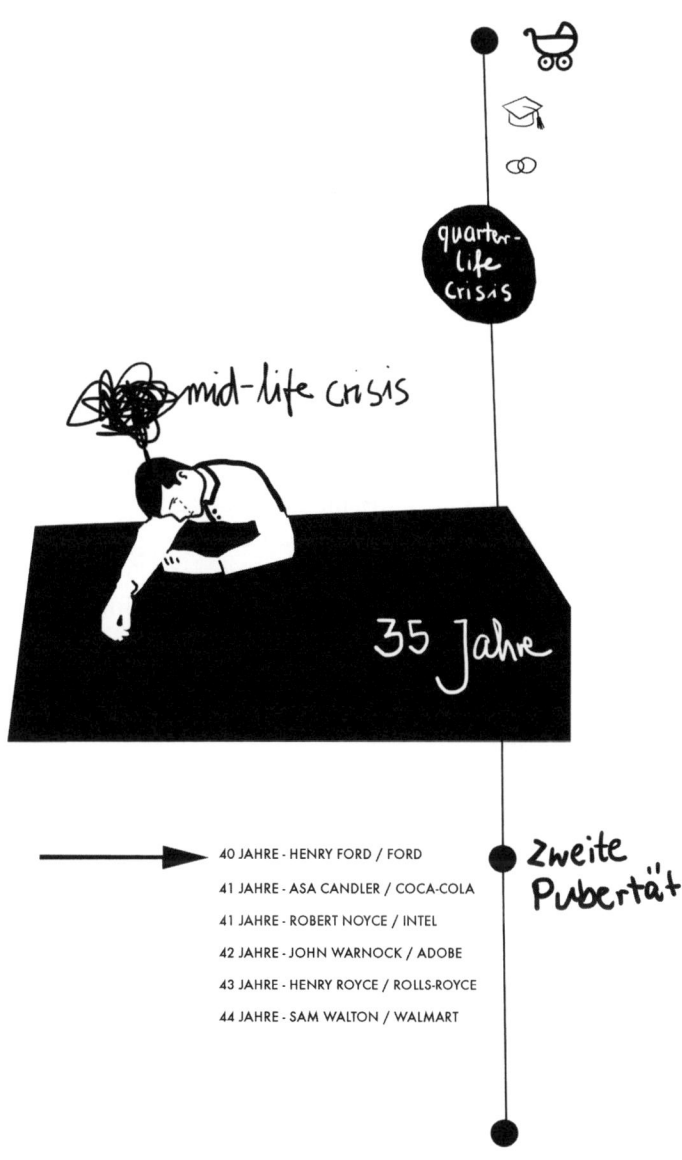

quarter-
life
Crisis

mid-life crisis

35 Jahre

40 JAHRE - HENRY FORD / FORD

41 JAHRE - ASA CANDLER / COCA-COLA

41 JAHRE - ROBERT NOYCE / INTEL

42 JAHRE - JOHN WARNOCK / ADOBE

43 JAHRE - HENRY ROYCE / ROLLS-ROYCE

44 JAHRE - SAM WALTON / WALMART

zweite
Pubertät

Es ist niemals zu spät – Erfolg hat keine Deadline.

Unternehmen sich auf die Bedürfnisse Älterer einstellen können und sie nicht mit ihrem Verhalten abstoßen. Dabei stehen Themen auf der Agenda wie: weniger Druck, mehr Zeitsouveränität, weniger Überstunden, gutes Arbeitsklima und Arbeit, die sinnvoll ist und Spaß macht. #SilverWorker

**2. Wir haben es mit einem Generationenungleichgewicht zu tun.**

Aus Kostensicht führt diese demografische Entwicklung zu **zwei finanziellen Herausforderungen**: sowohl zu steigenden Renten- als auch zu Gesundheitskosten, die finanziert werden müssen. »Da allerdings den vielen Älteren immer weniger Junge gegenüberstehen, droht die Last für künftige Generationen erdrückend zu werden«, schreibt Dorothea Siems in einem Beitrag in der »Welt«[31]. Und die große Koalition, die aktuell in Deutschland regiert, scheint auf Durchzug zu schalten, wenn es um das Thema »demografische Entwicklung« geht. Denn nicht genug, dass Bundesarbeitsministerin Andrea Nahles ein absurdes Rentenpaket aufgesetzt hat[32], fängt nun auch Gesundheitsminister Hermann Gröhe an, Geschenke zu verteilen. Dabei ist die Generation der Babyboomer die reichste unserer Gesellschaft. Ihr geschätztes Nettovermögen liegt bei drei Billionen Euro.[33] Sie verfügt über 720 Milliarden Euro Kaufkraft jährlich[34] und mehr als 50 Prozent aller Konsumausgaben werden vom Konto der Ü-50-Jährigen abgebucht.[35] Auch 80 Prozent aller Einlagen bei Banken und Sparkassen gehören den Babyboomern.[36]

Diese hohe Vermögensakkumulation durch die Babyboomer-Generation in Kombination mit dem System, dass die derzeit anhaltende Niedrigzinspolitik niedrige Renditen abwirft, wird die Generation Y und nachfolgende Generationen dazu zwingen, selbst für ihre Renten aufzukommen. Das ist uns allen bewusst. Trotzdem werden Instrumente zur Vorsorge angeboten und eingesetzt, die teilweise veraltet sind und immer noch nicht an die Bedürfnisse junger Generationen (wie erhöhte Flexibilität im Beruf, wechselnde Lebensmittelpunkte und die hohe Scheidungsrate) angepasst sind. Wir brauchen neue Lösungsansätze, um nachwachsende Generationen nicht zu desillusionieren. #Generationenungleichgewicht

### 3. Unternehmen stehen vor neuen Herausforderungen

Für Deutschland wird die demografische Entwicklung bedeuten: mehr Berufsaussteiger als -einsteiger. Oder anders formuliert: Aus dem Arbeitgebermarkt wird ein Arbeitnehmermarkt. Aus dem Demografiebericht 2012 vom Bundesministerium des Innern geht hervor, dass wir bis 2030 circa sechs Millionen weniger Erwerbsfähige haben werden als noch im Jahr 2010.[37] Und das Institut für Arbeitsmarkt- und Berufsforschung (IAB) prognostiziert, dass wir bis 2025 circa 3,5 Millionen Arbeitsplätze nicht mehr besetzen können, bis 2050 dann sogar 8,2 Millionen.[38] Das heißt, die Phase des Arbeitskräfteüberschusses neigt sich dem Ende zu, die **Personalknappheit** beginnt. Der aktuell intensiv diskutierte **Fachkräftemangel** wird dann wirklich Wirklichkeit sein.[39] Aus dem »Kampf der Talente« wird ein »Kampf um Talente«. Nicht das Unternehmen hat das Privileg, wählerisch zu sein, sondern die Arbeitskraft. Wir alle haben es erlebt – den Personalmangel der Deutschen Bahn in 2013. Weil im Stollwerk in Mainz spezialisierte Mitarbeiter aufgrund von Urlaub und Krankheit fehlten, sind mehrere Wochen lang die Züge am Mainzer Bahnhof vorbeigeleitet worden. Die Folge: Die Deutsche Bahn konnte ihre Dienstleistung nicht erbringen und erzeugte auf Kundenseite Unzufriedenheit.

Umso wichtiger wird es, die Generation der Babyboomer länger im Arbeitsleben zu halten beziehungsweise Ausgeschiedene wieder ins Boot zu holen. Eine gute Anlaufstelle hierfür könnten die Silverpreneure[41] sein, die schon Jahre vor ihrem Rentenbeginn eine zweite Karriere als selbstständige Berater oder Firmengründer planen. Man könnte diese Zielgruppe länger oder wieder ans Unternehmen binden, statt sie in die Welt der Entrepreneure ziehen zu lassen.

Um das Erfahrungswissen ehemaliger Führungskräfte für Unternehmen zu bündeln, wurde das **Silverworker-Onlineportal »Erfahrung Deutschland«** gegründet. Dieses Portal besteht seit September 2013 aus einem Pool von mehr als 7500 Ü-55-Jährigen, die sich als Seniorspezialisten Unternehmen anbieten. Einen schönen Bericht mit Video zum Portal und zu Silverworkers allgemein gibt es im Netz.[40]

**http://www.erfahrung-deutschland.de/silver-workers---arbeit-im-ruhestand.html**

Ein weiteres Portal ist **Greypool**, das Unternehmen beim Aufbau eines Senior-Expertenpools unterstützt.

## SINN- UND JOBSUCHE IM ALTER

Es gibt viele Rentner, die feststellen: Nur noch mit dem Hund rauszugehen, auf dem Golfplatz zu stehen oder das Theater zu besuchen – das ist nicht das Wahre. Nicht auf Dauer. Sie wollen also im Ruhestand arbeiten. Vorreiterunternehmen, die solche Rentner reaktivieren, sind beispielsweise Bosch, Daimler und die Otto Group. So sind (Stand Mai 2014) bei der Bosch Management Support GmbH (BMS) weltweit mehr als 1600 Senioren im Alter von 60 bis 75 Jahren registriert, die zeitlich befristet arbeiten und teilweise sogar zu zweit eine Stelle besetzen. Sie werden aufgrund ihrer Fach- oder Führungsexpertise schon seit 1999 für **Beratungs- und Projektaufgaben** ins Unternehmen geholt. Die Otto Group setzt seit 2012 auf Senioren. Dazu hat der Konzern die Vermittlungsfirma Otto Group Senior Expert Consultancy gegründet. Mit Stand Mai 2014 sind es circa 50 Pensionäre, die als Seniorexperten aktiv sind. Daimler holt schon seit 2013 Rentner für Spezialeinsätze zurück ins Unternehmen. Mit Stand Mai 2014 sind hier mehr als 100 Senioren in einem Expertenpool gelistet.[42]

Es gibt auch schon erste Vermittlungsagenturen, die Rentner und Unternehmen mithilfe von Headhuntern zusammenbringen. Eines von ihnen ist das Portal Automotive Senior Experts (ASE), bei dem Automobilzulieferer und -hersteller, Maschinen- und Anlagenbauer mehr als 1500 hochqualifizierte und operativ erfahrene Fach- und Führungskräfte finden können. Die Initiative VerA hat einen Senioren Experten Service (SES) ins Leben gerufen, in dem ehemalige Fach- und Führungskräfte ehrenamtlich registriert sind. Sie begleiten Jugendliche, die Schwierigkeiten in der Ausbildung haben oder kurz davor stehen, das Handtuch zu schmeißen. Mehr als 3500 Auszubildende nutzen dieses Angebot. Zur Auswahl stehen 2500 Ausbildungsbegleiter.[43]

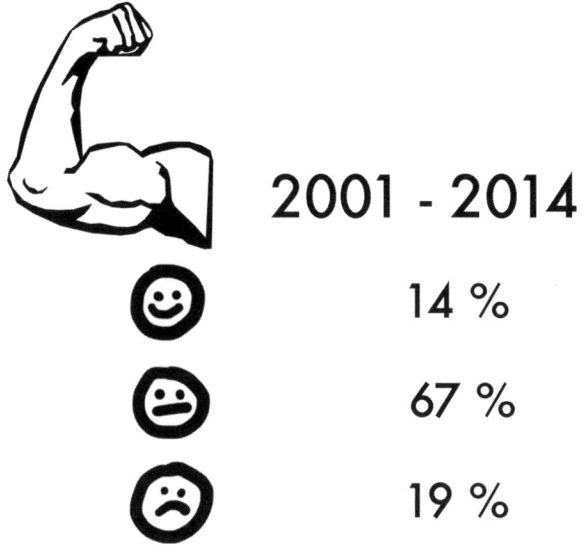

2001 - 2014

14 %

67 %

19 %

Emotionale Bindung ans Unternehmen (Zusammenfassung der Gallup-Studie).

Einen ganz anderen Ansatz verfolgt die Semco-Gruppe mit ihrer preis-gekrönten **»Retire-a-Little«-Initiative**. Bei dieser Initiative haben die Mitarbeiter die Möglichkeit, sich einen Tag in der Woche für 10 Prozent ihres Gehalts zu »kaufen«. Im Umkehrschluss darf Semco, sobald die Mitarbeiter im Rentenalter sind, das angesammelte Stundenkontingent abrufen. Einen Tag pro Woche. Die Idee dahinter: Im Leben eines Menschen sind drei Aspekte wichtig: Gesundheit, Geld und Zeit. Zu Beginn einer beruflichen Karriere sind die meisten Menschen gesund, haben ein bisschen Geld, aber keine Zeit. Im Rentenalter hingegen haben die Menschen Zeit, Geld, aber nicht immer den Gesundheitszustand, um zu tun, was man tun möchte. Der »Retire-a-Little«-Ansatz ermöglicht es, diese Unterschiedlichkeit gut in Balance zu bringen. So können Menschen in jungen Jahren den Aktivitäten nachgehen, denen sie nachgehen wollen, und Rentner werden aufgrund des vorhandenen Zeitbudgets wöchentlich für einen Tag ins Unternehmen geholt.

Seit 2001 weisen die Ergebnisse der Gallup-Studie[45], die auf zwölf Fragen zur Arbeitsplatzqualität basiert, darauf hin, dass in Deutschland mehr als 80 Prozent der Belegschaft nur eine geringe bis keine emotionale Bindung (= Motivation, Begeisterung und Leidenschaft) ans Unternehmen eingehen. Die konkreten Zahlen aus 2014 sind: Nur 15 Prozent der Mitarbeiter erleben eine hohe emotionale Bindung, 70 Prozent eine geringe und 15 Prozent gar keine emotionale Bindung. Das heißt, auf 100 Beschäftige in einem Unternehmen kommen nur 15 Mitarbeiter, die top motiviert sind, die restlichen 85 Mitarbeiter sind nur gering bis gar nicht engagiert. Als Demotivationsfaktoren werden oftmals das Verhältnis zum Vorgesetzten, mangelnde Anerkennung und Wertschätzung sowie mangelnde Möglichkeiten der Selbstverwirklichung genannt. Und trotz vorherrschender Unzufriedenheit geben bei der Befragung 73 Prozent an, trotzdem weiterarbeiten zu wollen, auch wenn sie so viel Geld erben würden, dass sie es nicht mehr bräuchten.

*Eine coole Animation zum Thema »Erfolg kennt keine Deadline« hat Anna Vital online gestellt. Reinschauen lohnt sich![44]*

Daraus lässt sich die These ableiten, dass Unternehmen für die hohe Dropout-Rate Älterer selbst verantwortlich sind. **Der Fisch fängt vom Kopf an zu stinken.** Demnach besteht eine neue Herausforderung von Unternehmen darin, sich nicht nur für die jüngste Generation auf dem Arbeitsmarkt attraktiv zu machen, sondern auch für die Silverworker (für alle anderen übrigens auch) – die ebenfalls mit einem hohen Selbstbewusstsein Unternehmen gegenübertreten werden.

Dazu gehören Themen wie:

- altersgerechte Arbeitsplatzgestaltung
- neue Arbeitszeitmodelle
- lebenslanges Lernen
- der Fokus auf den Faktor Mensch
- mehr Mitbestimmung
- Entfaltungsmöglichkeiten
- die Potenzialerkennung Älterer

# DER GENERATIONENBLICK AUF DIE ARBEITSWELT

Lenken wir unsere Aufmerksamkeit jetzt mal darauf, wie unterschiedliche Generationen auf die Arbeitswelt blicken.

**1. Beobachtung:**
**Weil Berufseinsteiger immer jünger werden und die Alten immer älter, besteht die Gefahr einer Großeltern-Enkel- oder Eltern-Kind-Haltung.**

»Dank« der Einführung von G8, des Bologna-Prozesses sowie der Abschaffung von Wehrpflicht und Zivildienst steigen Hochschulabsolventen rund fünf Jahre früher ins Berufsleben ein. Gleichzeitig erleben wir immer mehr Babyboomer, die deutlich länger arbeiten. Während früher Hochschulabsolventen mit knapp 28 Jahren die Uni verließen, sind heutige Absolventen gerade mal 21 oder 22. Das führt zu einem Alters- und Erfahrungsunterschied von knapp einem halben Jahrhundert zwischen den heutigen Berufseinsteigern und der

Stammbelegschaft. Das ist verdammt viel! Deshalb ist gut nachvollziehbar, dass Personaler und Führungskräfte sich über Alter und Unreife beim Nachwuchs beklagen. Andererseits dürfen wir nicht außer Acht lassen, dass junge Menschen aufgrund des Bologna-Korsetts gar nicht mehr den Freiraum haben, zu experimentieren, sich auszuprobieren und zu sich selbst zu finden. Außer sie nehmen es sich raus und gehen nach dem Abi ein Jahr ins Ausland oder machen einfach mal Pause. Zum Vergleich: Während wir Diplomer damals – vor noch nicht allzu langer Zeit – erst Ende des Grundstudiums eine Entscheidung treffen mussten, worauf wir uns im Hauptstudium fokussieren, müssen das heutige Studenten bereits schon zum ersten Semester tun. Und während wir früher wussten, dass Noten im Grundstudium für die Zukunft nur marginal relevant sind, müssen Studenten heute bereits im ersten Semester Top-Noten schreiben. Ohne Bestnoten schrumpft ihre Chance, einen guten Master-Studienplatz zu ergattern. Schrecklich! Denn das heißt, dass vor lauter Fokus auf Regelstudienzeit und Bestnoten gar keine Zeit bleibt für Selbstreflexion und dafür, sich zu finden.

Hinzu kommt, dass ab einem gewissen Altersunterschied zwischen Jung und Alt unbewusst eine Großeltern-Enkel- bzw. Eltern-Kind-Haltung entsteht. Passend zum Thema äußerte sich eine 45-jährige Führungskraft der Ersten Bank in Wien in der »brand eins« folgendermaßen: »Da ist es schon ein Schritt, zu sagen: ›Ich lasse jetzt zu, dass mir ein junger Mensch im Alter meines Sohnes das Web 2.0 näherbringt, weil ich mich damit auskennen muss.‹«[46] Ich bin mir sicher, diese Reaktion ist kein Einzelfall. Sie führt zu Widerstand und Konfliktpotenzial zwischen Jung und Alt. Dabei kann, durch ausreichend Souveränität und Sozialkompetenz, ein Austausch zwischen Jung und Alt sehr bereichernd sein. Hans A. Würthrich, Professor für Internationales Management, stellt im gleichen Beitrag der »brand eins« das lerndidaktische Experiment »Shadowing« vor. Dabei begleiten elf Studenten vier Tage lang je eine Führungskraft und geben dieser im Anschluss über Fragen und Thesen Feedback zu dem beobachteten Verhalten. Laut Würthrich ist das Ergebnis sehr positiv ausgefallen. Nämlich dass gestandene Führungskräfte viel von diesen elf Studenten lernen konnten.

Neben einem Shadowing gibt es weitere Möglichkeiten, Kompetenzen und Erfahrungen von Jung und Alt zusammenzuführen: Mentoring, Cross-Mentoring oder Tandem-Programme. Wichtig ist: Jung und Alt müssen sich auf freiwilliger Basis finden dürfen.

Besonders befruchtend wirkt das Konzept dann, wenn Jung und Alt gemeinsam Ziele definieren:

- Was will Jung von Alt lernen?
- Was will Alt von Jung lernen?
- Was meint Alt, was Jung lernen müsste?
- Was meint Jung, was Alt lernen sollte?
  und so weiter …

Aus all diesen Fragen leiten sich unterschiedliche Zielsetzungen für die gemeinsame Zeit ab. Ich selbst spreche hierbei aus guter Erfahrung. Zur Zeit meiner Doktorarbeit habe ich ganz eng und intensiv mit einem Mentor zusammengearbeitet. Wir haben gemeinsame Ziele definiert, nach Win-win-Lösungen gesucht und uns über ein Jahr hinweg regelmäßig über persönliche Treffen, Telefonate und per E-Mail ausgetauscht. #Mentoring

**2. Beobachtung:**
**Darüber hinaus kann uns in vielen Fällen das Lebens- und Arbeitsmodell unserer Eltern und Großeltern nicht mehr als Vorbild dienen.**

Würde ich dem Lebens- und Arbeitsmodell meiner Mama folgen, hätte ich nach einer kaufmännischen Lehre meinen Partner geheiratet, wäre mit 24 Jahren zum ersten Mal schwanger geworden, hätte daraufhin meinen Beruf aufgegeben und mich dann um Haushalt und Kindererziehung gekümmert. Zwar bin ich meiner Mama für so viel Fürsorge und Hingabe sehr dankbar, ich selbst kann mir einen vergleichbaren Weg aber nicht vorstellen. Und auch hiermit bin ich kein Einzelfall. Immer mehr Frauen – und auch Männer – gehen andere Wege, eigene Wege. Wir trennen uns mehr und mehr von vorgefertigten Berufs- und Lebensschablonen. Sowohl Frauen als auch Männer wollen Beruf und Familie unter einen Hut kriegen. Und dazu sind

Wo sind sie, unsere Vorbilder? Andreas Steinle und sein Team sprechen in ihrer Studie »Lebensstile für morgen«[51] von neuen Vorbildern der Gesellschaft: Creativiteens, Businessfreestyler, ProllProfessionals, Gutbürger, Tigerwomen, Superdaddys, Mainstreamstars, Sinnkarriersten, Silverpreneure und Forever Youngsters.

junge Männer auch bereit, zugunsten der Karriere der Partnerin beruflich kürzerzutreten oder sogar zeitweise die Rolle des Hausmanns zu übernehmen. Die Chance für Vielfalt im Lebens- und Berufsweg war noch nie so groß wie heute. Was dazu führt, dass wir zu kleinen Multi-Jobbern mit unterschiedlichen Lebensläufen mutieren. Was aber auch gleichzeitig zu etwas Orientierungslosigkeit und der Sehnsucht nach **Vorbildern** führt – die wir bei unseren Eltern oftmals nicht mehr finden. Ihre eigenen Lebens- und Berufswege sind zu anders. Zu einseitig. Zu geradlinig. Während unsere Elterngeneration im Schnitt ein- bis zweimal im Leben ihren Job (und Wohnort) wechselte, geht die Hälfte meiner Generation davon aus, zwei- bis fünfmal den Arbeitsplatz zu wechseln.[47] Und damit vielleicht auch den Wohnort. Trendforscher vermuten: Wir mutieren zu einer Marktsituation der Vollbeschäftigung[48], Langzeitanstellungsverhältnisse reduzieren sich auf circa 30 bis 40 Prozent und gleichzeitig erleben wir ein Wachstum an Projektarbeitern auf bis zu 40 Prozent.[49] »Nicht nur Partner, Kinder und Wohnorte werden zu Mosaiksteinen des individuellen Biografie-Patchworks, sondern vor allem Jobs, Tätigkeiten und Projekte«, sagt Sven Gábor Jánszky in einem Wollmilchsau-Interview.[50]

### 3. Beobachtung:
### Viele Eltern und Großeltern verstehen die Lebensläufe ihrer Kinder bzw. Enkel nicht mehr.

Die unter der »2. Beobachtung« beschriebene Entwicklung führt gleichzeitig dazu, dass viele Eltern und Großeltern Lebens- und Berufswege ihrer Kinder beziehungsweise Enkel nicht mehr verstehen. Ein süßes Beispiel hierzu ist der Videoclip der Innovations-Agentur Dark Horse, in dem eine 100-jährige Oma den Job ihres Enkelsohns erklärt: »Da hat er zusammen mit anderen eine Firma gegründet. Die beraten Firmen. Große Firmen und auch kleine Firmen, die Schwierigkeiten mit dem Absatz haben. Da denke ich mir, dass er eben hingeht und sagt ›Brauchen Sie Beratung?‹. Oder wir schauen in die Zeitung auf Annoncen und sehen, wer da vielleicht irgendwas sucht, der

Je nach Lebensphase: neue Vorbilder der Gesellschaft.

so etwas brauchen kann. Und dann melden wir uns. Die Erfahrungen, die wir gemacht haben, sind sehr gut. Das wird sehr viel angenommen, weil die Menschen, viele, können ihren Betrieb nicht so leiten, wie er geleitet werden müsste. Und ihre Waren nicht so anpreisen, wie es sein müsste.«[52]

Auch meine Mama tut sich des Öfteren schwer damit, zu erklären, was wir Kinder denn jetzt genau machen. Berufe werden immer vielfältiger und oftmals auch digital. Und auch die Lebensstile verändern sich. So war mein Papa noch vor einigen Jahren leicht schockiert, als meine Schwester und ich ihm erzählten, wir wollen uns später mal eine Nanny finanzieren, die bei der Kinderbetreuung hilft, damit wir wieder frühzeitig in den Job zurückkehren können. Und wenn ich heute davon erzähle, was meine Pläne für die nächsten ein, zwei, drei Jahre sind, hören meine Eltern gespannt zu und kommentieren: »Das wäre bei uns früher so nie möglich gewesen. Aber mach du mal!«

### 4. Beobachtung:
### Wir (er-)leben die Arbeitswelt viel globaler.

Einen starken Einfluss auf die Arbeitswelt nachrückender Generationen hat die Globalisierung: sowohl in Bezug auf Zu- und Abwanderung von Menschen als auch auf die digitale weltweite Vernetzung. Laut dem Trendkompendium 2030 von Roland Berger leben aktuell drei Prozent der Weltbevölkerung außerhalb ihrer Heimatländer.[53] Tendenz steigend. Deutlich höher liegt die Zahl der digitalen Vernetzung. Im Jahr 2014 waren weltweit knapp drei Milliarden Menschen online.[54]

Vor ein paar Wochen habe ich beispielsweise ein kleines E-Book gemeinsam mit einer Bekannten aus Budapest geschrieben. Wir haben uns übers Netz kennengelernt und nur einmal in Köln getroffen. Kommuniziert haben wir über Skype, WhatsApp und Facebook. Geschrieben in GoogleDrive. Und mein aktueller Web-Grafiker ist in Deutschland geboren und reist aus Jobgründen viel im Ausland umher. Vor einer Woche habe ich mit ihm zwischen Island und Deutschland via Skype kommuniziert. Diese Woche ist er in Asien unterwegs.

Und auch Laura, die mich beim Schreiben dieses Buches sehr unterstützt hat, habe ich bisher nur zwei Mal – und dann auch nur kurz – live gesehen.

Eine hohe Migrationsrate junger qualifizierter Menschen verzeichnen aktuell die südlichen Länder Europas wie Spanien, Griechenland und Portugal. Darüber hinaus ist aber auch die Abwanderungsrate hochqualifizierter Deutscher recht hoch. Und während Deutschland aktuell noch das beliebteste nichtenglischsprachige Gastgeberland für Studenten ist, ziehen viele nach ihrem Abschluss weiter. Das heißt: Wir sind schlecht darin, ausländischen Absolventen langfristig gute Jobmöglichkeiten zu bieten. Und genau hierbei verlieren wir unfassbar viel teuer geschultes Potenzial. In Fachkreisen spricht man hierbei von **Brain Drain**. Dabei könnten wir aufgrund unserer schrumpfenden Bevölkerungssituation qualifizierte Menschen sehr gut gebrauchen. Sowohl um das wachsende Demografieloch zu stopfen als auch, um dem Fachkräftemangel entgegenwirken zu können. So manche Initiativen hat die Politik in den vergangenen Jahren ja bereits organisiert. Beispielsweise werden EU-Migrantinnen und -Migranten unter 28 finanziell unterstützt, wenn sie hierzulande eine Ausbildung machen oder einen Jobstart wagen. MobiPro-Eu heißt dieses Programm, welches von jungen Leuten aus dem Ausland sehr gut angenommen wird. Rund 9100 Förderanträge wurden seit dem Start gestellt (Stand Juli 2015) – 6400 davon für eine Ausbildung und 2700 für eine Stelle als Fachkraft. Junge Flüchtlinge hingegen haben es noch verhältnismäßig schwer, auf dem deutschen Arbeitsmarkt Fuß zu fassen. Dabei haben beinahe alle in ihrer Heimat die Schule besucht, knapp die Hälfte hat eine Berufsausbildung und jeder Zehnte ein Hochschulstudium absolviert. Unter ihnen sind Facharbeiter, die gerne arbeiten wollen, oder solche, die eine Lehrausbildung anstreben. Darin steckt viel Potenzial für Betriebe, die händeringend Lehrlinge suchen. 2014 blieben fast 40 000 Ausbildungsstellen unbesetzt. Ein neuer Höchststand in Deutschland – verursacht durch eine zunehmende Akademisierung nachrückender Generationen.

## HAUPTSCHÜLER ALS LEHRLINGE – AUS EINEM INTERVIEW MIT PORSCHE-PERSONALCHEF THOMAS EDIG

Porsche bedeutet Luxus, Porsche ist Statussymbol und Lebenseinstellung zugleich. Und Porsche ist ein Vorzeigeunternehmen, wenn es darum geht, auf die Kompetenzen junger Hauptschüler zu setzen und ihnen eine Lehrstelle anzubieten. 40 Prozent der Ausbildungsplätze sind für Hauptschüler reserviert. Bam!

Auf die Frage »Warum?« antwortet Thomas Edig: »Immer mehr Jugendliche machen Abitur und gehen studieren, gleichzeitig sinkt die Zahl der Schüler. Wir sehen das auch als soziale Verpflichtung. Die Hauptschule hat in unserem Bildungssystem massive Schwierigkeiten.« Nach Edig müssten wir in Deutschland viel intensiver bei der Förderung der Jugendlichen ansetzen, die noch nicht einmal ihren Hauptschulabschluss schaffen. »Man kann diese Jugendlichen im Unternehmen entwickeln, wenn man sie fordert und fördert«, so Edig. Bei Porsche selbst werden solche Jugendlichen im »Porsche Förderjahr« ausbildungsreif gemacht – eine Initiative der Betriebsräte und der Ausbildungsleitung. »Von 22 Jugendlichen in den ersten beiden Jahrgängen haben wir 20 in die duale Ausbildung übernommen«, sagt Edig.

Edig fordert Unternehmen auf, nicht nur zu jammern. Man bekäme keine perfekten Jugendlichen fertig gebacken aus der Schule, sondern man müsse Lösungen suchen, wie man den Nachwuchs über duale Ausbildungsmöglichkeiten gut fordern und fördern kann.

Diese positive Entwicklung sollte nicht nur Porsche selbst ermutigen weiterzumachen, sondern auch andere Unternehmen dazu bringen, ähnliche Initiativen zu ergreifen, um jungen Menschen eine Perspektive zu geben.

(Quelle: Handelsblatt, Wirtschaft & Bildung, 5. August 2015)

2015 haben aufgrund der Flüchtlingskrise viele Menschen einen Asylantrag in Deutschland gestellt, die meisten im erwerbsfähigen Alter. Wie Benyamin Ahmadi, ein heute 22-jähriger Junge, der mit 17 aus dem Iran geflohen ist. Ohne Hilfe Dritter wäre Benyamin arbeitslos. Dass er eine Lehre als Steinmetz in Lübeck antreten durfte, hat er

Wolfgang Cramer vom Jugendmigrationsdienst zu verdanken. Auf dem Weg zum unterschriebenen Ausbildungsvertrag musste Benyamin eine bürokratische Ochsentour durchlaufen, die so schwer ist, dass noch nicht einmal Behörden selbst die Rechtslage überblicken können. Traurige Realität! Cramer und seine beiden Kollegen sind aktuell für etwa 9000 Jugendliche verantwortlich, von denen sie pro Jahr nur 200 beraten können. Auch das ist traurig! »Das Problem ist«, so Cramer, »dass der Bund sagt, Flüchtlinge seien Ländersache, und die Länder wälzen das Problem gerne auf die Kommunen ab.« Und wenn Flüchtlinge einen Betrieb finden, der ausbilden möchte, bitten sie bei der Ausländerbehörde um Erlaubnis, die in vielen Fällen vom örtlichen Arbeitsamt dann abgelehnt. So stehen Bewerber und Betrieb am Ende häufig ohne Ausbildungsplatz und ohne Azubi da.[55]

**Mythos**

»Ein bisschen Migration und ein späteres Renteneintrittsalter werden den demografischen Wandel schon abfedern.«

**Wahrheit**

»Um Deutschland wettbewerbsfähig zu halten, brauchen wir dringend Migration und Integration in unbekanntem Ausmaß. Wir brauchen 400 000 Personen Nettozuwachs, um die Bevölkerungszahl zu halten. Das ist doppelt so viel wie in der Vergangenheit.«

**A. T. Kearney, 2014**[56]

Die steigende Globalisierung führt auch dazu, dass wir immer mehr Anglizismen und Jugendwörter in unseren Alltag einbauen.

to go, for sale, After-Work-Party, ausloggen, Commitment, daten, Infotainment, Groove, Flat-Screen, Toughpad, Outfit, French-Dressing, Manager, Leader, Image, Halloween, Call, Interview, Indoor-Cycle, Lifestyle, Notebook, Milch-Shake, Mini-Jobber, Multi-Tasking, Cupcake, frozen, Shaker, On-the-Road, Hoodie, Quickie, Sprint, Social-Engineering, Social Media, Survival-Camp, chillen, Tablet, Soundcloud, Cloud-Lösung, veggie, Underground, underdressed, updaten, Wellness, crushen, vollspammen, Warm-up, Podcast, Win-win-Situation, ent-snowden, Yolo, c ya, Dude, Hipster, fashionista, outfit of the day, pic of the day, Insta, Work-Life-Balance, läuft bei dir, ...

Für uns Junge ist das völlig normal. Für ältere Generationen nicht unbedingt. Eine Begegnung mit meiner Oma (82) hatte mir das knallhart vor Augen geführt: Ich saß mit ihr bei Kaffee und Kuchen am Tisch. Wir waren am Plaudern und sie fragte mich, was ich mit dem Rest des Tages anfangen will. »Chillen«, sagte ich. Oma schaute mich mit fragenden Augen an. »Relaxen«, wollte ich mich korrigieren. Oma verstand immer noch nicht – zumindest stand ihr immer noch ein großes Fragezeichen im Gesicht. Und dann musste ich zwei, drei Sekunden überlegen und mir fiel das Wort »entspannen« ein. Ich fand es erschreckend, wie groß die sprachliche Distanz, die wir uns mit der Globalisierung selbst schaffen, zwischen Jung und Alt schon ist. Eine Entwicklung, die ich nicht verurteilen möchte. Trotzdem appelliere ich hiermit an meine Generation, älteren Menschen auch in der Kommunikation respektvoll zu begegnen. So zu sprechen, dass sich ältere Menschen im Austausch mit euch nicht peinlich berührt fühlen. #RespektVormAlter

**5. Beobachtung:**
**Nicht Menschen unterschiedlicher Generationen stehen im Konflikt, sondern unterschiedliche Sichtweisen und Paradigmen zu Führung und Arbeit.**

Abschließend ein Phänomen, von dem ich sehr überzeugt bin: Es sind nicht Generationenunterschiede, die aufeinanderprallen, sondern unterschiedliche Sichtweisen und Glaubenssätze zu den Themen der Arbeitswelt. Wir definieren Arbeit und Führung heute anders als

> »Es ist ein Dilemma. Während die eine Seite das Gefühl hat, dass ihr Unrecht getan wird, ohne sich bewusst zu machen, dass sie an ihrem Image nicht ganz unschuldig ist, geht es der anderen Seite genauso.« (Christoph Giesa & Lena Schiller Clausen)

noch unsere Eltern und Großeltern. Und die Spielregeln der digitalen Welt haben uns gelehrt, anders mit der Beschaffung von Informationen umzugehen, andere Arbeitstools zu nutzen, mehr auf Augenhöhe zu kommunizieren, transparenter zu sein, mehr als Teamplayer zu agieren, global vernetzt zu sein oder auch flexibler mit Arbeitszeit umzugehen.

Wirtschaftsvordenker sprechen von einem Paradigmenwechsel der Arbeits- und Führungskultur, den wir aktuell vollziehen. Überall ist von einer »New Work Transformation« die Rede. Es treffen Denk- und Handlungsansätze der alten Arbeitswelt auf die der neuen. Und junge Vertreter der neuen Arbeitswelt sind nicht mehr bereit, nach alten Spielregeln zu spielen. #NewWork

Wir befinden uns in einem Umbruch der Arbeitswelt. Das ist der Grund bestehender Reibungen und Konflikte. Es sind unterschiedliche Wertesysteme, die aufeinanderprallen, nicht die Menschen selbst.

## GENERATION Y UND BABYBOOMER IM AUSTAUSCH – INTERVIEW, DAS ICH HELMUT MUTHERS (62, BABYBOOMER) GEGEBEN HABE

*Steffi, zu Beginn würde mich interessieren, wie du meine Generation, also die Babyboomer (die heute 50- bis 65-Jährigen) aus der Sichtweise der Generation Why siehst. Wo gibt es Überschneidungen und wo siehst du Unterschiede zwischen den Generationen?*
Die zentrale Gemeinsamkeit ist, wir sind alle Menschen. Unsere Denk-DNA ist ähnlich gestrickt. Der entscheidende Unterschied liegt in neuen Mutationen, die aus sich verändernden situativen Lebensbedingungen, der Erziehung und dem gesellschaftlichen Wandel resultieren.

*Du als Ypsiloner bist natürlich in einer ganz anderen Zeit aufge-*
*wachsen als meine Generation. Was weißt du über meine Gene-*
*ration und von wem hast du die Informationen? Wo siehst du da*
*prägende Veränderungen in situativen Lebensbedingungen, der*
*Erziehung, im Verständnis von Arbeit, Werten und Normen?*
Ich bin neugierig und interessiere mich für das Thema. Also frage
ich einfach mal nach. Wie beispielsweise bei dir. Du hast im Interview selbst so schön gesagt: »Zu den gravierenden Unterschie-
den zwischen heute und ›früher‹ (schlimmes Wort) zählt für mich
Folgendes: In meiner Jugend hatten die Älteren das Wissensmono-
pol und gaben ihr Wissen, ihre Erfahrung an die Jüngeren weiter.
Bei einem Fernsehsender, einem Telefonhäuschen an der nächsten
Straßenkreuzung und Oswald Kolle mit seinen Aufklärungsfilmen
im Kino waren die Informationsmöglichkeiten extrem überschaubar.
Im Grunde fehlte uns nichts, weil wir nicht wussten, was uns fehlen
könnte.«

Das können wir uns heute so gar nicht vorstellen – diese Abhängigkeit würde uns heute die Kehle zuschnüren. Aber wie du schon
sagst, ihr kanntet es nicht anders und deshalb fehlte euch auch nix.
Heute tickt die Welt anders, heute sitzen schon Kleinkinder am iPad,
spielen ihre Spielchen und surfen bei YouTube! Wenn ich heute eine
Info brauche, ziehe ich sie mir in drei Sekunden aus dem Netz. Das
führt aber auch dazu, dass wir uns heute weniger Wissen merken.
Bei der Informationsflut, mit der wir heute konfrontiert sind, und der
ständigen Überholung von Wissen ist das auch nicht mehr entscheidend. Es kommt viel mehr drauf an – und das wird auch übrigens in
Unternehmen so sein –, relevantes Wissen aus der Informationsflut
zu filtern und nutzbar zu machen. Das haben wir (im Gegensatz zu
euch) gelernt. Wir sind es auch gewohnt, Wissen zu teilen – oftmals
dann über Social-Media-Kanäle. Ich selbst schreibe ja beispielsweise
auch einen Blog, um mein Wissen, das ich mir ansammle, mit der
Menschheit zu teilen. Da stoßen dann zwei Welten aufeinander: Früher gab es Wissensmonopole, und Wissen wurde als Machtinstru-
ment eingesetzt. Das ist in meiner Generation ein absolutes No-Go
und führt mehr zu Stillstand als zu Weiterentwicklung.

Eine weitere Aussage im Interview mit dir war: »Ich war 17. Mit
meiner ersten Freundin ging ich abends bei Dunkelheit in Neben-

straßen spazieren, damit uns keiner sah. Nach meinem Berufswunsch wurde ich nicht gefragt. Über gute Kontakte meiner Eltern
bekam ich eine Ausbildungsstelle bei der Sparkasse. ›Das ist was
fürs Leben‹, war das Argument meiner Eltern und sie haben es
sicher nicht böse gemeint. Ich hatte wohlmeinende Chefs und durfte
Karriere machen. Zum frühestmöglichen Zeitpunkt wurde ich zur
Bundeswehr geschickt (18 Monate). Widerspruch zwecklos. Im Rückblick für mich kaum nachzuvollziehen. Mein Vater hat alles Schreckliche des 2. Weltkriegs erlebt und schickt ohne zu zögern seinen
Sohn in den Kriegsdienst. Nachdenken – verboten. Als bekannt
wurde, dass ich aus meiner Heimatstadt wegziehen wollte, wurde ich
zum Bürgermeister bestellt, der mich zum Bleiben überreden wollte.
Geheiratet wurde mit 22, weil alle Freunde in dem Alter heirateten.
Meine erste Frau war drei Jahre älter – ein Skandal. Kinder waren
gesellschaftliche Pflicht. Wir waren obrigkeitshörig und wir funktionierten. Die ›Oberen‹ hatten leichtes Spiel mit uns. Lange Zeit.«

Für meine Generation ist das unvorstellbar! Etwas traurig blickt
man da auf eure Erzählungen zurück. Da waren unsere Eltern
fortschrittlicher. Meine Eltern haben immer gesagt, sie wollen es
besser machen. Und ich denke, das ist ihnen auch gut gelungen. Ein
Glaubenssatz, den sie uns jahrelang eingeimpft haben, ist, dass wir
alles erreichen können, was wir wollen, und sie uns dabei in jeglicher
Form unterstützen. Bei Widerstand haben sie konstruktive Gespräche mit uns geführt, statt den Zeigefinger zu erheben und uns eine
Ohrfeige zu verpassen. Das Gleiche wünschen wir uns auch in der
Arbeitswelt – Chefs, die uns als Mentor zur Seite stehen, uns fördern
und fordern und auf unsere individuellen Bedürfnisse eingehen. Das
ist uns viel wichtiger als materielle Leckerlis. Kerstin Bund hat es in
ihrem Buch treffend formuliert: Statussymbole wie Firmenwagen,
Parkplatz vorm Office oder eigene Büroräume sind Schnee von
gestern. Wir definieren neue Statussymbole, die Unternehmen noch
nicht mal Geld kosten: Freiraum für Selbstbestimmung, Selbstverwirklichung und Selbstorganisation.

*Dein Thema ist die Generation Why. Immer mehr meiner Genera-*
*tion werden in den nächsten Jahren in Rente gehen. Gleichzeitig*
*kommen aber wegen der seit Langem geringen Geburtenzahlen zu*

*wenige junge Menschen als Arbeitskräfte nach. Man hört und liest deshalb viel zum Thema »Kampf um junge Talente«. Welche Auswirkung hat diese demografische Herausforderung deiner Meinung nach auf die Arbeitswelt?*

Meiner Meinung nach eine gute. Denn Unternehmen stehen mehr und mehr in der Bringschuld, Arbeitnehmern eine bessere Arbeitswelt zu schaffen. Und damit meine ich nicht, mehr Luxus durch materielle Dinge wie einen noch besser ausgestatteten Bürostuhl oder ein noch größeres Bürozimmer, einen noch teureren Firmenwagen oder noch höhere Boni. Sondern es geht vielmehr um immaterielle Werte und Prinzipien. Ich gehe sogar so weit zu behaupten, wir brauchen ein Umdenken im Menschenbild und dürfen Mitarbeiter nicht mehr behandeln wie kleine unmündige Kinder, denen man tagtäglich sagt, was sie wie konkret umzusetzen haben, was man dann, weil man ihnen nicht vertraut, bis ins Detail kontrolliert.

Wir leben heute im 21. Jahrhundert, managen Unternehmen jedoch nach Prinzipien des 20. Jahrhunderts. Es treffen also zwei Welten aufeinander, und dass das nicht gut funktionieren kann, sehen wir tagtäglich in Unternehmen.

Ich wünsche mir von Unternehmen, dass sie die demografische Herausforderung nicht als Problem erkennen, sondern sie als Chance betrachten und gemeinsam mit Vertretern unterschiedlicher Generationen darüber diskutieren, wie man die Arbeitswelt ein Stück mehr zu einer sinnstiftenden und erfüllenden Spielwiese für Mitarbeiter umgestalten kann. Und auf der Spielwiese wünsche ich mir Handlungsfreiheit, Selbstverantwortung, Mitbestimmung, Transparenz, Ergebnis- und Sinnorientierung als Spielelemente.

*Oft wird über einen kommenden Generationenkonflikt gesprochen. Was verstehen Menschen deiner Generation darunter? Ist das heute schon spürbar und wie?*

Wenn wir verstehen, dass die Konflikte, die du ansprichst, weniger darauf basieren, dass sich Menschen unterschiedlicher Generationen gegenüberstehen, sondern mehr darauf, dass unterschiedliche Glaubenssätze zu Arbeit und Führung aufeinandertreffen, können wir viel mehr auf der Sach- als auf der Beziehungsebene diskutieren. Das ist für mich von zentraler Bedeutung, um sich mit gegenseitigem

Respekt zu begegnen. Und die Würze on top ist die Bereitschaft, anderen »Welten« zuzuhören, neugierig für andere Denk- und Handlungsweisen zu sein, um dann gemeinsam an neuen Glaubenssätzen zu arbeiten.

Natürlich steckt da einiges an Konfliktpotenzial im Busch, weil Führungskräfte der alten Schule auf Menschen der neuen Welt treffen und sich von ihnen nicht verstanden und somit auch nicht respektiert fühlen. Umgekehrt geht es uns aber genauso. Hier gilt es, Aufklärung zu leisten, Menschen gemeinsam an einen Tisch zu setzen, nicht über die Problematik zu sprechen, sondern gemeinsam mit Menschen nach Lösungen zu suchen. Das passiert in Unternehmen leider noch viel zu wenig. Dieser direkte Austausch, der Dialog zwischen Jung und Alt. Weil es häufig heißt, dafür haben wir keine Zeit. Nur wer sich heute keine Zeit dafür nimmt, wird als Unternehmen in der Zukunft mehr und mehr kränkeln. Sowohl am als auch im System.

### Wie sieht aus deiner Sicht der optimale Arbeitsplatz aus?

Aus meiner Sicht? Ich möchte an einem Ort arbeiten, der nicht wie ein klassischer Arbeitsplatz aussieht, der mehr wie ein Wohnzimmer aussieht, in dem ich mich wohlfühle. Ich mag die klassischen »steifen« Büroräume nicht. Das kurbelt bei mir keine Kreativität an. Das fängt schon bei den Lampen an der Decke an und endet bei der Bestuhlung. Ich liebe beispielsweise ein Sofa, auf dem ich mich auch mal hinchillen kann. Ab und an sitze ich auch mal auf dem Boden, mit ausgestreckten Beinen und Laptop auf dem Schoß. Oder wenn es geht, an einem Stehtisch. Und wenn ich Lust habe, arbeite ich von zu Hause aus. Das mache ich häufig, wenn ich konzeptionell arbeiten muss. Wichtig ist mir auch, dass ich kommen und gehen kann, wann ich will. Ich habe zwei Jahre in einem Unternehmen mit Stechuhr gearbeitet. Ich hatte immer die Uhr im Nacken – das fand ich total bescheuert, und es hat mich auch ehrlich gesagt in meiner Produktivität enorm eingeschränkt. Was mir auch sehr wichtig ist, ist die Kleidung. Am liebsten stehe ich morgens vorm Kleiderschrank und passe mich mit Pulli und Hose meiner Laune an. Dann kann es schon mal sein, dass ich mit Jogginghose und Turnschuhen ins Büro gehe. Das ist natürlich ein Extrembeispiel. Worauf ich jedoch hinauswill ist, dass wir alle ganz unterschiedliche Rituale oder Strategien haben, um uns in eine innere Haltung zu bringen, mit der Top-Leistung abrufbar ist. Und das entspricht meiner Meinung nach nur zu einem kleinen Prozentsatz den Vorschriften (ob ausgesprochenen oder nicht ausgesprochenen), die in vielen Unternehmen vorherrschen. Aber genau darin wird zukünftig die Aufgabe für Unternehmen bestehen: Wie muss die Spielwiese aussehen, die ich meinen Mitarbeitern zur Verfügung stelle, damit jeder Einzelne Höchstleistung abrufen kann? Weil wir uns in eine Wissens- und Kreativwirtschaft bewegen, wird die Beantwortung dieser Frage zu Wettbewerbsvorteilen führen.

Neben der Arbeitsplatzgestaltung entscheidet natürlich auch die Arbeitsweise über meine Zufriedenheit und Leistungsbereitschaft. Ich selbst laufe dann auf Hochtouren, wenn man mich mit langer Leine führt. Ich also viel Freiraum für die Umsetzung von Projekten habe. Sag mir, was Richtung, Ziel und Sinn des Projekts ist, und ich liefere ein passendes Endergebnis. Wie ich das hinbekomme und wie lange ich dafür brauche, möchte ich dabei aber selbst entscheiden. Wenn ich Hilfe, Tipps und Anregungen brauche, hole ich mir aktiv Feedback ein. Und zwar konstruktives Feedback, von Leuten, die ich aufgrund ihrer Kompetenz respektiere und denen ich vertraue. (grins) Bei allem anderen stelle ich dann auch mal schnell auf Durchzug. Deshalb würde mich das auch echt aggro machen, wenn ich einen Chef vor mir hätte, den ich für unfähig halte, den ich in seiner Funktion 0,0 akzeptiere und respektiere.

***Welche Voraussetzungen muss der Chef mitbringen, der Menschen deiner Generation wirklich begeistert?***
Ein Einheitsrezept gibt es da nicht. Und genau darum geht es. Wir Menschen ticken alle unterschiedlich – egal ob jung oder alt. Und die Aufgabe einer guten Führungskraft besteht darin, jeden dort abzuholen, wo er steht, und so zu führen, wie dieser geführt werden möchte (und nicht so, wie man selbst geführt werden möchte). Der eine braucht mehr eine lange Leine, mehr (Entscheidungs-)Freiraum, Verantwortung und Flexibilität. Der andere fühlt sich mit einer kurzen Leine wohler. Das betrifft sowohl Menschen meiner Generation als auch der Vorgängergenerationen.

Was aktuell noch in vielen Fällen vorherrscht, ist eben dieses Einheitsrezept. Menschen werden alle über einen Kamm geschoren und meistens an der kurzen Leine gehalten – und hier sind wir wieder beim Menschenbild. Nur alle Menschen über einen Kamm zu scheren und zu meinen, ihnen alles vordenken zu müssen (weil sie selbst zu doof dazu sind), ist fatal! Gerade wenn es darum geht, als Führungskraft dafür zu sorgen, dass jeder einzelne Mitarbeiter seine eigenen Spielsachen auf der Spielwiese hat, mit denen er Tag für Tag mit Begeisterung spielt und nicht auf die Uhr schaut und sagt »Wie lange denn noch?«. Heute ist es in vielen Fällen noch so, dass für alle die gleichen Spielsachen gekauft werden, die dann auch noch vom Chef ausgesucht werden. Geht nicht.

Führung muss gelernt werden! Denn der beste Mitarbeiter für einen bestimmten Fachbereich zu sein, heißt nicht automatisch, Menschen gut führen zu können.

Und um noch mal Bezug zu meiner Generation zu nehmen: Wir wurden anders erzogen als noch die Babyboomer. Unsere Eltern haben uns, statt in Konventionen zu pressen, zu Individualisten erzogen. Wir durften entscheiden, zu welcher Schule wir gehen, welche Hobbys wir ausführen, welchen Studiengang wir studieren, in welcher Stadt wir leben wollen, welche Kleider wir tragen, wo wir Urlaub machen und und und. Das heißt, wir sind es mehr gewohnt, Entscheidungen selbst zu treffen und Dinge zu tun, die uns Spaß machen, und nicht Dinge zu tun, von denen andere ausgehen, dass sie gut für uns sind. Und wir haben in Universitäten gelernt, mit Professoren und Dozierenden auf Augenhöhe zu kommunizieren, wurden aufgefordert, selbst zu denken und Aussagen kritisch zu hinterfragen. Das hat uns geprägt und mit dieser Einstellung betreten wir die Arbeitswelt – in der noch die Denke von gestern herrscht. Für viele ist das erst mal ein Kulturschock (lach) – für mich beispielsweise auch. Na ja, und statt sich unterzuordnen, wehren wir uns. Die einen über Jobwechsel und die anderen über lauten Widerstand. Und das ist für Unternehmen und Führungskräfte natürlich schmerzhaft. Im Grunde fordern wir aber nur das ein, was sich alle wünschen – eine neue Führungskultur.

*Könntest du dir vorstellen, dass alte Leute gar nicht wirklich Lust darauf haben, mit Jüngeren zusammenzuarbeiten? Hast du eine Idee, wie Unternehmen einer solchen Entwicklung entgegenwirken könnten?*

Ich denke nicht. Das würde mich stark wundern. Ich erlebe es eher umgekehrt. Mein ältester Arbeitskollege ist 57 und wir genießen und lieben den Austausch. Er hört mir neugierig zu und ich ihm. Ich denke, es ist eine gegenseitige Bereicherung – die Alten haben die Lebenserfahrung, die Jungen neues Wissen. Das ist ja auch so, wenn Omi und Opi mit ihren Enkelkindern zusammensitzen und sich austauschen. Ich habe noch nie gehört, dass Omis und Opis keine Lust dazu haben.

Wenn in Unternehmen alte Mitarbeiter nicht mit den jungen zusammenarbeiten wollen, dann gilt es, an anderen Stellschrauben zu drehen. Gestern noch saß ich mit einer Führungskraft eines konventionell tickenden Unternehmens am Tisch. Er beschwerte sich, dass die Alten satt sind, sich nicht mehr verändern wollen, sich nur noch den Ruhestand herbeisehnen. Seine neue Strategie ist, junge Leute einzustellen und die in Führungspositionen zu setzen. Weil die Jungen noch brennen, noch begeistert sind und das Unternehmen voranbringen wollen. Na ja, in dem Fall sind Konflikte natürlich vorprogrammiert. Diese Strategie ist zu einfach und kurzfristig gedacht – und bei mir stellen sich dabei auch echt die Nackenhaare auf. Ganz klar, dass die Alten keinen Bock haben, mit den Jungen zusammenzuarbeiten. Das ist doch nur menschlich! Die Ursache liegt aber nicht in den Menschen, sondern in den Rahmenbedingungen.

*In vielen Unternehmen arbeiten heute Menschen aus vier verschiedenen Generationen. Welche Voraussetzungen müssen aus deiner Sicht erfüllt sein, damit die Zusammenarbeit zum Nutzen aller funktioniert?*

Ja, das finde ich ehrlich gesagt auch echt abgefahren! Vier Generationen – das ist eine Menge Lebenserfahrung und Wissen, was da zusammenkommt. Und als Unternehmen gilt es, diesen »Reichtum« in vollen Zügen auszuschöpfen.

Puh. Welche Voraussetzungen müssen erfüllt sein? Hm ... Ich denke, dazu ist es wichtig, dass Menschen unterschiedlicher Generationen sich gegenseitig mit Respekt und Wertschätzung begegnen und die Andersartigkeit als Bereicherung anerkennen. Wichtig ist hierbei ein ständiger Austausch und Dialog, der stattfinden muss. Wie schon in der Frage zuvor bin ich der Meinung, dass es nicht an den Menschen selbst liegt, sondern an den Rahmenbedingungen, die diesen Mehrwert ausbremsen. Hier sehe ich die größte Problematik in der Denke der alten versus der Denke der neuen Welt. Aufklärung ist hier die Basis einer erfolgreichen und bereichernden Zusammenarbeit. Hier würde ich Unternehmen raten, sich wirklich mal die Zeit zu nehmen, alle vier Generationen an einen gemeinsamen Tisch zu setzen und Themen wie »In welcher Zeit aufgewachsen?«, »Wie erzogen?«, »Welche Ereignisse haben geprägt?« oder »Wie ist man in die Arbeitswelt gestartet?« und »Wie sieht ein befruchtender Austausch aus?« zu diskutieren. Dazu empfehle ich, einen externen Moderator oder Moderatorin einzukaufen.

*Gibt es etwas zum Thema Generationenunterschiede, was du deiner Generation gerne mit auf den Weg geben möchtest?*
Gerne. Wir müssen verstehen, dass wir mit unserer neuen Denke auf eine alte Denke stoßen. Erst wenn wir das verstehen, können wir dafür sorgen, dass man uns versteht. Hört sich in der Theorie einfach an, praktisch ist das aber eine große Herausforderung und ein langwieriger Prozess. Wer die Arbeitswelt stückweise mit verbessern will, sollte sich dieser Herausforderung stellen.

# DEMOGRAFIE MAL ANDERS BETRACHTET

Wir gehen einer Zukunft entgegen, die einen enormen Einfluss auf die **bio-psycho-soziale Gesunderhaltung** von uns Menschen hat. Während unser aktuelles Gesundheitswesen darauf ausgelegt ist, Menschen zu rehabilitieren, also wieder gesund zu machen, wird es zukünftig darum gehen, jedes Individuum vor Krankheiten zu schützen. Klingt gut. Ist es auch. Andererseits führt die moderne Technologie und digitale Realität zu einer Dauerüberwachung. Wir werden zu gläsernen Patienten, die rund um die Uhr von Krankenversicherungen, die über

»Jedes Alter kann alles, am besten miteinander. Denn Ältersein ist kein Verdienst und keine Garantie für Qualität. Jugend allerdings auch nicht. Damit sollten wir entspannt umgehen, denn diese Wahrheit gilt auch für alle Lebensphasen dazwischen.«

Bundesarbeitsminister a. D. Franz Müntefering

eine elektronische Krankenakte verfügen, überwacht werden. #Prä-
ventionssystem

Internationale Spitzenforscher gehen davon aus, dass wir zukünftig in
Häusern leben, die mit elektronischen Ohren, Augen und Nasen aus-
gestattet sind. **Intelligente Sensoren** in Wänden und Möbeln werden so gut
mitdenken, dass sie zu einem persönlichen Gesundheitscoach mutieren. Damit nicht genug. Wer das Haus verlässt, trägt seinen **Gesundheitscoach** über Sensoren in der eigenen Kleidung mit sich herum – der
nächste große Evolutionsschritt der Smartphones. Der Erfinder intelligenter Kleidungsstücke (Wearable Future) ist Prof. Dr. Ing. Sunda-
resan Jayaraman vom Georgia Institute of Technology in Atlanta,
USA. Als ersten Prototypen entwarf er ein intelligentes T-Shirt.[57] Und
in 50 Jahren, prognostiziert der Professor, wird jeder Kleidung tragen,
die Alarmsignale zu körperlichen Auffälligkeiten über Sensoren an
die elektronische Krankenakte versendet und uns somit den Alltag
erleichtern und uns im Falle eines Unfalls sogar das Leben retten wird.
Ähnliche Modelle, die aber noch in den Kinderschuhen stecken, gibt
es bereits heute über Armbänder, Brillen und Smartwatches. Vielleicht werden wir irgendwann sogar intelligente Sensoren in unserem
Körper tragen – who knows? Auf jeden Fall steht fest: Wir werden
es zukünftig mit einer Rundumfürsorge zu tun haben, die wir uns so
heute kaum vorstellen können.

Hinzu kommt: Hightech-Apparate wie 3-D-Drucker sollen uns in ein
paar Jahren oder Jahrzehnten ermöglichen, Körperteile nachzubil-
den. Damit wäre eine zentrale Schwachstelle der Medizin gelöst. Prof.
Dr. Ing. Thomas Boland und sein Team von der Clemson University
South Carolina arbeiten beispielsweise an einem ersten ausgedruck-
ten Herzen. Heute noch unvorstellbar.

Und große Aufmerksamkeit wird in der Wissenschaft auch dem Thema Ernährung gewidmet. Denn: Wir Menschen essen zu viel (Unge-
sundes) und bewegen uns zu wenig. Wir
mutieren zu Bewegungslegasthenikern,
die sich ins Grab futtern. Klingt übertrieben? Ist es nicht. Laut dem Statistischen

**Gesundheit wird zukünftig
nicht mehr dem Zufall
überlassen werden.**

Bundesamt stehen ganz oben auf der Rangliste von Todesursachen in Deutschland »Krankheiten des Kreislaufsystems«, dicht gefolgt von »Krebserkrankungen«, »Krankheiten des Atmungssystems« und »Krankheiten des Verdauungssystems«.

Warum erzähle ich das? Weil eine **Rundumversorgung** in Kombination mit der Möglichkeit der **Rundumreparatur** und einem gesünderen und nachhaltigeren Lebensstil zu einem enormen Einfluss auf die Demografie führt. Dazu, dass immer mehr Menschen gesund altern, dass wir alle noch älter werden und dass biologisches Alter noch weiter an Bedeutung verliert. Die Arbeitswelt wird sich freuen! Und wir Menschen uns auch!

# FAZIT: DER JUNGE MINDSET ENTSCHEIDET

Zusammengefasst geht es in der Diskussion der diversen Generationen in der Arbeitswelt nicht um Jung oder Alt, sondern um eine moderne Geisteshaltung, die sowohl junge als auch alte Menschen sowie große als auch kleine Unternehmen in sich tragen können. Eine Haltung, die zu einer neuen VUKA-Realität passt: Was sich dahinter verbirgt, wird nachfolgend genauer erläutert. Denn VUKA wirkt auf Organisationsmodelle (Kapitel 3), Führungsverhalten (Kapitel 4) und Mitarbeiterkompetenzen (Kapitel 5). Dieser Mindset basiert auf Denkmustern, die nicht nur darüber bestimmen, wie wir die Vergangenheit beurteilen, sondern auch, wie wir die Gegenwart interpretieren und in die Zukunft schauen. Aussagen wie »Früher war alles besser«, »Das haben wir schon immer so gemacht«, »Die Jugend von heute ist frech, faul und egoistisch«, »50plus ist für Unternehmen ineffizient« oder »Nur noch 5 Jahre, dann ab in die Rente« sind kontraproduktiv, weil sie eine junge und veränderungsbereite Geisteshaltung ausbremsen.

Blöd nur, dass viele so denken – evolutionär bedingt. Unsere Festplatte ist gepolt auf Routinen, die dazu führen, dass wir uns unsere eigene kleine Welt aufbauen. Psychologen nennen diese selbst gebaute Welt Komfortzone. Und je länger wir uns darin bewegen – was wir sehr gerne tun –, desto größer wird unser Schweinehund und desto mehr verlieren wir an geistiger Flexibilität. Diesem Thema hat Prof. Dr. Gunter Dueck 2013 ein ganzes Buch gewidmet »Das Neue und seine Feinde«. Darin beschreibt er zwei Typen von Ideenverweigerern: **CloseMinds**, die erst bei einem zweiten oder dritten Überzeugungsanlauf bereit sind, sich für Neues zu öffnen, und die **Antagonisten**, die neue Ideen aus Prinzip bekämpfen. #GenerationYMindset #VUKARealität

> »Die Aussage ›Wir haben das schon immer so gemacht‹ heißt bei uns ›Man sollte sich das dringend mal anschauen‹. Früher hieß das: ›Das ist das Beste, was es gibt‹.«
>
> **Dark Horse, Innovationsagentur aus Berlin**

> »Altbewährte Strukturen werden durchbrochen. Plötzlich sitzen in den Meetings lauter vorlaute, arrogante ›Rotzlöffel‹, die alles besser wissen – so sehen es zumindest autoritäre Chefs und kommen damit nicht klar.«
>
> **Timo Müller, Leiter des Instituts für Konfliktmanagement und Führungskommunikation in Köln**

Dabei ist es genau diese geistige Flexibilität gepaart mit einer Portion Neugier und Abenteuerlust, die wir brauchen, um moderne Denkmuster anzunehmen, die dazu führen, aktuelle Veränderungen im Wandel der Arbeitswelt zu erkennen, zu verstehen und für sich nutzen zu können – oder selbst zum Vorreiter zu werden.

Die Basis moderner Denkmuster besteht in der Erkenntnis, dass die Arbeitswelt heute anders tickt als noch vor 20, 30 Jahren. Viel globaler! Und diese wachsende Globalisierung ist es, die einen neuen Zeitgeist und damit einhergehend neue Kompetenzen von uns Menschen abverlangt: Problemlösekompetenzen, unternehmerisches Denken und Handeln, lebenslanges Lernen, Selbstorganisation, Innovationskraft und das Verständnis, dass das einzig Konstante der Wandel ist.

Nur erschreckend ist: Wer diese Kompetenzen versucht auszuleben, stößt in Organisationen, in denen immer noch der Taylorismus spukt, häufig an seine Grenzen.

> »Es gibt Menschen und Unternehmen, die haben eine Art Immunsystem, das jede neue Idee wie eine Störung behandelt.«
> (modifiziert nach Prof. Dr. Gunter Dueck)

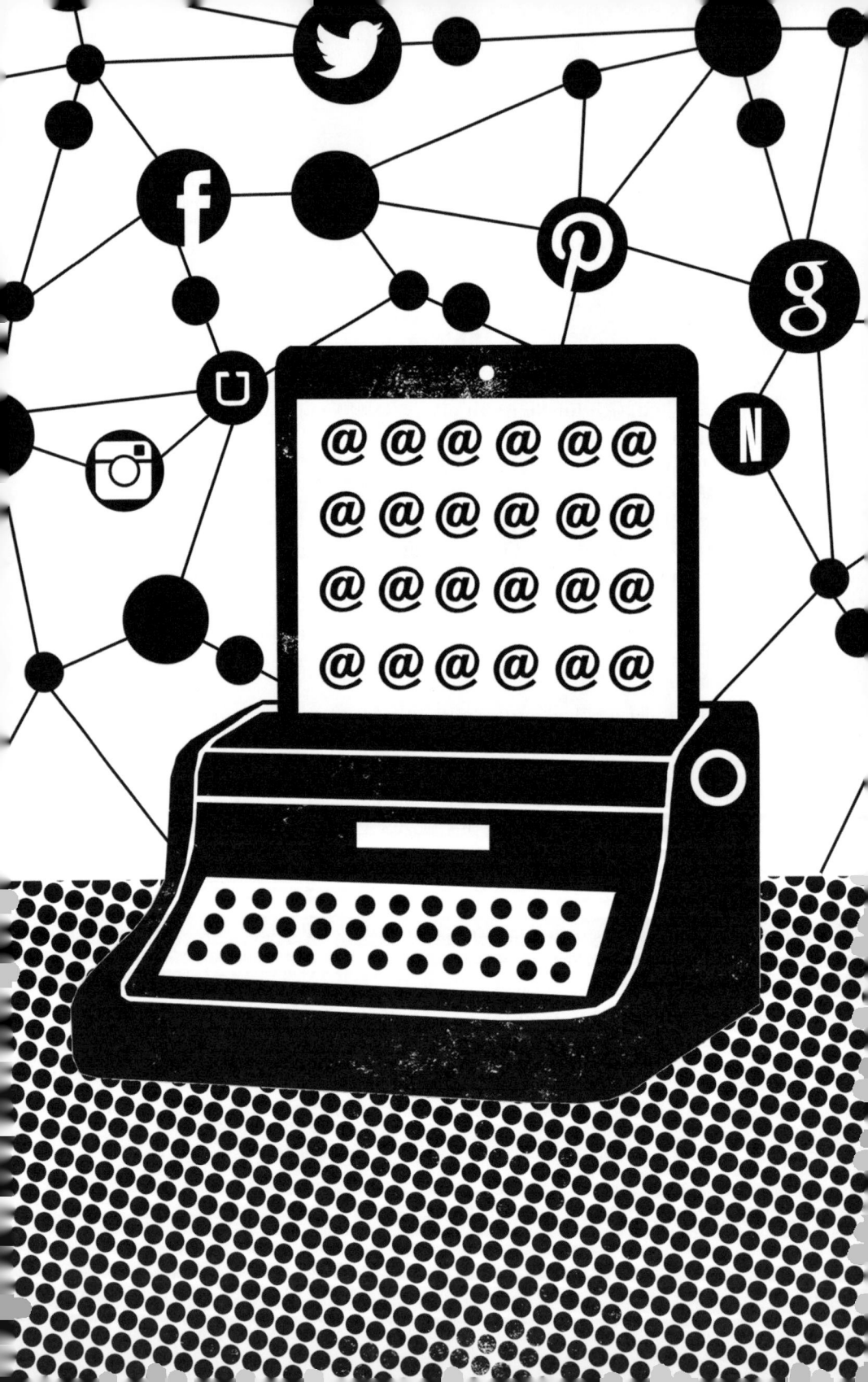

# UNSERE ARBEITS- WELT IM WANDEL

WIR WISSENSGESELLSCHAFTLER BRAUCHEN INNOVATIVE ORGANISATIONSARCHITEKTUREN

# MANUFAKTUR, MASSENMÄRKTE UND EIN GLOBALER MARKTPLATZ

Gehen wir doch mal zurück in die Zeit um 1800. Die Zeit, in der Transportkosten für Güter hoch und fast alle Märkte klein, eng und lebendig waren. Wertschöpfung generierte man früher überwiegend über Handel, lange Transportwege, Handwerkskunst und die Erfüllung individueller Kundenwünsche. Die Anfertigung besonderer Exemplare einer Ware war selbstverständlich. Die Manufaktur war demnach ein dynamikrobuster Unternehmenstyp. Aufgrund der räumlichen Enge herrschte eine »Jeder-kennt-jeden-« und »Leben-und-leben-lassen«-Kultur.[58]

Durch zahlreiche **industrielle Revolutionen,** wie insbesondere die Einführung von Dampfmaschinen, wurden Transportwege kürzer, wodurch Transportkosten sanken und damit auch die Stückkosten. Und auch der Handel zwischen geografisch weit auseinanderliegenden Märkten wurde einfacher.

Etwa ein Jahrhundert später entwickelten sich beim **Ausbau der Transportwege** erste große und kaufkräftige Massenmärkte wie beispielsweise die USA. Dynamikrobuste Merkmale waren auf einmal nicht mehr erwünscht. Als Basis der Massenproduktion hielt der Taylorismus Einzug in die Produktionsstätten. Mit ihm verloren Unternehmen an Dynamik, sie wurden relativ träge – Massenanfertigung wurde zur neuen Wertschöpfung (Automobilindustrie). Das Zeitalter der Industrialisierung war geboren. Aufgrund der entstehenden Weite der Märkte veränderte sich nun auch die Wertekultur. Anonymität und Massenbetrieb hemmten den sozialen Gedanken des Miteinanders und schürten gleichzeitig soziale Widerstände auf Mitarbeiterebene. Einzelne Personen mutierten zu Machtzentren, die ihre Unternehmensgewinne auf Kosten von Mitarbeitern steigerten. Während die einen extrem wohlhabend wurden, verschlechterten sich die Lebensbedingungen der Arbeiter. Die Kluft zwischen Interessen von Arbeitgebern und Interessen von Mitarbeitern wurde immer größer. Es entstanden erste Streitigkeiten zwischen Arbeitgebern und Arbeitnehmern. Die haben bis heute nicht aufgehört: Bahnstreik, Pilotenstreik, Poststreik, Kitastreik. #StreikImTrend

Heute befinden wir uns wieder in der nächsten industriellen Revolution. Hervorgerufen durch die Erfindung des international standardisierten Containers um 1960 und der Entstehung des Internets in den 1990er-Jahren. Diese Entwicklungen führten dazu, dass neue Massenmärkte entstanden und die Transportkosten pro Stückgut gegen null fielen. Durch die Globalisierung und das Internet ist ein neuer Massenmarkt entstanden (zum Beispiel Amazon, die im besten Fall noch die Versandkosten tragen). Das Gleiche gilt für Autos, Fernseher, T-Shirts und das beste Beispiel: das am weitesten verbreitete Konsumgut Coca-Cola.

Der Druck auf alte Strukturen und Muster nimmt heute immer weiter zu. Der Leidensdruck in Unternehmen wird immer größer. Wir stecken in einer neuen Transformation – hin zu einer Wissens- und Digitalgesellschaft.

Die **Generation Y** verfügt über folgende adaptive Fähigkeiten: Sie kann sich gut vernetzen und Anschluss finden, ist gut im Umgang mit Komplexität und der Nutzung neuer technologischer Innovationen. Keine andere Generation ist so gut an den Wandel der Arbeitswelt angepasst wie die Generation Y und nachfolgende Generationen. **Diese Kompetenzen machen uns als junge Generation zu »Transformational Natives«. Die Wege, die wir gehen, harmonieren mit den neuen Spielregeln des gesellschaftlichen Wandels.**[61]

# DIE TRANSFORMATION

Wir leben in einer Welt mit **neuen Spielregeln.** Das World Wide Web hat vieles verändert. Vor allem hat es eine globale Vernetzung ermöglicht – analog und digital. Der Zukunftsforscher Matthias Horx und sein Forscherteam sprechen hierbei von dem **Megatrend Konnektivität**, einer neuen und globalen Organisation der Menschheit. Er beeinflusst permanent die Entwicklungsrichtung von Kultur, Politik, Bildung, Konsum, Medien, Leben und Wirtschaft und »verbreitet das neue Organisationsparadigma des Netzwerks«[60]. Dank der Verdichtung der weltweiten Vernetzung steigen Dynamik und Komplexität in unserem Leben und den Märkten an. Und je größer die Vernetzung, desto höher ist die Wahrscheinlichkeit unvorhersehbarer Wirkungen. Das heißt: Die Welt wird immer mehr VUKA: volatil, unsicher, komplex und ambivalent. #VUKASpielregeln

»Unser deutsches Erfolgsmodell trägt nicht ewig weiter.«[59]

Es ist die Wachstumsgeschwindigkeit von Informationen, Impulsen, Trends, Organisationen und politischen Entscheidungen, die heutzutage zu neuen, nämlich nichtlinearen Regeln führt, wodurch konkrete Vorhersagen in komplexen Systemen kaum mehr möglich sind. Ein gutes Beispiel hierzu ist das Internet. Es ist ein hochgradig vernetztes und komplexes System. Seine **hochgradige Vernetzung** ermöglicht zu jeder Zeit einen Selbstaufschaukelungseffekt. Er löst rasant und nicht steuerbar Kettenreaktionen aus und erreicht dadurch eine gigantische (mediale) Viralität. Klassische Beispiele hierzu sind YouTube, Twitter oder Facebook. Sicherlich kennen Sie alle noch die ALS Ice-Bucket Challenge vom Sommer 2014 auf Facebook, die gigantische Ausmaße annahm und an der sogar Microsoft-Gründer Bill Gates teilnahm. Diese Challenge basierte auf einer Spendenkampagne für die Nervenkrankheit Amyotrophe Lateralsklerose. Dabei haben weltweit Millionen von Menschen an der Challenge teilgenommen. Laut Wikipedia wurde bei dieser Aktion eine Spendensumme von knapp 100 Millionen US-Dollar generiert und katapultierte die Anzahl der Spender auf über 2 Millionen. Auch Shitstorm-Phänomene gehören zu Aufschaukelungseffekten. Hierzu ist Ihnen bestimmt auch das Beispiel des Songwriters Dave Carroll in Erinnerung geblieben. Das YouTube-Video mit seinem Song »United Breaks Guitars«, in dem er schildert, wie seine Gitarre einen Flug mit United Airlines nicht überlebt, erreichte eine Klickzahl von mehr als 15 Millionen. #MassenbewegungImNetz

Und auch die **Komplexität** im Internet nimmt immer weiter zu. Zu jeder Sekunde verändert sich das Netz, alle wirken mit, Multifunktionalität und -optionalität nehmen uns die Möglichkeit zur Übersicht und einzelne Impulse können Auswirkungen verursachen, die nicht vorhersehbar und kaum kontrollierbar sind und die sich nicht mithilfe von Ursache-Wirkungs-Ketten beschreiben lassen. Das **Internet der Dinge**

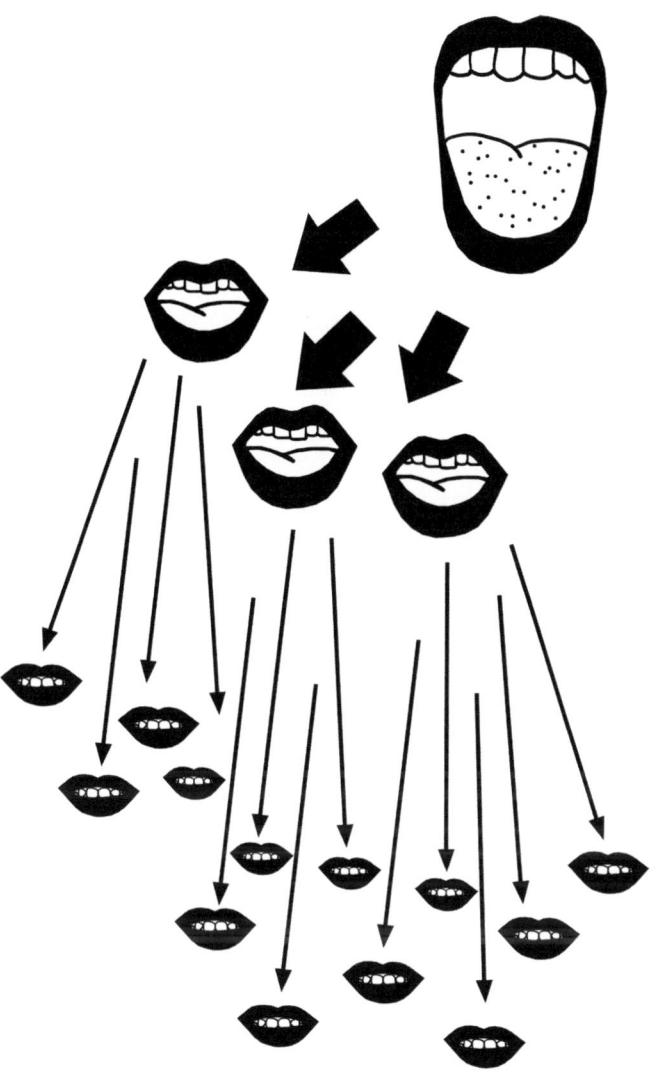

Selbstaufschaukelungseffekt: Mund-zu-Mund-Propaganda im Zeitalter von Facebook & Co.

in Kombination mit **Big Data** wiederum wird genau diese Komplexität zukünftig reduzieren bzw. beherrschbar machen (!) – und wird damit die digitale Welt sowie die Vernetzung zwischen digital und analog auf ein ganz neues Level heben. Experten sprechen hierbei von einer dritten IT-Revolution im Rahmen der **vierten industriellen Revolution** (»Industrie 4.0«). **Denn ähnlich wie zuvor die Mechanisierung (Webstühle), die Massenproduktion (Fließband) und die Automatisierung (Fertigungsroboter) die Wirtschaft tiefgreifend verändert haben, wird nun die weitgehende Vernetzung von Mensch, Maschine und Produkten eine neue Art des Wirtschaftens hervorrufen.**[62] Industrie 4.0 bedeutet auch, Produkte und Dienstleistungen vom Kunden aus zu denken und die eigene Entwicklung, Produktion und Handlung darauf auszurichten. Mit einem klassisch-tayloristischen Organisationsmodell lässt sich dieser neue Anspruch kaum realisieren. #IndustrieVierNull

Die **psychologische Komponente** ist eine weitere essenzielle Variable, die im Netz wirkt: Freude, Spaß, Hass, Lob, Anerkennung – täglich erleben wir einen bunten Strauß an Gefühlen im Netz. Fast jeder (nicht überall auf der Welt) hat die Möglichkeit, seinen emotionalen Senf beizusteuern – ob konstruktiv oder nicht. Besonders beliebt ist deshalb auch die Vielzahl an Bewertungsportalen. Und die Kombination aus Internet und der freien Meinungsäußerung führt zu einer Machtverschiebung hin zum Kunden. Der Konsument – ob von Dienstleistungen (auch der Arbeitgeber mutiert zum Dienstleister) oder Produkten – wird zu einem einflussreichen Spieler in der globalen Wirtschaft. Unternehmen, die sich der Auswirkungen des neuen Phänomens nicht bewusst sind, stehen oft bis auf die Knochen blamiert da – wie beispielsweise United Airlines im Zusammenhang mit Country-Sänger Dave Carroll. Das Internet schafft die Möglichkeit, sich als Einzelperson oder Gruppe gegen riesige Organisationen aufzulehnen und ihnen durch sozial-emotionalen Druck die Luft zum Atmen zu nehmen. Dave Carroll ist hierzu ein Paradebeispiel. Heute tourt er mit seiner Band durch die ganze Welt und wird von Firmen als Redner für Veranstaltungen zum Thema Kundenservice gebucht. Der Trendforscher Peter Wippermann spricht hierbei von einer Umkehrung der Machtverhältnisse zwischen Unternehmen und Kunden – und zukünftig auch zwischen Unternehmen und Mitarbeiter.

|  | BABYBOOMER | GENERATION Y |
|---|---|---|
| WERTE | Disziplin | Individualität |
|  | Gehorsam | Flexibilität |
|  | Pflichtbewusstsein | Spaß/Freude |
| ANTREIBER | Geld | Sinnerfülltes Tun |
|  | Status | Internationalität |
|  | Macht | Gesellschaftliche Relevanz |

Wertewandel in der Gesellschaft (nach Wolfgang Jenewein & Marcus Heidbrink).

Der Einfluss zufriedener und unzufriedener Geschäftspartner ist größer und gefährlicher denn je.

In der Zeit vor dem Internet spielte diese emotionale Komponente bzw. die Macht kaum eine Rolle. Und auch in der alten Arbeitswelt – dem Zeitalter der Industrialisierung – waren Emotionen dem Rationalprinzip unterlegen. Der Mensch ist ein rational handelnder Homo oeconomicus, diese Ansicht galt lange Zeit als unumstößliche Prämisse, auf der ganze Organisations- und Führungskulturen aufbauten – so eben auch der Taylorismus. Und während Erkenntnisse der Neurowissenschaften und Psychologie schon länger zeigen, dass der Mensch im Kern von positiven und negativen Emotionen gesteuert wird, findet deren Berücksichtigung in vielen Unternehmen nach wie vor noch wenig Anklang. Die Beziehung zwischen Unternehmen und Menschen sowie Führungskräften und Mitarbeitern ist häufig noch sehr rational und unpersönlich geprägt. Dies wiederspricht jedoch dem Wertewandel unserer Gesellschaft. Während früher das Austauschprinzip »Arbeit gegen Geld« vorherrschte und alle Parteien damit zufrieden waren, ist heute – und vor allem mit dem Einzug der Generation Y in die Arbeitswelt – der Anspruch an psycho-soziale Werte wie Wohlgefühl, Sinnhaftigkeit und gute Beziehungen am Arbeitsplatz erheblich gestiegen.

VUKA und die Bewegung hin zur vierten industriellen Revolution verlangen nach neuen Organisations- und Führungskulturen. Denn rein vertikal geführte Unternehmen können nur sehr schwer Lösungen für den aktuellen Wandel und die neuen Herausforderungen liefern. Immer mehr Unternehmen sind sich dessen bewusst – zwischen Bewusstsein und Umsetzung klafft jedoch noch eine große Lücke. Denn von alten Erfolgsmustern und -modellen möchte man sich schwer lösen und versucht deshalb, Altbewährtes zu optimieren. Das heißt, weitere Maßnahmen zu implementieren, um Komplexität zu reduzieren. Denn Organisationen mit einer sehr tayloristisch aufgebauten Struktur sind nur in stabilen Umgebungen in der Lage, erfolgreich zu sein – nicht aber in instabilen komplexen Umgebungen, wie sie nun mal lebendige Organismen bilden, die miteinander interagieren und vernetzt sind.

Während ältere Generationen gewohnt sind, nach einfachen Spielregeln zu arbeiten und zu leben (klassisch hierarchisch, lineare Lebensläufe, drei Lebensphasen), steckt in einer **jungen Generation** viel Potenzial, neue Dynamiken, Vernetzungen und Innovationen voranzutreiben und dadurch Spielregeln der Neuen Arbeitswelt zu multiplizieren und somit den Komplexitätsgrad zu erhöhen. Sie sind **im Umgang mit ständigem Wandel gelassener.** Und sie sind noch nicht (zu stark) geprägt (sozialisiert) von bestehenden Verhaltensnormen in Unternehmen, die von vorherigen Generationen an nachfolgende weitergegeben werden.

Menschen reagieren in unterschiedlicher Weise auf Komplexität. Der Netzwerkforscher Prof. Dr. Peter Kruse zum Beispiel zählt dazu vier Varianten in einem YouTube-Beitrag auf:[63]

- Die erste Reaktion, die wir kennen, ist eine kindliche Reaktion. Die des **Ausprobierens.** Im Businesskontext spricht man hierbei vom Trial-and-Error-Prinzip. Wenn also ein Unternehmen nicht weiß, ob ein bestimmtes Produkt am Markt funktioniert, wird es ausprobiert. Diese Methode ist in einer komplexen Welt auf Dauer jedoch kein probates Mittel, um in komplexen Märken erfolgreich zu sein und gute Lernerfolge zu erzielen. Dieses Phänomen erlebt man häufig bei Start-ups, die früher oder später vom Markt wieder verschwinden.

- Eine zweite Reaktion ist das **Ausblenden**, das Verharren in alten Mustern, Desinteresse an Neuem, Ausbremsen von Fortschritt. Das erleben wir häufiger bei Unternehmen, die sich auf alte Erfolgsmuster stützen, oder bei unseren Eltern und Großeltern, die neue technologische Entwicklungen und die Vielfalt des Internets geistig ausblenden oder nicht wahrhaben wollen: keine Nutzung von Smartphones und von Social-Media-Kanälen sowie fehlendes digitales Verständnis. An ihnen geht dieser hohe Vernetzungsgrad völlig vorbei und sie erkennen die Notwendigkeit nicht, darauf zu reagieren. Umso gefährlicher ist es für unsere Wirtschaft, wenn Entscheiderpositionen nur mit älteren Männern besetzt sind, bei denen diese Reaktion auf Komplexität häufiger auftritt. Als Beispiel: Führungskräfte, die Probleme gerne mal aussitzen.

- Als dritte Reaktion nennt Kruse das **rationale Durchdringen und Verstehen von Herausforderungen**. Vor allem klassische Unternehmensberatungen oder Strategieberatungen sind von diesem Ansatz geprägt. Dabei wird versucht, die Komplexität durch das Herunterbrechen auf Details zu verstehen. Systeme werden durch die Reduktion auf ein paar wenige Kriterien trivialisiert. Im Privaten kennen wir diesen Ansatz unter »simplify your life«. Das bewusste oder unbewusste Konzentrieren auf einzelne Faktoren. Unbewusst tun wir das gerne beim Einkauf von Produkten: Wir entscheiden über den Faktor Preis, Geschmack, Aussehen, Marke oder Popularität. Viele Erfolgs-, Zeitmanagement- oder andere Ratgeber empfehlen uns, uns auf wichtige wesentliche Details oder Kriterien zu konzentrieren und Komplexität auszublenden. Wir Menschen lieben Erfolgsrezepte, Checklisten, konkrete Anleitungen – in der Hoffnung, so zum persönlichen Erfolg zu finden.

- Als weitere Reaktion nennt Kruse die **emotionale Bewertung,** das intuitive Agieren. Es ist die Reaktion, die als Einzige wirklich greift. Denn unser Gehirn (rechte Gehirnhälfte) ist in der Lage, Komplexität über Musterbildung zu reduzieren. Vor allem bei der Generation Y ist diese Strategie bereits in die DNA vorprogrammiert. Besonders in Bezug auf die digitale Realität. Es sind die Jungen, die besser mit der digitalen Komplexität umgehen können als die Alten, die Erfahrungen über lineares analoges Arbeiten in ihrem Gedächtnis abgespeichert haben. Das ist mit ein Grund, warum sich viele junge Menschen mit digitalen Start-ups versuchen.

Wer Lust hat, weiter zu recherchieren, kann nach folgenden Schlagworten suchen: Systemtheorie, Komplexitätstheorie, Netzwerktheorie. Denn wer in einer VUKA-Welt bestehen möchte, muss sich mit neuen mentalen Modellen, Begriffen und Denkwerkzeugen auseinandersetzen ... Meine Empfehlung: das Buch von Julius Kuhl und Maja Storch »Die Kraft aus dem Selbst. Sieben Psycho-Gyms für das Unbewusste«.

Peter Kruse ist eine relevante Quelle im deutschsprachigen Raum, wenn man Lösungsansätze finden möchte, wie Menschen mit (steigender) Komplexität umgehen und darauf reagieren. Durch seine 15-jährige Erfahrung an der Schnittstelle zwischen Experimentalpsychologie und Neurophysiologie und seine Beschäftigung mit dem menschlichen Gehirn hat er seine Liebe zu intelligenten Netzen entwickelt. Auch aus meiner Doktorarbeit ist mir die intuitive Intelligenz (eine Intelligenz, die wir viele Jahre intensiv zur Seite geschoben haben) und ihre Wichtigkeit bekannt. Wer offen ist, sich auf diese intuitive Wahrnehmung einzulassen und sie zu trainieren, wird nicht nur seinen selbstbezogenen Horizont erweitern, sondern sich auch in die Lage versetzen können, Komplexität besser zu »erspüren«.

»Intuition«, so Prof. Kruse im YouTube-Interview, »bedeutet, dass mein Gehirn Musterbildungen gelernt hat, die jenseits meines rationalen Verstehens hilfreich sind. Wenn Sie intuitiv tätig sind, sollten Sie eine sehr lange Lerngeschichte am Rande der Überforderung hinter sich haben. Intuition ist die Fähigkeit des Gehirns, komplexe Muster zu bilden. Jenseits meines Verstehens. Jetzt haben wir mit Intuition, wenn Sie so wollen, eine gigantische Lösung im Umgang mit Komplexität. Wir haben nur ein riesiges Problem.« Und jetzt wird's spannend: »Wenn sich die Welt dazwischen geändert hat, dann sind meine Intuitionen, die sich gestern ausgebildet haben, heute noch immer gefühlt genauso sicher wie früher. Nur leider völlig daneben. Weil die Rahmenbedingungen, unter denen ich die Intuitionen ausgebildet habe, nicht mehr die Rahmenbedingungen sind, unter denen ich sie heute anwenden möchte.« Babyboomer-Entscheidungen lassen grüßen …

# DER FLUCH DER HIERARCHIE

## Das rationale Betriebssystem ...

Die gängige Managementlehre, die auf Rationalisierung und Effizienzstreben sowie Arbeitsteilung abzielt, ist heute out. Sie geht von Voraussetzungen aus, die quasi nichts mit modernen Anforderungen an die Arbeitswelt zu tun haben. Während die Welt draußen aufgrund wachsender technischer und wirtschaftlicher Vernetzung immer mehr VUKA wird, führen wir Unternehmen immer noch mit Methoden, die auf eine alte Realität mit wenig VUKA ausgelegt sind. Diese existierte im letzten Jahrhundert. Im Industriezeitalter. In dem Zeitalter, in dem Opel und VW aus dem Boden gestampft wurden. In dem Zeitalter, in dem Lebensmittel und Textilien die Zukunft der Wirtschaft waren. In dieser Zeit hatte die Managementidee von Frederick Winslow Taylor (1856–1915) Hochkonjunktur: Taylor glaubte daran, Unternehmen mit einer wissenschaftlichen Herangehensweise (Scientific Management) optimieren zu können. Dazu ersetzte er das Können der Meister in Manufakturen durch wissenschaftlich erworbenes Wissen der Ingenieure. #DerTaylorismusSpukt

Nicht mehr der qualifizierte Handwerker selbst gestaltete seine Arbeit, sondern der Wissenschaftler. Dadurch trennte Taylor Denken von Handeln. Oben denkt und unten setzt um. So hätte er es zumindest gerne gehabt. Um einzelne Arbeitsschritte noch effizienter zu gestalten, beobachtete er die besten Arbeiter und leitete daraus einen optimalen Arbeitsablauf für alle ab. Arbeitsprojekte werden funktional in einzelne Arbeitsschritte unterteilt. Bestes Beispiel hierzu ist die Fließbandarbeit. Für Mitdenken, Kreativität, Intelligenz und Fantasie einzelner Mitarbeiter ist bei dieser Form von Arbeit kein Platz. Im Gegenteil: Sie »behindern« die Produktion von Unternehmen. Dadurch reduzierte Taylor die überflüssig gewordene Komplexität von Unternehmen auf ein Niveau, das zu der Trägheit der Massenmärkte gut passte. Im 20. Jahrhundert funktionierte diese Managementlehre sehr erfolgreich. Innerhalb von zwei Generationen wurde so die Produktivität von Unternehmen um das Hundertfache erhöht.

HIERARCHIE

FREIWILLIGE
MITGLIEDER

(modifiziert nach Harvard Business Manager[65])

Die **Schattenseite des Taylorismus** auf sozialer, funktionaler, zeitlicher Ebene:[64] **Sozial** hat die hierarchische Trennung zwischen Vordenkern / Führung und Ausführern / Mitarbeitern zu künstlichen Kommunikationsbarrieren geführt. Kaum betreten wir die Unternehmensmauern, fühlen wir uns im informellen Netzwerken, Diskutieren oder Austauschen eingeschränkt. Die vertikale Aufteilung in Hierarchieebenen schafft unbewusst eine Wertigkeit, die einen schnellen, unkomplizierten Austausch auf Augenhöhe ausbremst. Und sie hat in Unternehmen unsere Denke auf Weisung und Kontrolle programmiert.

Das wiederum suggeriert, dass Mitarbeiter nicht vertrauenswürdig sind – mitunter ein Grund, warum in Unternehmen diverse absichernde Steuerungssysteme, wie Mitarbeiterbeurteilungen, Zielvereinbarungen, Budgetkontrollen, Richtlinien oder das Stechuhrsystem, eingesetzt werden. Verhalten sich Mitarbeiter nicht wie gewünscht, werden weitere Steuerungssysteme implementiert oder bestehende optimiert. Aufgrund zunehmender hierarchischer Steuerung und bürokratischer Kontrolle bleibt persönliche Führung auf der Strecke. Mitarbeiter fühlen sich entmündigt, verlieren an geistiger Flexibilität, stumpfen emotional ab. Die Motivation geht verloren und die freiwillige Leistungsbereitschaft bleibt aus. Viele schieben Dienst nach Vorschrift oder stecken schon längst in einer inneren Kündigung. Individuelle Stärken, Potenziale und Ressourcen verbleichen. Führungskräfte fühlen sich emotional ausgesaugt, haben das Gefühl, Mitarbeiter nur über Steuerung, Kontrolle und materielle Incentives führen und motivieren zu können. Denken Sie immer an den Handlauf …

**Funktional** führt die Aufteilung von Arbeitsprojekten in unterschiedliche Abteilungen zu einer Denke in Zuständigkeiten und somit auch zum allseits bekannten Phänomen des »Anderen-die-Verantwortung-in-die-Schuhe-Schieben«. Hinzu kommt: Abteilungen wissen oftmals nicht, wer was macht beziehungsweise wer mit welchen Herausforderungen

> Silo-Denke =
> Abteilungs-Denke
> Sie kennen das:
> Abteilung A weiß nicht,
> was Abteilung B macht,
> und umgekehrt.
> Jede Abteilung fokussiert
> sich auf sich, statt
> übergreifend zu denken
> und zu handeln.

**Nicht die Menschen im System versagen, sondern das System selbst!**

konfrontiert ist. Der Vertrieb weiß nicht, was die Produktion macht, und das Controlling nicht, was im Vertrieb los ist. Dadurch geht nicht nur der ganzheitliche Blick für die Realisierung von Projekten verloren, sondern es entstehen mehr Fehlerketten und Reibereien als nötig. Silo-Denke lässt grüßen!

**Zeitlich** führt die Teilung von Denken und Handeln zu mehr Starrheit in der Reaktion auf dynamische Markteinflüsse. Mitarbeiter an der Peripherie folgen Anweisungen des Zentrums, statt mit logischem Menschenverstand an der Basis, also beim Kunden, richtig und unmittelbar zu entscheiden.

Statt bei Veränderungen an den Ursachen anzusetzen – nämlich dem Taylorismusapparat selbst –, klagen Unternehmen über faule und demotivierte Mitarbeiter, steigende Fixkosten, unzufriedene Kunden und mangelnde Innovationsstärke, schieben eine erhöhte Fluktuation auf die Branche und den Fachkräfte- und Nachwuchsmangel auf die demografische Entwicklung. Schuldzuweisungen über Schuldzuweisungen.

Eine wichtige Fähigkeit, um auf der Ursachenebene ansetzen zu können, ist demnach der Umgang mit der steigenden Komplexität: statt der Komplexität vehement entgegenzusteuern, den Mut zu haben, sich radikal neu zu organisieren, um auf die wachsende Komplexität und Dynamik einer global vernetzten Arbeitswelt mit einem Lebensstil / einer Kultur zu kontern, in der eine soziale Vernetzung (soziale Marktorganisation) selbstverständlich ist.

## DIE NEUEN BIG-PLAYER IM MARKT

Interessanterweise verhalten sich jedoch super erfolgreiche Unternehmen in der heutigen Zeit ähnlich wie die erfolgreichsten Unternehmen vor 100 Jahren. Nehmen wir das Beispiel Apple: Apple ist in Forschung, Entwicklung, Marketing, Vertrieb, Personal, Finanzen, Produktion und so weiter unterteilt. Auch unterschiedliche Managementebenen sind ähnlich wie vor 100 Jahren vorhanden. Apple hat weltweit exakt die gleichen Produkte, das iPhone ist weltweit gleich, bei nahezu dem gleichen Preis.

An der Spitze solcher Unternehmen stehen (Steve Jobs – Apple, Mark Zuckerberg – Facebook, Jeff Bezos – Amazon, Larry Page & Sergey Brin – Google, Elon Musk – Tesla Motors & SpaceX & SolarCity, Tavis Kalanick & Garrett Camp – Uber) meist durchgeknallte Tüftler und Erfinder, die geprägt sind von unbedingtem Leistungs- und Erfolgswillen und versuchen, ihre eigene Welt zu kreieren. Sie wollen ganze Märkte monopolisieren, verlassen bei der Umsetzung ihrer Ziele gesetzliche Regeln und nutzen jede nur erdenkliche Lücke im Markt und im System.

Es gibt dabei **zwei fundamentale Unterschiede zu früher**. Erstens: Durch das Internet erleben wir eine Beschleunigung der Kommunikation, der Analyse von Daten, mehr Verständnis neuer Märkte und eine größere Möglichkeit des Austausches innerhalb eines Unternehmens. Zweitens: die fast unendliche Menge an Ressourcen wie Kapital in Verbindung mit dem fast bei null liegenden Transportkosten.

Wir befinden uns im Zeitalter von global agierenden Weltkonzernen, bei denen nicht nur Mitarbeiter untereinander an jedem Ort zu jeder Zeit vernetzt miteinander im Austausch stehen, sondern auch mit Lieferanten, Aktionären und Kunden. Das heißt: Das Leben einer Organisation beschränkt sich nicht mehr nur auf das Innenleben, sondern breitet sich auf alle tangierenden Stakeholder aus. Um als Organisation einer solchen Veränderung gewachsen zu sein, muss auch das Betriebssystem einer Organisation (Organisationsmodell) mitwachsen.

## ... braucht einen Gegenpol.

Um der wachsenden Komplexität gewachsen zu sein, bedarf es neben einer hierarchisch geteilten Pyramidenorganisation eines sogenannten zweiten Betriebssystems, das sich mehr durch einen Netzwerkcharakter und eine Dezentralisierung auszeichnet. Ein Vorreiter zu diesem Modell ist zum Beispiel das Unternehmen »Haufe-umantis«.

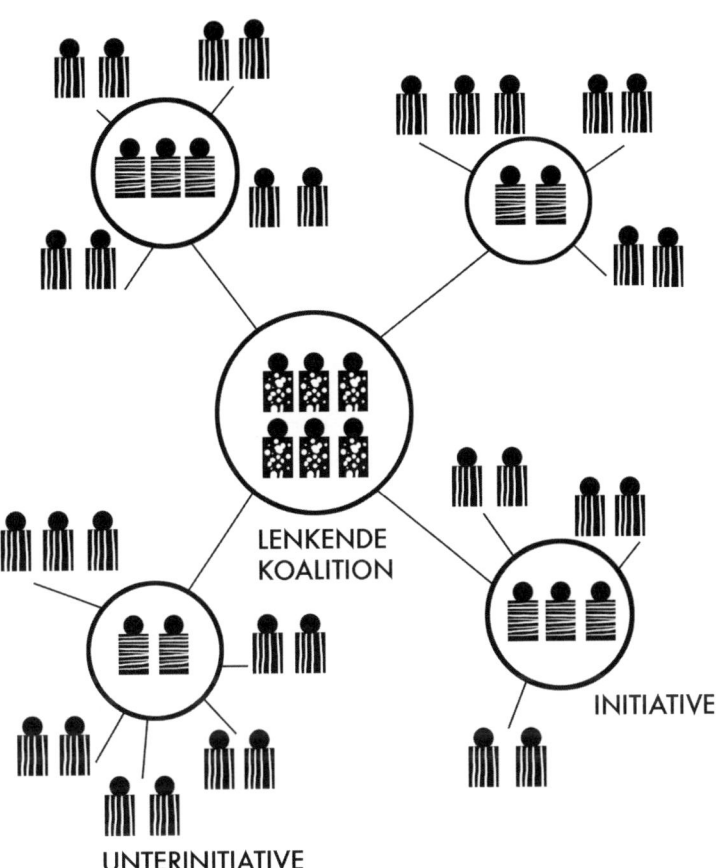

NETZWERK

LENKENDE
KOALITION

INITIATIVE

UNTERINITIATIVE

## INTERVIEW MIT MARC STOFFEL, CEO, UND LEILA HORSTEN AUS DEM HA TALENT MANAGEMENT VON HAUFE-UMANTIS

*Wieso hat sich Haufe-umantis dazu entschieden, seine Organisation als Netzwerkmodell umzusetzen?*

**Leila Horsten:** Wenn ein Mitarbeiter sich selbst positionieren kann, findet er auch selbst am besten sein eigenes Talent. Wir bei Haufe-umantis haben uns gefragt: Was macht ein Unternehmen langsam? Hierarchie! Und was macht ein Unternehmen schnell? Ein Netzwerk. Wichtig dabei ist der Start-up-Gedanke. In jungen Firmen müssen alle an einem Strang ziehen, jeder hängt persönlich mit drin. Sieht man sich das Silicon Valley an, weiß man, wovon hier die Rede ist. Da kommt ein Start-up nach dem anderen aus dem Boden voller Innovationen und schneller Entwicklung. Da wollen wir nicht hinterherhinken.

*Wie sieht das intern bei Ihnen aus, wenn Sie diese Projekte zusammenbauen? Also diese Zellenformatierung durchführen?*

**Marc Stoffel:** Wir starten immer mit der Frage: Was will der Kunde? So einfach und blöd das klingt – das ist die wichtigste Frage. Also nicht: Was wollen wir und was für Ziele haben wir? Sondern: Was will der Kunde? Und dass wir dann überlegen: Okay, wenn er das will, dann ist das die beste Formation, um dieses Ziel zu verfolgen. Wir versuchen, einen Schwarm zu bilden, der in sich autark ist, der nicht abhängig ist von anderen Teams oder Prozessen, der alle Disziplinen und Kompetenzen vereint, die nötig sind, um dieses Ziel zu erfüllen. Hier haben wir Rituale institutionalisiert, zum Beispiel, dass wir alle drei Monate ein Swarming machen, bei dem wir das System anhalten und schauen, was der Kunde will, und es anschließend wieder neu hochfahren – also die Teams neu mischen oder umsortieren oder vielleicht gewisse Bewegung in die Teams reinbringen, sodass man sich wieder neu ausrichtet. Unser Traum ist, dass klar wird, dass Selbstorganisation klare Regeln und Spielregeln braucht.

*Wie gut funktioniert die neue Art der Projektarbeit?*

**Leila Horsten:** Es gibt natürlich immer Ausnahmen, aber ich würde sagen, dass es zu 95 Prozent gut läuft. Der Tiger im Zoo läuft auch nicht sofort aus dem Käfig, wenn man die Türen geöffnet hat. Damit es bei Haufe-umantis gut läuft, haben wir ein Regelwerk erstellt, das sogenannte Haufe-umantis-Manifest. Es ist eigentlich vielmehr ein Wertekonzept als ein Regelwerk. Darin steht zum Beispiel, dass uns Begeisterung wichtiger ist als Effizienz – obwohl Effizienz natürlich eine positive Konsequenz aus der Begeisterung ist.

*Also braucht es sozusagen Leitplanken?*
**Marc Stoffel:** Ja, aber keine inhaltlichen Leitplanken (So weit darfst du gehen und so weit nicht), sondern eher: Wann mache ich was und welche Rollen brauche ich, damit es funktioniert? Wenn du ein Team definierst, dann machst du das bitte nicht permanent, sondern in einem gewissen Rhythmus. Permanent Leute hin und her schieben, das funktioniert nicht.

*Trotzdem ordnen Sie Ihre Teams alle drei Monate neu. Das heißt auch, dass es bei Ihnen verhältnismäßig fluide ist?*
**Marc Stoffel:** Ja, aber nicht überall. Wir haben unterschiedliche Unternehmensbereiche, die auch unterschiedlich geführt werden. Das ist auch eine Erkenntnis: Es ist nicht so, dass die ganze Unternehmung agil sein soll und muss. Gewisse a) Mitarbeiter und b) Unternehmensbereiche brauchen auch eine gewisse Struktur, eine gewisse Klarheit und vielleicht auch eine gewisse Konstanz. Und deshalb bestimmt auch jeder Bereich (zum Beispiel Vertriebs-, Produkt-, Kundenbereich) selbst für sich, wie dieser Bereich sich strukturiert. Jede Form der Struktur ist gut – es muss nur abgesprochen werden: zwischen Mitarbeitern, Kunden und der Führung.

*Das hört sich ja alles sehr spannend an. Aber schafft es bei dem Netzwerkgedanken jeder Mitarbeiter, seine Rolle einzuhalten?*
**Leila Horsten:** Dafür haben wir drei Leitfragen festgesetzt: Wo stehe ich? Was ist meine Rolle und was sind meine Aufgaben? Habe ich diese Rolle wahrgenommen?

*Wenn Sie zurückblicken: Würden Sie etwas anders machen?*
**Marc Stoffel:** Was man am Anfang machen sollte: sein eigenes Betriebssystem zu hinterfragen. In welchen Märkten sind wir? Was erfordern diese Märkte für Betriebssysteme? Auf der anderen Seite: Wenn ich

in einem Markt bin, der zu 100 Prozent klar ist, wo es um Kosten, Compliance und Effizienz geht, dann muss ich nicht in diesem Markt mit einem völlig agilen System agieren. Diese Frage der Markt- und Kundenseite zu stellen, ist wichtig, und bitte schön der ganzen Organisation, nicht nur dem Top-Management. Das ist immer die erste Frage. Die zweite Frage ist: Wie wollen Mitarbeiter arbeiten? Es ist nicht so oder so, sondern es ist vielseitig. Und dann zu fragen: Okay, decken wir all diese Bedürfnisse ab? Ich muss es ja auch nicht jedem recht machen, aber es gibt wahrscheinlich verschiedene Cluster. Und haben wir dann dazu auch die richtigen Möglichkeiten im Unternehmen? Mut und Experimentierfreude sind wichtig, denn egal wie viel man liest – man muss es danach anwenden, den Weg gehen und lernen, was machbar ist. Dann muss das ganze Vorhaben eine gewisse Zeit laufen und nicht zu schnell beendet werden. Sonst ist die Gefahr groß, dass man sofort wieder bei null ist. In dieser Zeit erfordert es viel Größe, das zu hinterfragen und Dinge wieder zurückzunehmen, die nicht funktioniert haben.

*Nennen Sie mir eine Situation, in der Sie gedacht haben, dass das Konzept gefruchtet hat.*

Leila Horsten: Wir haben wie alle Unternehmen früher den Fehler gemacht, die besten Fachkräfte in Führungspositionen einzusetzen. Nach der Umstellung haben genau diese Profis gesagt, dass sie eine alte Software anpacken und auf Vordermann bringen wollen. In dieser Situation haben unsere Mitarbeiter wie Entrepreneure gedacht.

*Jetzt haben Sie ja einiges darüber erzählt, wie das intern bei Ihnen ist. Das heißt, der Fokus von Energie und Ressourcen ist ja doch schon weit nach innen gerichtet. Gibt es auch Kritik von anderen Unternehmen, die sagen, sie hätten gar nicht die Zeit, ihren Fokus so intensiv nach innen zu richten?*

Marc Stoffel: Logisch, wir richten die Energie tatsächlich nach innen. Wenn man mit Mitarbeitern und einem Betriebssystem arbeitet, das viele verschiedene Organisationsformen und Führungsstile vereint, fokussiert man sich zunächst nach innen, aus einem Grund: um den Fokus nach außen zu legen. Es ist ein absoluter Irrglaube, dass ein hierarchisches System nach außen gerichtet ist. Total wichtig! Wir

wollen ein agiles, dynamisches System schaffen, sodass wir unglaublich nach außen gerichtet sind. Dass der Kunde, der Markt uns steuert und nicht die Hierarchie. Das ist ganz wichtig. Aber das passiert
nicht einfach so. Ich kann nicht als Chef ins Silicon Valley gehen und
sagen: Okay, jetzt probieren wir das! Sondern ich muss grundsätzlich an meinem Betriebssystem arbeiten, und das kostet Energie und
Zeit, klar.

Die neue Form der Zusammenarbeit auf Zeit entspricht einer Zel-
lenformation. Mehrere Zellen in einem Unternehmen formen ein
Zellstruktur-Netzwerk. Menschen in den jeweiligen Zellen arbeiten
vernetzt und funktional integriert – unabhängig von Hierarchien.
Aufgrund der Freiwilligkeit haben alle Lust, sich gegenseitig zu unterstützen und miteinander dem gemeinsamen Ziel entgegenzuarbeiten.
Das heißt: Die Zellen organisieren sich selbst. Jeder trägt Verantwortung. Und das will gelernt sein.

*Sie haben die ganze Zeit davon gesprochen, dass man auf der Mit-
arbeiterebene andere, neue Kompetenzen lernen muss. Wie setzen
Sie das dann um?*

**Marc Stoffel:** Noch nicht optimal, muss ich ehrlich sagen. Wir haben
gelernt: Eine Entwicklung des Betriebssystems (wie wir es nennen),
zum Beispiel der Wandel von einer klassisch-hierarchischen Struktur
zu einer agilen, selbstorganisierten geht nicht ohne die Entwicklung
der Selbstkompetenz aller Mitarbeiter, inklusive der Führungskräfte.
Das haben wir zu spät erkannt: Wer bin ich und was will ich? Und ein
Stück weit auch, so blöd es klingt, im Einklang sein mit sich selbst.
Sobald das nicht der Fall ist, geht es um Eigeninteressen versus
Unternehmensinteressen, und das killt jede Selbstorganisation. Also
halten wir uns immer wieder den Spiegel vors Gesicht – in Manage-
ment-Meetings, mit unserer Feedbackkultur. Wir sind vielleicht zu
naiv an das Thema herangegangen, haben gedacht, Selbstorganisation funktioniert in der Natur, da kann man zum Beispiel auch Delfin-
schwärme anschauen, die können das ja auch. Da baut man was
auf, es gibt Spielregeln, ein Ziel, und dann geht das schon. Aber wir
Menschen sind noch nicht so konditioniert – wir brauchen gewisse
Rituale, die uns helfen zusammenzuarbeiten. Auch das üben wir.

Strukturen innerhalb der Teams entstehen informell, basierend auf der sozialen Dynamik. Derjenige führt, der die höchste Motivation, die meiste Kompetenz und den besten Durchblick mitbringt. Wobei sich diese informelle Führung innerhalb eines Projekts oder von Projekt zu Projekt ändern kann. Lange Dienstwege gibt es nicht. Wertschöpfung resultiert aus der Teamleistung, nicht einer Einzelleistung. Und die Qualität der Wertschöpfung basiert auf einer direkten Interaktion mit dem Markt. Einzelne Zellen stehen dazu im direkten Austausch mit Kunden. Lernen ist dadurch unmittelbar möglich.

Die Kommunikation zwischen den Zellen findet direkt und auf Augenhöhe statt. Ohne Anweisung und Kontrolle von oben. Das heißt: Die Entscheidungsmacht ist dezentralisiert. Und Entscheidungen können dadurch auch direkt gegenüber dem Kunden getroffen werden. Eine innere Ebene an Zellenformationen unterstützt periphere Zellen mit Dienstleistungen, die diese Zellen nicht selbst erbringen können. Zentrale Zellen fungieren demnach als interne Dienstleister und nicht als zentrale Herrscher und Kontrolleure.[66] So der Charakter einer reinen Netzwerkorganisation.

## DIE KLEINE WELT

Wir alle kennen das Phänomen: Oft trifft man Menschen dort wieder, wo man es wirklich nicht erwartet hätte. Dadurch kommt das Gefühl auf, man kenne »die halbe Welt«. Soziologisch betrachtet, greift hier das »Phänomen der kleinen Welt«, das von dem US-amerikanischen Psychologen Stanley Milgram im Jahr 1967 geprägt und benannt wurde. Und zwar beschreibt das Phänomen die große Vernetzung von Menschen weltweit durch soziale Netzwerke – mathematisch ausgedrückt besteht es aus Knoten (= Menschen), Kanten (= Schnittmengen in der Vernetzung) und Graden (= Vernetzung). 2008 bekam die Diskussion um das Phänomen der kleinen Welt Aufwind, als die beiden Wissenschaftler Jure Lesovec und Eric Horvitz des IT-Riesen Microsoft eine Studie dazu veröffentlichten. Es handelt sich um eine empirische Untersuchung über das Phänomen auf Basis von Nutzern des Microsoft-Messengers.[67]

**Soziale Vernetzung in der modernen Gesellschaft – das Kleine-Welt-Phänomen kennt jeder.**

Die Analyse umfasste 240 Millionen Menschen und 30 Milliarden Nachrichten. Angeblich seien die Botschaften anonymisiert gewesen. Für die Wissenschaftler bedeutende Daten waren IP-Adresse, Alter, Geschlecht, Ort und Sprache. Ein Knoten hieß in diesem Fall jeder Nutzer, der im Monat mindestens einmal über den Messenger agiert hat. Eine Kante war die Kommunikation zwischen zwei Nutzern. Und so kamen Leskovec und Horvitz auf 180 Millionen Knoten mit 9,1 Milliarden Kanten. Jeder analysierte Nutzer hatte im Durchschnitt also 50 Kontakte in seiner Liste. Das Ergebnis: Zwei Personen sind laut Microsoft 6,6 Grade voneinander getrennt gewesen. 48 Prozent der Beziehungen erfolgten über sechs Grade. Diese Studie hat gezeigt, dass Stanleys Idee der kleinen Welt berechtigterweise so berühmt geworden ist. Es gibt sie: vom Gefühl her und bewiesenermaßen.

**Ein intelligenter Ansatz für große Unternehmen**

Lauter kleine Netzwerke bestehend aus 300 Multiplikatoren aufbauen:
- reduziert Anonymität, schafft Verbindlichkeit und erhöht die Dynamik.
- Dadurch ist mehr Selbstbestimmung, Miteinander, Motivation und Begeisterung auf Mitarbeiterebene möglich.

Baut man 200 solcher Netzwerke auf, erhöht man dadurch automatisch die
- Schnittmenge und die Vernetzungsdichte:
- Das Kleine-Welt-Phänomen hält Einzug in große Unternehmenswelten.

Erfolgreiche Unternehmen von heute nutzen die für sie besten Eigenschaften beider Betriebssysteme, (top-down und Netzwerk), um Funktionsoptimierung und Innovation, aber auch Chaos zuzulassen.

Eine gute Metapher für die beiden Betriebssysteme ist unser **Gehirn mit seinen zwei Gehirnhälften** (Abb. S. 117). Die rechte Gehirnhälfte steht für ein riesiges Netzwerk an Emotionalitäten, Erfahrungen und Erlebnissen. Wer einen guten Zugriff auf dieses System hat, denkt in »Sowohl-als-auch«-Optionen, beruft sich auf seine Intuition und sein Bauchgefühl, ist empathisch und arbeitet kreativ. Die linke Gehirnhälfte wiederum steht für analytisches und rationales Denken. Ist dieses System getriggert, können wir zwar gut mit Zahlen, Daten und Fakten umgehen, aber nur in einem »Entweder-oder«-Raster denken. Mit Vielfalt, Diversity und Multioptionalität ist dieses System echt überfordert. Während also die rechte Gehirnhälfte sehr gut mit Komplexität umgehen kann, stößt die linke Gehirnhälfte beim rationalen Verstehen von Komplexität an seine Grenzen. Das zeigt, dass unser Gehirn uns eine optimale Antwort auf die wachsende Dynamik und Komplexität liefert: zwei Betriebssysteme gleichzeitig anzuwenden und eine Vernetzung beider Systeme zuzulassen. Suchen Sie vermehrt nach Sowohl-als-auch Lösungen, bei denen beide Betriebssysteme Hand in Hand funktionieren.

# DAS DILEMMA DER EFFIZIENZINNOVATION

## Wir sind Meister in Effizienzinnovationen ...

Wir stecken im Dilemma der Effizienzinnovation (schöner Begriff, den ich so zum ersten Mal bei Thomas Sattelberger gelesen habe): mehr IT, mehr Prozessoptimierung, mehr Kostensenkungen, mehr Regeln. Wir konzentrieren uns in Bezug auf Kreativität immer noch zu sehr nach innen statt nach außen: also auf die Optimierung von Bestehendem statt auf die **Schaffung von Innovationen**. Unternehmen und Chefs versuchen in bisher gut funktionierende Verhaltensweisen noch mehr Kraft zu investieren, statt sich auf eine (radikale) Veränderung einzulassen. Das nimmt Mitarbeitern die Luft zum Atmen. Die Folge: Sie reagieren aus Notwehr mit Regelmissbrauch und Verweigerung der Gefolgschaft.

Fliegt auf, dass sich Menschen im Unternehmen gegen starre Regeln auflehnen, wollen Chefs meist gegensteuern, managen. Und zwar mit noch mehr Regeln, intensiveren Zielvereinbarungsgesprächen und süßerem Zuckerbrot oder härteren Peitschenschlägen. Völlig paradox! Denn was versucht wird, ist, die Symptome – also das Verhalten der Mitarbeiter – mit den eigentlichen Ursachen der Problematik in den Griff zu kriegen. Die Folge: noch mehr Demotivation, noch mehr innere Kündigung, noch mehr Trotzreaktionen, noch mehr Krankheitsfälle und Fehltage, hohe Fluktuationsrate, Innovationsstau und was da sonst noch so alles dazugehört. Einer meiner Kollegen hat mal gesagt: »Unternehmen sind häufig die größten Motivationskiller

Unser Gehirn als Metapher für die beiden Betriebssysteme: top-down versus Netzwerk.

von Menschen.« Recht hat er. Und um
an der Überflutung an Effizienzinnovationen nicht zu ersticken, bauen Menschen
in Unternehmen Seilschaften und inoffi-
zielle Netzwerke auf, um über den – wie

man so schön sagt – »kleinen Dienstweg« zu agieren und Probleme zu
lösen. Die vernünftigste Lösung in der wachsenden Unvernunft. Was
wir also brauchen, sind weniger Effizienzinnovationen, und viel mehr
gesunder Menschenverstand.

Das Streben nach noch mehr Effizienz birgt eine weitere Gefahr in
sich: die **blinde Kostensenkung**, ein klassisches Vorgehen vieler Unternehmen. Sobald die Gewinne zu gering ausfallen und sich die Preise eigener Produkte und Dienstleistungen nicht mehr steigern lassen, steht
alles auf Sparflamme. Leider wird dabei oft versucht, bei der Ressour-
ce »Mensch« anzusetzen. Entweder durch Personalabbau, Reduzie-
rung auf Teilzeitstellen oder durch Streichung von Weiterbildungsmaßnahmen und Arbeitswerkzeugen, die die Mitarbeiter bräuchten,
um gute Arbeit zu leisten. Erst kürzlich klagten Mitarbeiter eines
Großunternehmens in einer gemeinsamen Veranstaltung über die Ar-
beitsbedingungen: Auf der einen Seite werde unheimlich viel Druck
ausgeübt, Deadlines werden immer enger gesetzt und die Umsetzung
mit weniger Personal eingefordert. Gleichzeitig aber fehlen den Mitarbeitern die nötigen Arbeitsmittel, um die Aufgaben gut umsetzen zu
können. Statt sich, wie früher, zu zweit ein Gerät zu teilen, müssen
sich nun mehrere Mitarbeiter auf zwei unterschiedlichen Etagen die
Geräte teilen. Das führt dann häufiger mal zu Nutzungsstau. »Und
das Problem dabei«, so einer der Mitarbeiter, »ist, dass die Führungskräfte, die noch nie selbst diese Prozesse durchlebt haben, gar keine
Ahnung davon haben, wie es bei uns an den Maschinen abgeht und
wie unrealistisch die Zielvorgaben eigentlich sind.« Und statt auf der
Ursachenebene anzusetzen, wurden die Mitarbeiter in ein Konflikt-
löseseminar geschickt.

Auf dem Schema der Funktionsoptimierung basierende Verände-
rungsprozesse verlaufen immer nach folgender Kurve: Anfangs
kommt es zu großen Verbesserungen. Danach entsteht eine Sätti-

Marktwerte im Vergleich – Dax-Unternehmen versus »Große Vier«:
Vergleicht man die »Großen Vier« Google, Apple, Amazon und Facebook mit den
DAX-Unternehmen, erzeugen Erstere größere Marktwerte.

gung, ähnlich wie beim Sport: Wer Muskeln aufbaut oder seine Ausdauer verbessert, erzielt riesige Anfangserfolge. Dann tritt irgendwann der »Deckeneffekt« ein. Um ähnliche Erfolge zu erzielen, müssen immer mehr Kraft und Anstrengung investiert werden. Menschen werden ausgelaugt, Burnout und Herz-Kreislauf-Erkrankungen häufen sich. Mitarbeiter arbeiten sich krank – und Chefs sind trotzdem noch nicht zufrieden, weil ihre überdimensional hoch gesteckten Abteilungsziele nicht erreicht sind. Wir müssen erkennen und verstehen, dass das alte Muster an seine Grenzen stößt. Viele junge Leute tun das intuitiv. Sie haben keine Lust, im gleichen Hamsterrad zu rennen wie ihre Eltern. Sie wollen nicht ihre Gesundheit für die Arbeit opfern. Für sie ist Arbeitszeit gleich Lebenszeit.

Wir brauchen ab und an einen Musterwechsel (Abb. S. 119).[69] Denn wer als Unternehmen auf der Welle des Wandels mitschwimmen oder ihr vorausschwimmen möchte, muss der globalen »Copy & Paste«- und »Best-practice«-Mentalität entkommen. Deshalb hört auf, euch über die Generation Y zu beschweren, ihr zu misstrauen, und fangt an, sie ernst zu nehmen! Die Generation Y bricht Muster. Mark Zuckerbergs Facebook-Imperium, Kevin Systrom mit Instagram, die Gründer der Sport-App Runtastic, Uber, Tesla – die Liste der Beispiele erfolgreicher Generation-Y-Konzepte ist lang.

## ... und Lehrlinge disruptiver Innovationen

Was wir brauchen, ist ein neues, offenes und vernetztes Denken, (mehr) Freiräume für Kreativität und Experimentierfreude, branchenübergreifendes Denken, Kooperationen und Netzwerke, den

Aufbau branchenübergreifender Wertschöpfungsketten, einen stärkeren Fokus auf Kundennähe und Stakeholder-Interessen, Mut zur Selbstkannibalisierung und möglicherweise auch eine Zusammenarbeit mit Start-ups oder Forschungseinrichtungen.

»Der Wandel vom digitalen ›Nachzügler‹ zum Treiber kann durch eine […] aktive Einbindung der jüngeren Generation herbeigeführt werden.«[70] Der neuen Generation des Homo digitalis – vernetzt, sozial, flexibel, mobil. Spannend in diesem Zusammenhang könnte ein »Reverse Mentoring« sein, bei dem junge Mitarbeiter mit einem bestimmten Auftrag in die Rolle des Mentors schlüpfen und einen älteren Mitarbeiter in die Gedanken- und Handlungswelt der Homo digitalis mitnehmen. Aufträge könnten sein, aufzuzeigen, wie die Kundenpflege über das Web 2.0 funktioniert, was digitale Selbstaufschaukelungseffekte sind, wie ein Shitstorm verläuft, wie junge Menschen sich vernetzen und austauschen, wie sie Wissen und Ideen online generieren und teilen, wie junge Menschen zusammenarbeiten und an Ideen arbeiten – hierzu bietet sich beispielsweise auch ein **Gruppen-Mentoring** an: Junge Menschen arbeiten gemeinsam an Ideen sowie deren Umsetzung und ältere Mentees fungieren als Beobachter oder Impulsgeber in Bezug auf Erfahrungswissen. Eine andere Form

**Konkrete Tipps für mehr Innovationsfähigkeit**

- Fördern Sie Innovationslenker, denn die schaffen ein Umfeld, in dem Innovationen entstehen können.
- Ermöglichen Sie eine freie Auseinandersetzung in gemischten Gruppen. Berücksichtigen Sie dabei die für die Kunden relevanten Interessensvertreter.
- Äußern Sie Ihre Erwartungen an die Teams: bezogen auf den Prozess und das Ergebnis. Geben Sie keine Lösungen selbst vor.
- Definieren Sie mit den Teams ein gemeinsames Ziel, gemeinsame Werte und gemeinsame Regeln der Zusammenarbeit. Halten Sie diese dann in einem gemeinsamen Manifest fest.
- Stellen Sie bewusst richtungsweisende Fragen, statt eine Richtung selbst vorzugeben. So bringen Sie Ihre Teams dazu, eigenständig zu denken, und behalten die Zügel selbst noch in der Hand.
- Setzen Sie in der neuen Teamarbeit bewusst auf Regelbrüche: Ändern Sie die Räumlichkeiten, lassen Sie die Teilnehmer im Stehen arbeiten, lassen Sie Menschen miteinander arbeiten, die vorher selten bis keine Berührungspunkte hatten.
- Ermuntern Sie die Teams dazu, sich mutige Ziele zu setzen, wobei der Blick für das große Ganze und die Praktikabilität nicht verlorengehen darf.
- Lassen Sie Ihre Teams Ideen schnell nach der Methode »Versuch und Irrtum« testen und fordern Sie weitere solcher iterativen Feedbackschleifen ein, bis eine Lösung gefunden ist.
- Überprüfen Sie alle drei Monate die Zusammensetzung der Teams: Passt diese? Müssen Interessensvertreter hinzugeholt werden? Oder sind welche überflüssig?

des Gruppen-Mentoring könnte auch ein Wochenprojekt in der Zusammenarbeit mit einem jungen Start-up sein.

## BEITRAG AUS DEM BLOG VON DR. HOLGER SCHMIDT »NETZÖKONOM«[71]

Digitale »Disrupter« breiten sich seit circa vier Jahren auch im analogen Bereich mit Hardware-Innovationen aus. Damit erhöhen Internet-Firmen deutlich den Druck auf traditionelle Branchen und Unternehmen. Fast immer lässt sich der Ansatz von erfolgreichen Tech-Firmen auf drei Aspekte zurückführen: Ihr Produkt war für die Kunden bequemer, es sparte Zeit und / oder Geld. Das klingt simpel, erklärt aber weitgehend, warum Google, Amazon, Booking.com, WhatsApp, myTaxi oder Uber erfolgreich sind.

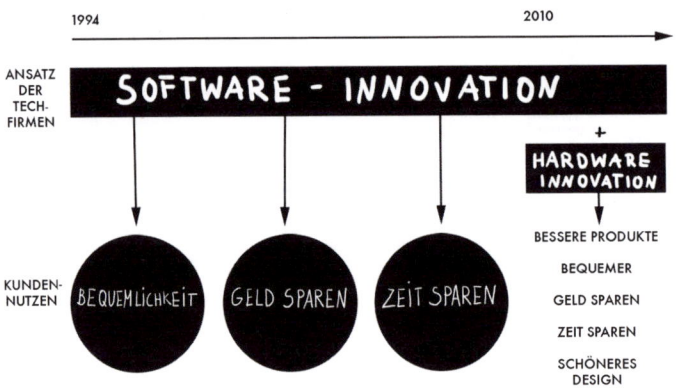

Wie Tech-Firmen traditionelle Sektoren »disrupten«.

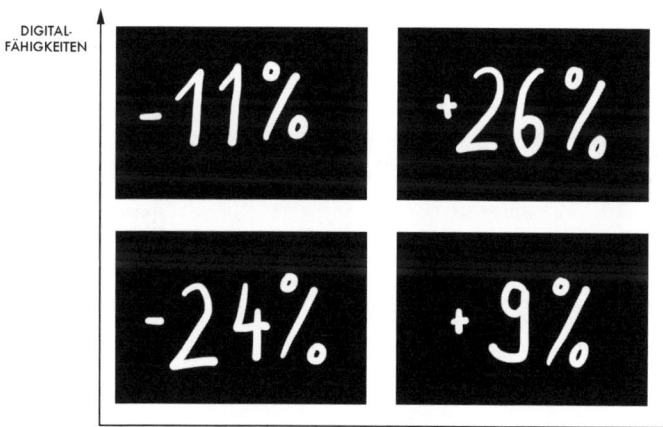

DIGITAL-
FÄHIGKEITEN

MODEBEWUSSTE

DiGiTALE MEiSTER

ANFÄNGER

KONSERVATIVE

FÜHRUNGSFÄHIGKEITEN

Die vier Stufen der digitalen Meisterschaft (Quelle: MIT Sloan / Cap Gemini).

DIGITAL-
FÄHIGKEITEN

-11%

+26%

-24%

+9%

FÜHRUNGSFÄHIGKEITEN

Profitabilität (EBIT-Marge): Nur die digitalen Meister erzielen erheblich mehr Gewinn
als ihre Peer-Group.

In einer Untersuchung vom MIT Sloan und Cap Gemini wurden die Faktoren für erfolgreiche Unternehmen ermittelt. Danach sind heute Digitalfähigkeiten und die Managementqualität für den Erfolg des Unternehmens (Umsatz, Gewinn) verantwortlich. Je nach Ausprägung dieser beiden Kriterien lassen sich vier Stufen zur digitalen Meisterschaft definieren:

- **Anfänger,** die weder besondere digitale noch Führungsfähigkeiten haben
- **Modebewusste,** die zwar jeden Digitaltrend mitmachen, aber daraus nicht das Kapital schlagen können, weil das Unternehmen weiterhin schlecht geführt ist
- **Konservative,** die eine Digitalisierung nicht mitmachen, aber ansonsten ein gutes Management haben
- **Digitale Meister,** die gut geführt sind und die Digitalisierung konsequent vorantreiben

Den höchsten Anteil »digitaler Meister« weist die Hightech-Branche auf, obwohl die »Disrupter« wie Google oder Amazon in der internationalen Untersuchung bewusst nicht erfasst wurden. Auch Banken und Versicherer weisen schon einen hohen Anteil weitgehend digitalisierter Unternehmen auf, auch wenn dies in Deutschland bisher nur in Ansätzen wie bei der Deutschen Bank und der Allianz zu beobachten ist. Die Reisebranche, die Telekommunikationsbranche und der Handel, die unter den neuen Anbietern aus dem Netz (Booking. com, WhatsApp, Amazon) besonders leiden, befinden sich nur im Mittelfeld und laufen ihren Angreifern hinterher. Digitale Meister sind in den Branchen Konsumgüter, Energieversorger und Pharma bisher kaum zu finden; diese Unternehmen werden sich wohl auch erst bewegen, wenn neue Wettbewerber in Sicht kommen. Die Strategie ist allerdings gefährlich, denn bei den Energieversorgern sind die Angreifer wie Nest oder Tado schon sehr gut zu sehen.

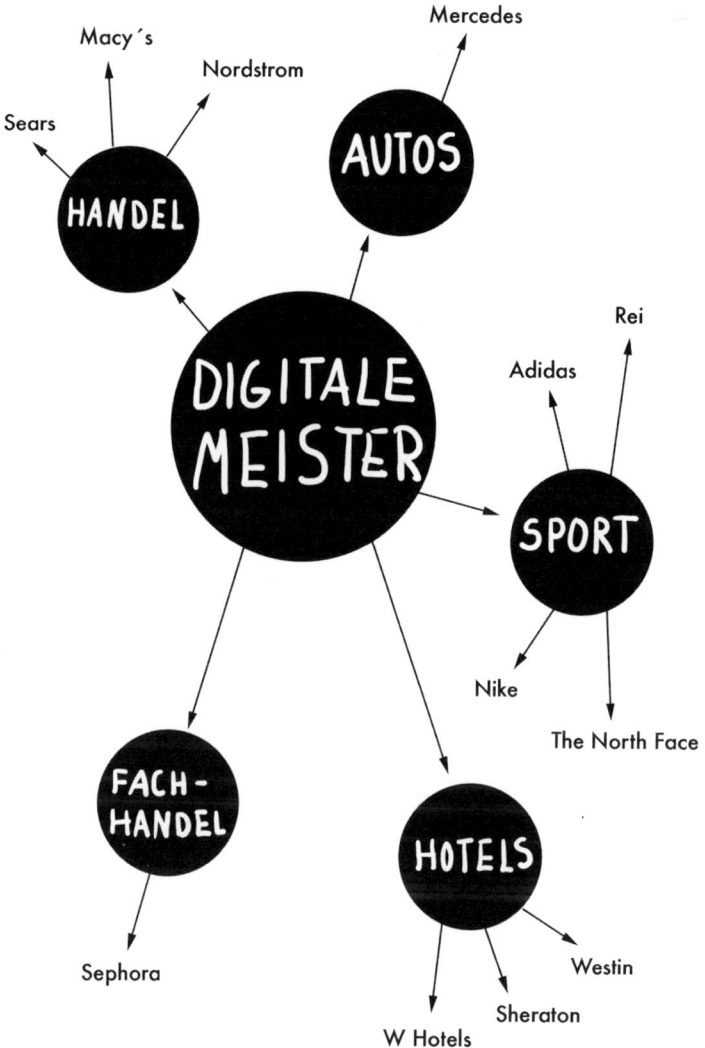

Die digitalen Meister – »digital IQ« (Schwerpunkt USA).

# FAZIT: MEHR ZUSAMMEN ALS GETEILT

F est steht also: Wir brauchen mehr Zusammenarbeit als geteilte Arbeit dank Abteilungsdenke. Um für die Veränderung in der Arbeitswelt gewappnet zu sein, reicht es demnach nicht aus, alte Methoden zu optimieren. Wir müssen uns trauen, neue Wege auszuprobieren. Neue Wege, die dazu führen, sich auch innerhalb der Unternehmensmauer mehr und schnell auf VUKA-Realitäten einstellen zu können.

Wissensarbeit und Innovation entstehen nicht mehr in Abteilungen, sondern **abteilungsübergreifend** – in der gesamten Organisation. Die Qualität von innovativer Leistung ist demnach von Menschen und ihren Möglichkeiten der Zusammenarbeit abhängig (kollektive Intuition). Das Architekturbüro Gensler mit Hauptsitz in San Francisco hat 2008 eine Umfrage zur Arbeitsplatzgestaltung durchgeführt und festgestellt, dass wir Menschen – je nach Projektsituation – in vier unterschiedlichen Arbeitsmodi arbeiten, die auf unterschiedliche Raumkonzepte angewiesen sind: Focus, Collaborate, Learn, Socialize.[72]

**Focus:** Fokussierte und konzentrierte Arbeit wie Recherche, Konzeption oder Nachdenken, die meistens individuell stattfindet. Hierfür sind Rückzugsmöglichkeiten von zentraler Bedeutung. Im Schnitt verbringen Menschen 48 Prozent ihrer Arbeitszeit in fokussiertem und konzentriertem Abarbeiten von Aufgaben und Projekten.

**Collaborate:** Zusammenarbeit zu zweit oder in kleinen Gruppen, um Ziele zu erreichen. In der Zusammenarbeit werden Wissen und Informationen geteilt, diskutiert, es wird zugehört und gebrainstormt. Im Schnitt verbringen Menschen 32 Prozent ihrer Arbeitszeit in gemeinsamen Projekten.

**Learn:** Aufnahme, Verarbeitung und Weitergabe von Wissen und Erfahrungen, Problemlösung, Forschung, Entdeckung und Reflexion. Im Schnitt verbringen Menschen nur 6 Prozent ihrer Arbeitszeit beim aktiven Lernen.

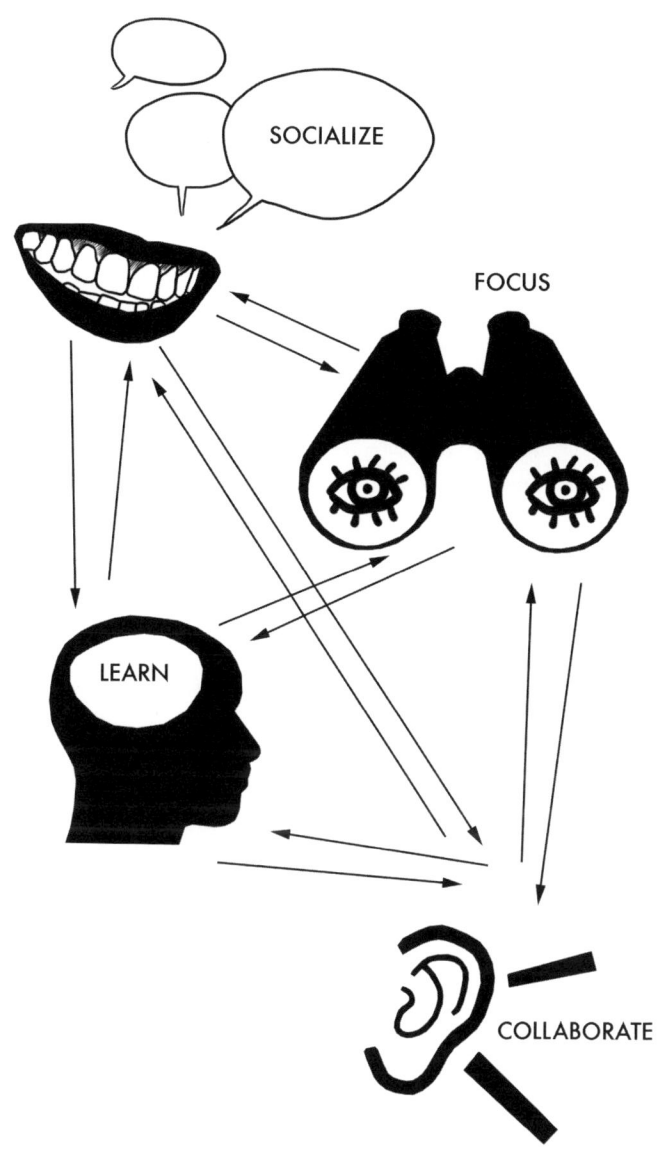

Vier unterschiedliche Arbeitsmodi: Socialize, Focus, Learn, Collaborate.

»Es sind Rulebreaker, die den Fortschritt unserer Welt treiben.«

**Jánszky & Jenzowsky**

Einen interessanten Vortrag hierzu hat der Bundesligatrainer Thomas Tuchel gehalten: »Der Fußball-Rulebreaker: Wie Leistungssportler das Vergessen lernen«. Zu finden ist dieser knapp 30-minütige Vortrag auf der Thinktank-Plattform 2b.AHEAD, Deutschlands innovativste Denkfabrik.

### Scrum

… ist ein schlankes Rahmenwerk, um Arbeit effizienter und effektiver zu organisieren. Häufig wird diese Methode in Softwareunternehmen angewandt.

### Design Thinking

… ist eine Methode, um neue Ideen zu generieren und zu sammeln. Dazu stützt sich Design Thinking auf ein iteratives Vorgehen aus Prototyping, Testphase und Anpassung / Optimierung. Als Ergebnis der Testphase erfolgt eine Stärken- und Schwächen-Analyse, die in der Anpassungs- und Optimierungsphase zu einer Weiterentwicklung von Lösungen und Verbesserungspotenzialen führt.

Weitere Informationen zu den Methoden finden Sie unter www.steffiburkhart.de/DieSpinnen

**Socialize:** Zusammenarbeit, in denen Ideen und Neuigkeiten informell ausgetauscht werden, die dazu dient, gemeinsame Werte zu schaffen, eine kollektive Identität und produktive Beziehungen aufzubauen. Im Schnitt verbringen Menschen nur 6 Prozent ihrer Arbeitszeit in sozialen Aktivitäten.

Erfolg in einer Wissensgesellschaft bedeutet: unterschiedliches Arbeiten zuzulassen und zu fördern! Die Studie von Gensler hat ergeben, dass Mitarbeiter in High-Performance-Unternehmen mehr Zeit in der Zusammenarbeit und mit Lernen verbringen. In Mittelmaßunternehmen verbringen Mitarbeiter hingegen mehr Zeit mit konzentrierter individueller Arbeit in Einzelbüros. Ein optimales Rezept für die Gestaltung neuer Raumkonzepte gibt es dabei nicht. Es ist höchst individuell. Wobei nach Gensler alle vier entsprechenden Raumkonzepte in eine Organisation integriert werden sollten, um Mitarbeitern die Rahmenbedingungen zu schaffen, optimale Leistung abrufen zu können.

Auch die Form von **Arbeit** hat sich **in der Wissensgesellschaft** verändert: weg von algorithmischer Routinearbeit hin zu mehr **heuristischer Kreativarbeit**. Denn Arbeit wird zunehmend komplexer, gestaltbar und abwechslungsreich. Arbeit im 21. Jahrhundert zielt weniger auf eine Massenproduktion, sondern vielmehr auf eine schnelle, kreative und kundenzentrierte Problemlösung hin. Demnach brauchen wir neue Arbeitsmethoden, die modernen Anforderungen gerecht werden. Hierzu zählen agile Projektmanagementmethoden wie Scrum oder Design Thinking. #KompetenzenDerWissensgesellschaft

# EXKURSION:
# DIE MISERABLE GRÜNDERKULTUR

Was ein Halligalli – bei dem Berliner Start-up GoButler war dieses
Jahr einiges los. Erst holte sich Gründer Navid Hadzaad Anfang 2015
Pro-Sieben-Star Joko Winterscheidt als Investor ins Boot, nur wenige
Monate später zog er samt Hauptsitz nach New York und gewann
Hollywood-Sternchen Ashton Kutcher für sich. GoButler hat ein ein-
faches Geschäftsmodell: Der Kunde schreibt eine SMS, beispielsweise
dass er in den nächsten zwei Stunden spontan nach Timbuktu fliegen
möchte, und GoButler bucht es für ihn. Concierge-Service 4.0. Das
kommt an: In der ersten Finanzierungsrunde nach der Beta-Phase
bekommen die Gründer acht Millionen Dollar Venture Capital, auf
Deutsch: **Risikokapital.**

Für ein Start-up ist es immer riskant, Anteile an große Investoren zu
verkaufen. Die Kontrolle obliegt dann nicht mehr nur den Gründern,
sie müssen sich rechtfertigen und schneller wachsen – viel Geld, viel
Leistung. So in etwa funktioniert in den meisten Fällen Risikokapital.
Und das sei genau der richtige Weg, sagt Unternehmensgründer Philipp Ghadri. Dabei unterscheidet man grundsätzlich zwei verschiedene Kapitalarten. Das Risikokapital zum einen und das Eigenkapital
zum anderen. Letzteres kommt anfangs meist von Family & Friends,
nach dem Proof of Concept im Idealfall von einem Business Angel
oder einer kleiner Private-Equity-Firma.

Das Unternehmen muss nach den ersten kleinen Finanzierungsrun-
den zeigen, wie sich das Geschäftsmodell am Markt durchsetzt und
ob es in der Lage bleibt, innovative Produkte zu entwickeln oder
international neue Märkte zu besetzen. In dieser Zeit verdient das
Unternehmen kein Geld, sondern muss laufend mit frischem Kapital
unterstützt werden.

In einem weiteren Schritt bereitet sich das Unternehmen darauf vor,
Aktien an einen größeren Kreis von Investoren zu verkaufen. Dieser
entscheidende Schritt an die Börse heißt IPO (initial public offering)

oder **Börsengang**. Das Unternehmen generiert über eine Kapitalerhöhung frisches Kapital von mehreren Tausend neuen Investoren, das es ebenfalls wieder für Wachstum einsetzt. Es entwickeln sich Unternehmen wie Google, Facebook und Tausende andere, die es ohne den US-Börsenprimus NASDAQ nicht gäbe.

Das Blöde ist nur, dass es diese eigenkapitalfinanzierte Gründerkultur mit der Perspektive Börsengang in Deutschland nicht gibt (abgesehen von ein paar Ausnahmen). Anstatt in Deutschland groß zu werden und dann an der Börse Frankfurt gelistet zu werden, wandern kluge Gründer dahin, wo es einen etablierten, riksikoaffinen und innovationsgetriebenen Kapitalmarkt gibt – also in die USA. Nehmen wir mal den August 2015. Es ist heiß draußen, Ferienzeit. Banker und Aufsichtsräte sitzen in Saint Tropez und schlürfen Moët. An der deutschen Börse tut sich nichts. An der NASDAQ werden alleine in der ersten Augustwoche Hunderte von Millionenbeträgen hin und her geschoben. Und das nicht nur von großen Firmen. Mit 21 Mitarbeitern wollte Aimmune Therapeutics (forscht im Bereich von Nahrungsmittelallergien an innovativen Stoffen zur Desensibilisierung) 153 Millionen Dollar einsammeln.

Der heutige Wahl-Kölner Philipp Ghadri führte sein Unternehmen an die NY Stock Exchange und arbeitete lange Jahre als Vorstand für eine Private-Equity-Boutique in Wien. Nicht sein erstes Geschäft: Vor mehr als zehn Jahren hatte er den Energy Drink RUSHH und die Mutterfirma PriLabs Inc. auf den Weg in die amerikanische Unternehmerwelt gebracht. Und er hatte damit Erfolg: 40 Millionen Dosen pro Jahr wurden weltweit verkauft, vorwiegend in den USA. »In den USA kommt es bei einem Start-up auf die Innovation an«, sagt Ghadri. »In Deutschland hingegen achten alle auf Perfektionismus. Es darf bloß nichts schiefgehen. Das ist wohl die schlechteste Art, eine junge Firma zum Erfolg zu führen.« Die USA sind ein innovationsgetriebener Markt, der – und das belegen alle Studien – auch einmal Rückschläge sehr gut verkraften kann. Man erholt sich durch die Innovationsstärke immer wieder von Rezessionen und Übertreibungen an den Märkten.

Ein weiteres Problem in Deutschland ist, dass wir hier im Land der Häuslebauer **an Kredite gewöhnt** sind. Es ist üblich, dass auch Unternehmer sich Geld leihen – ob über einen KfW-Kredit oder von der Hausbank, wichtig dabei ist der volle Einsatz von Sicherheiten. Das schadet einer Gründerkultur massiv, denn wenn etwas schiefgeht, sind Geld, der gute Ruf und die Sicherheit weg. Da neu gegründeten Unternehmen meistens in den ersten 24 Monaten das Geld ausgeht, kann man eigentlich niemandem ohne größere Kapitalpolster guten Gewissens raten, ein Unternehmen in Deutschland zu gründen. Das ist ein echtes Dilemma.

Konkret haben wir also zwei gravierende Probleme: erstens keinen Start-up-Kapitalmarkt mit eigenem Börsensegment und zweitens keine gründerfreundlichen Finanzierungsmöglichkeiten.

Schuld daran ist die **Politik** hierzulande. Siegmar Gabriel zum Beispiel schrieb zwar in den Koalitionsvertrag, dass er ein NASDAQ-ähnliches Börsensegment haben will, damit deutsche Tech-Unternehmen sich auf dem deutschen Kapitalmarkt Geld holen können. Passiert ist bislang aber rein gar nichts. Die Deutsche Börse als Aktienmarktplatz macht derzeit dabei auch eine schlechte Figur. Anstatt genau so ein Segment zu etablieren, half sie chinesischen Unternehmen dabei, sich in Deutschland Geld über den Kapitalmarkt zu holen. Meist viele Millionen, die 1 : 1 nach China flossen oder manchmal sogar einfach in die Taschen der Gründer.

»Es gibt an der Deutschen Börse niemanden, der sich genau mit dem Thema professionell beschäftigt«, sagt Ghadri. »Und die Banken?«

Nach der Rettung von zahlreichen Geldhäusern in den vergangenen Jahren und dem Scheitern fast aller Bankenmodelle sollte die Politik doch zumindest Druck auf die Verantwortlichen machen, Gründer und Gründerinnen zu unterstützen und mit ihnen zusammen Unternehmen auf die Beine zu stellen. Es passiert meist genau das Gegenteil. »Sehr schade«, meint Ghadri.

Ohne die Möglichkeit, dass sich die Unternehmen an einer Technologie- und Wachstumsbörse listen lassen, wird es in Deutschland keine Sogwirkung geben, keine Wunderunternehmen wie Facebook, Amazon, Alibaba, Ebay und Co. Demnach könnte es durchaus passieren, dass Deutschland bei Gründern und Investoren aus aller Welt hinter Israel oder einen Stadtstaat wie Singapur fallen wird. Für eines der größten und reichsten Länder der Welt ist das ein Armutszeugnis und völliges Versagen der handelnden Personen.

Dabei haben wir doch Berlin, Berlin, Berlin: Als die Finanzkrise überstanden war, gab es einen **Gründungsaufschwung** hierzulande, fast alle der neu gegründeten Firmen ließen sich in der hippen Hauptstadt nieder. Im Laufe der vergangenen Jahre wurde Berlin zur Gründermetropole – nicht nur für die Deutschen. Auch europäische Länder schauten sehnsüchtig gen Berlin, die Szene war geboren. Einziges Problem: Die Politik sprang nicht drauf an.

Siegmar Gabriel beschwichtigt die Gründer in Deutschland, seitdem er Bundeswirtschaftsminister ist. Philipp Ghadri ist der Meinung, die Gründungskultur sei im Vergleich zu den USA eine »Witzkultur«. Es gebe eben keine nennenswerten Börsengänge oder Unternehmen, die international eine wichtige Rolle spielten. Da seien Rahmenbedingungen wie Kapitalausstattung und Standort das Wichtigste, was die Politik beisteuern müsse.

**Ziele** für Deutschland müssen sein:

• Investments attraktiver machen
• neue Finanzierungsformen wie Crowdinvesting fördern
• Gründungen ankurbeln

Das Handelsblatt meldete bereits am 31. Juli 2015, dass Gabriel und Schäuble an einem gemeinsamen Gesetzesentwurf gearbeitet haben. Das wäre ein wichtiger Schritt für die Start-up-Szene, nicht nur für die in Berlin. Denn wenn Investitionsmöglichkeiten nicht bald einfacher gemacht werden, wird es wohl mehr Gründer wie die von Go-Butler ins schöne New York ziehen.

Noch 2012 hatte das Manager Magazin getitelt »Gründerparadies Deutschland«[73]: viel Kapital, viele Gründungen, alles happy clappy. Im Mai 2015 hieß die Schlagzeile dann »Was Deutschland vom Gründerparadies Finnland lernen kann«[74]: frische Ideen, viele Ideen, enge Zusammenarbeit mit der Wissenschaft. »Ohne seine Alma Mater, die Aalto-Universität, wäre Finnlands digitaler Aufstieg kaum möglich gewesen. Aalto war ein Experiment, das wie ein Brutkasten für die Branche wirkte. 2007 beschloss die Regierung, die Hochschulen für Wirtschaft, Design und Technik in Helsinki und Espoo zu vereinen. ›Wir waren das Heilige Land der Ingenieure, haben uns aber zu wenig um Marketing und Design gekümmert‹, sagt Jan Vapaavuori, Finnlands Wirtschaftsminister.«

Enge **Zusammenarbeit mit Universitäten**: Für Philipp Ghadri ist das ein wichtiger Faktor für eine erfolgreiche, lebendige Gründungskultur. »Hier gibt es vereinzelt Institute an Universitäten, die sich auf Start-up-Arbeit konzentrieren. Doch das war es schon. Es genügt nicht, um deutschlandweit die Kultur zu ändern.« Die Deutschen müssten lernen, mehr zu riskieren, mehr scheitern zu dürfen und zu wollen.

Ein nicht unterschätzter Wert eines Deutschen ist sein Fleiß, seine Perfektion, sein Ehrgeiz. In den USA steht die Kreativität an erster Stelle, der Versuch, etwas zu verändern, ohne Risiken zu scheuen. Vermutlich ist es wie bei allen Dingen im Leben: Die Mischung macht es. Also liebe Gründer, wagt den Blick nach Übersee und bleibt dabei euch selbst treu! Dann werdet ihr Erfolg haben – und falls nicht: Es gibt immer ein Morgen!

# FÜHRUNG IM PARADIGMEN-WECHSEL

## REINE TOP-DOWN-STEUERUNG UND KONTROLLE SIND GESCHICHTE

# DIE ALTE FÜHRUNGSSCHULE ...

**E**rster Fakt: Viele Führungskräfte der alten Schule haben nicht wirklich systematisch gelernt, was es heißt, Menschen zu führen, deren Potenziale zu erkennen und zu fördern. Sie waren irgendwann bester Mitarbeiter im Team und sind dadurch eine Hierarchiestufe aufgestiegen – ob sie die Zusammenarbeit mit Menschen mögen oder nicht, ob sie Spaß an der Entwicklung von Teams haben oder nicht.

**Zweiter Fakt:** Bei der Frage, wie sie Führung gelernt haben, äußern sich viele erst mal nachdenklich und zögernd mit einem »Hm, learning by doing«. Im zweiten Schritt dann mit einem »Bei meinem eigenen Chef« oder »Bei meinem Vater«.

Verstehen Sie mich bitte nicht falsch! Es gibt immer solche und solche Menschen und somit auch sehr gute Führungspersonen von Natur aus, die durch Empathie, Charisma und ernsthafter Auseinandersetzung mit dem Thema gut führen können. Aber das ist halt nicht die Regel. Betrachten wir Studienergebnisse wie beispielsweise jene der Gallup-Studie oder befragen Menschen im eigenen Umfeld, fällt auf, dass einer der größten Demotivationsfaktoren in Unternehmen die Zusammenarbeit mit dem direkten Vorgesetzen ist. Wobei die Ursache nicht immer bei den Menschen selbst liegt, sondern bei der fehlenden Qualifizierung oder bei der Anwendung veralteter Führungswerkzeuge in starren Organisationsmodellen.

Worauf ich mich im folgenden Kapitel also vermehrt konzentrieren möchte, sind **Soft Skills**, das sind die weichen Eigenschaften einer Person, die in Führungsetagen einen immer wichtigeren Stellenwert einnehmen.

**Das Deutsche Institut für Wirtschaftsforschung kam im Rahmen seines Führungskräftemonitors 2010 zu dem Ergebnis, dass nur jede zweite Führungskraft in den letzten drei Jahren an berufsbezogenen Lehrgängen teilgenommen hat.**

**Reflexionsfrage**

Nehmen Sie sich ein paar
Minuten Zeit: Seien Sie sich
bewusst darüber, welche
Rolle Sie als Führungs-
kraft spielen! Überprüfen
Sie Ihr Verständnis von
erfolgreicher Führung!
Überprüfen Sie Ihre eigene
Wertvorstellung!

## FRAGEN FÜR FÜHRUNGSKRÄFTE

Im »Harvard Business Manager« wurden Anfang 2015 in der Spezialausgabe
»Leadership: Wie geht Führung im
Zeitalter digitaler Transformation? Ein
Heft über Management im Wandel«
55 Managementexperten gefragt, mit
welcher zentralen Fragestellung sich
Führungskräfte heutzutage auseinandersetzen sollten. 13 Fragen habe ich hier
mal rausgefiltert:

- Wie lässt sich in Unternehmen Hochleistung ohne Erschöpfung
  erzielen?
- Was muss ich tun, um eine Auszeichnung für Fair Business zu
  bekommen?
- Fühlen Sie sich auf die Szenarien, die sich im digitalen Zeitalter für
  Ihr Geschäft ergeben, vorbereitet? Falls nicht: Warum?
- Wie lange wollen Sie eigentlich noch allein entscheiden?
- Haben Sie sich vom Mitarbeiter entfremdet?
- Die Arbeitswelt verändert sich grundlegend – ist Ihre Personal-
  führung dafür gewappnet?
- Wie steuern Sie Komplexität, ohne unnötige Komplikationen zu
  erzeugen?
- Wie bestimmt das Internet künftig die Innovationskraft und -ge-
  schwindigkeit Ihres Unternehmens?
- Mögen Sie Menschen wirklich?
- Kreative Köpfe sind wichtig für Unternehmen. Doch wissen Sie
  überhaupt, wie man kreative Mitarbeiter richtig führt?
- Wie viel Agilität lässt Ihr Organisationsmodell zu?
- Warum suchen Sie immer nach Sicherheiten?
- Haben Sie eine digitale Vision?

Es ist anstrengend, mit sich selbst **schonungslos ins Gericht zu gehen**. Doch es
ist an der Zeit zu erkennen, dass Führung der alten Schule nicht mehr
in die heutige Arbeitswelt passt.

Oben denkt vor – unten setzt um. Ein kleiner Satz mit sehr viel Wirkung! Er resultiert in einer vertikal gesteuerten Projekt- / Arbeit – basierend auf Fremd- / Kontrolle, chefzentrierten Entscheidungen, Machtausübung von oben (Oh ja, mein alter Chef hat das geliebt!), Planung, Vorgaben und Regeln. In der Führungsstilforschung spricht man hierbei von einer **transaktionalen Führung**. Moderat eingesetzt führt sie zwar auch zu positiven Effekten. Bei viel Bevormundung ist Leidenschaft, Begeisterung und (intrinsische) Motivation auf Mitarbeiterebene jedoch nur schwer möglich. Deshalb stützte man sich im letzten Jahrhundert sehr stark auf das extrinsische Motivationssystem: Belohnung versus Bestrafung, um gewünschtes Verhalten zu erzielen und schlechtes zu unterbinden. Dazu wurde ein Verhaltensrepertoire implementiert, das sehr zahlen-, daten- und faktenlastig war: fixierte (individuelle) Ziele, materielle Vergütungsmodelle, Stechuhrsystem, Pläne und Budgetierung, Bezahlung nach Hierarchiestufe, Kostenmanagement, Maximierungswahn und so weiter. Die Umstände suggerierten: Mitarbeiter sind von Natur aus bequem und würden ohne äußere Anreize wie Geld und Sicherheit, Aufgaben und Projekte nichts eigenständig umsetzen – man müsse sie deshalb in ihrem Verhalten steuern und kontrollieren. #ZuckerbrotUndPeitsche

Douglas McGregor, Professor für Management am Massachusetts Institute of Technology, bezweifelte diese These (er nannte sie Theorie X) und setze ihr ein positiveres Menschenbild entgegen (Theorie Y – passend, oder?):[75] Menschen sind von Natur aus neugierig und interessiert, haben Spaß daran, sinnbasierte Aufgaben und Projekte umzusetzen, einen sozialen Mehrwert zu liefern und eigene Kompetenzen weiterzuentwickeln. Die daraus resultierende Leidenschaft und Begeisterung ist vergleichbar mit dem Spieltrieb von Kindern.

Wir halten es für völlig normal, uns den kindlichen Trieb im Laufe des Lebens abzutrainieren – in Schule und Arbeitsstätte. Beide Systeme basieren auf extrinsischer Motivation. Wir konditionieren Menschen so lange auf Noten und Wenn-dann-Boni, bis wir ein Verhalten produzieren, das Leidenschaft und Begeisterung auslöscht. Da ist nichts mehr mit Kreativität und Brainstorming. Auf Linie bringen, bringt einfach nichts und ist eine große Gefahr für die Wissensge-

Annahme:
Die Mitarbeitenden sind
motiviert und vielseitig

Folglich:
Führt dies zu Initiative und
Verantwortungsbewusstsein

Dies begünstigt:
Engagement der
Mitarbeitenden

Folglich:
Muss man ihnen bei
der Arbeit Handlungs-
spielraum geben

Annahme:
Die Mitarbeitenden sind
schwierig und unsicher

Folglich:
Muss ihnen genau gesagt
werden, was sie wie und
wann tun sollen

Dies begünstigt:
Passives Verhalten
bei den Mitarbeitenden

Folglich:
Reagieren sie nur auf
Vorgabe, Druck und Belohung

Theorie X und Y nach Douglas McGregor.

**Motivation 1.0**

In der Steinzeit kämpfte der Mensch ums Überleben. Sein Antrieb richtete sich primär auf die Befriedigung seiner Grundbedürfnisse nach Verteidigung, Flucht, Fortpflanzung, Schlaf, Atmung und Nahrung.

**Motivation 2.0**

In der Zeit, in der Menschen komplexe Gesellschaften aufbauten, reichte das Motivationssystem 1.0 nicht mehr aus. Der Mensch ist mehr als nur die Summe seiner biologischen Triebe. Zusammenarbeit und -leben basieren auf einem weiteren Antrieb: dem Streben nach Belohnungen und der Vermeidung von Bestrafungen (= extrinsische Motivation). In den letzten zwei Jahrhunderten war es genau dieses Motivationssystem, dass unseren wirtschaftlichen Fortschritt und Erfolg mit ankurbelte.

**Motivation 3.0**

Darüber hinaus stecken in uns drei weitere angeborene psychologische Bedürfnisse: das Bedürfnis nach Kompetenz, nach Selbstbestimmung und nach Verbundenheit. Bedürfnisse, die aus uns selbst resultieren (= intrinsische Motivation). Wenn jene befriedigt sind, sind wir motiviert, leistungsfähig und zufrieden.

sellschaft, in der wir leben. Und wir kritisieren junge Menschen, die sich **ohne Leidenschaft und Motivation von Semester zu Semester** hangeln. Statt auf der Ursachenebene anzusetzen – also am Kern des Problems –, bieten wir Lösungen auf der Symptomebene (gegen Demotivation, Frust, Lustlosigkeit) an und hoffen, mit Motivationsworkshops die Studenten wieder zu mehr Leistung und Begeisterung zu bringen. Eine völlig absurde Realität! Wir zerstören die Kreativität, geistige Flexibilität und Neugier unserer Jugend – und halten das für normal.

In einer Zeit, in der Mitarbeiter auf Massenproduktion und Routinearbeit programmiert waren, hat dieses extrinsische Motivationssystem mehr oder weniger gut funktioniert. Der Mitarbeiter hatte genau das zu leisten, was von ihm gefordert wurde. Heute aber stößt das allseits genutzte »Zuckerbrot-und-Peitsche«-Prinzip an seine Grenzen. Es stimuliert überwiegend die linke Gehirnhälfte, die mit relevanten Kompetenzen der Wissens- und Netzwerkarbeit, wie Kreativität, Intuition und Empathie, wenig zu tun hat. Um diese Kompetenzen zu entfalten, müssen wir die rechte Gehirnhälfte stärker aktivieren. Das ist nachhaltig nur über die intrinsische Motivation (Selbstbestimmung, selbstkongruente Zielsetzung, Selbstorganisation) realisierbar. Der transaktionale Führungsstil (Anweisung & Kontrolle) limitiert Spitzenleistung. Routinearbeit ist abhängig von Führung, Vielfalt von Selbstbestimmung.

- Definieren Sie gemeinsam mit Ihren Mitarbeitern den Begriff »Selbstbestimmung« durch. Was konkret bedeutet das für Sie? Für Ihre Mitarbeiter? Wie selbstbestimmt fühlen sich Ihre Mitarbeiter in ihrer Arbeit? Wie viel Selbstbestimmung wünschen sich die einzelnen Mitarbeiter? Wie kann dieses Ziel erreicht werden? Welche Nebenwirkungen bringt Selbstbestimmung mit sich? Wie erweitert sich dadurch der allgemeine Verantwortungsgrad?
- Formulieren Sie als gesamtes Team eine gemeinsame Vision (oder prüfen Sie, wie gut die bestehende Vision bei Ihrem Team im Kopf verankert ist) und leiten Sie daraus einen konkreten Verhaltenskodex (Mission) ab. Lassen Sie Ihre Mitarbeiter selbst konkrete Teilziele aus der Vision ableiten. Und bringen Sie Ihre Mitarbeiter in die Verantwortung: Welche Teilziele wurden wie erreicht? Warum nicht erreicht? Welche konkreten neuen Lösungswege gibt es? Versuchen Sie selbst dabei Ihren Redeanteil auf das Nötigste zu reduzieren. Meistens neigen Führungskräfte dazu, eigene Wege vorzuschlagen.

Starten Sie dann mit einzelnen Pilotprojekten:
- Stellen Sie ausgewählten (auf freiwilliger Basis) Mitarbeitern Arbeitszeit (starten Sie mit 10 Prozent) für die Realisierung eigener Ideen (natürlich im Kontext des Unternehmens) zur Verfügung (beschränken Sie die Zeit erst mal auf sechs Monate). Lassen Sie sich von diesen Mitarbeitern in regelmäßigen Abständen ein Update geben.
- Bei einem nächsten neuen Kundenprojekt sollten Sie die Möglichkeit schaffen, eine interne Netzwerkformation zu bilden. Lassen Sie Mitarbeiter selbst entscheiden (oder Sie entscheiden mit dem Team), wer zum Kundenprojekt am besten passt und welche Kompetenzen vertreten sein müssen. Damit das neu zusammengefundene Team gut funktioniert, stellen Sie über gemeinsame Workshops ein Wertekonzept auf. Darin könnten beispielsweise Aussagen getroffen werden wie: Respekt vor Ego, vorantreibend statt zögerlich, entfalten statt verwalten.
- Setzen Sie dann auch auf Kollektivbelohnungen statt auf Einzelbelohnungen. Eine Möglichkeit ist eine Gewinnbeteiligung aller Mitarbeiter.

# Intrinsische Motivation fördert Kreativität. Kontrollierende extrinsische Motivation schadet ihr.

Stellen Sie sich und Ihrem Umfeld die Frage:

Was gibt Ihnen täglich Energie?

Kommt die Energie von innen oder von äußeren Faktoren?

- Bei Haufe-umantis ist Feedback das am höchsten geschätzte Motivationsmittel. Dazu hat das Unternehmen eine App namens Daily Highlight implementiert, die ähnlich wie Facebook funktioniert. Darin kann jeder Mitarbeiter Beiträge posten, andere loben und sich bei anderen bedanken – ganz transparent vor dem gesamten Unternehmen.
- Statt über finanzielle Vergütungen diskutieren Sie mit Ihren Mitarbeitern über Alternativen. Lassen Sie hierzu Ihre Mitarbeiter selbst zu Wort kommen (siehe S. 189 ff.).

Fast keiner aus der Generation Y will sich rein über das extrinsische Motivationsverständnis führen lassen (andere Generationen übrigens auch nicht mehr[77]). Sie sind kreatives und vernetztes Arbeiten gewöhnt. Je sinnhafter die Tätigkeit und größer der Nutzen ihres Werkes ist, desto zufriedener sind sie. Learning by doing and doing by feedbaking. Oder so. Ypsiloner lassen sich nicht erziehen, schon lange nicht mit blindem Gehorsam. Viel wichtiger sind Transparenz und Aufklärung. #IntrinsischeMotivation

Hinzu kommt: Arbeitszeit ist gleich Lebenszeit. Love what you do, then you will do it good. Der Job muss erfüllend sein. Langfristig kann er das erst sein, wenn der intrinsisch motivierte Anreiz sichergestellt ist. Und das bringt Unternehmen und Führungskräfte in eine ganz neue Form der Bringschuld. In der Fachsprache spricht man hierbei von Employer Value Proposition – dem Mehrwert, den Unternehmen für ihre Belegschaft liefern.

Aus der Y-Arbeitnehmersicht stellen sich Fragen wie diese:
- Welchen Mehrwert liefert mir das Unternehmen?
- Wie schnell und gut kann ich meine Kompetenzen einbringen und erweitern?
- Wie gut fordert und fördert mich mein direkter Vorgesetzter?
- Welche Weiterbildungsmöglichkeiten habe ich?
- Wie schnell darf ich wie viel Projekt- / Verantwortung übernehmen?

Wenn Sie als Unternehmen und / oder Führungskraft konkrete Antworten auf all die Fragen formulieren können, erhöhen Sie Ihre **Sogwirkung für potenzielle junge Facharbeiter**.

Top-down ist out. Es führt zur Silo-Denke und lenkt somit die Energie einer Organisation nach innen. Das heißt: Viele Unternehmen und Abteilungen konzentrieren sich zu sehr auf die Einhaltung absurder Regeln, auf politisches Taktieren, Effizienzwahn und Management by Numbers. Das macht sie träge und hat einen enormen Wettbewerbsnachteil zur Folge.

Stichwort **Kulturschock** (Dieser fucking Handlauf wird mich für immer begleiten): Für die Generation Y ist Selbstbestimmung im Privatleben und bei der Arbeit völlig normal. Bevormundet wurden sie nicht mal von ihren Eltern. Junge Menschen setzen heute auf fachliche Fähigkeiten, geteiltes Wissen und die gemeinsame Umsetzung von Projekten. Umso wichtiger ist die Ablösung des transaktionalen Führungsstils durch einen Stil, der es ermöglicht, eine Leistungsbereitschaft und ein Leistungsniveau von Mitarbeitern freizusetzen, die über das hinausgehen, was bisher von ihnen erwartet wurde, der ihnen ausreichend Freiraum gibt (wenn sie es denn wollen), mehr Eigenverantwortung einfordert, ihre Potenziale erkennt und entwickelt und sie darin unterstützt, Spitzenleistung abzurufen. Ein Führungsstil, der gewappnet ist für eine Welt mit viel mehr VUKA. Dazu stellen sich mir folgende Fragen:

- Wie müssen wir in einer Wissens- und Netzwerkgesellschaft Führung neu denken?
- Welche Fähigkeiten werden künftig von Führungskräften gefordert?
- Von welchen alten Führungsmaximen müssen sich Führungskräfte lösen können?
- Wie können sich Führungskräfte in ihrer Funktion zukünftig wieder sicherer fühlen?

# ... RÜCKT SOZIALES VERHALTEN IN DEN HINTERGRUND

Viele Unternehmen, vor allem die größeren aus der Finanz-, Pharma- und der Lebensmittelindustrie, sind für unmoralisches Verhalten bekannt. So war die **Finanzindustrie** maßgeblich an dem Kollaps des Jahres 2008 schuld, der durch das Management zahlreicher Finanzhäuser (wie Lehman Brothers, Hypo Real Estate, West LB) ausgelöst wurde und ein gewaltiges Loch in unseren Bundeshaushalt gerissen hat. Und auch die **Pharmaindustrie** hat viel Dreck am Stecken. Angefangen damit, dass sie Ärzte und Apotheker mit teuren Geschenken besticht, damit sie mehr Medikamente verkaufen, bis hin zur Pflege eines völlig verdrehten Gesundheitssystems, das mehr auf Krankheit als auf Prävention setzt. Klar: Nur Krankheit bringt viel Geld. Schätzungen zufolge erwirtschaftet unser Gesundheitssystem jedes Jahr bis zu 250 Milliarden Euro – Tendenz steigend. Und um noch eine Schippe für Sie draufzulegen: Damit ist der volkswirtschaftliche Wertbeitrag der Gesundheitsbranche schon heute bedeutsamer als der Beitrag der Automobilbranche (Hersteller, Zulieferer, Händler, Werkstätten).

Und der dritte Bad Player, die **Lebensmittelindustrie**, macht uns dick, krank und depressiv. Ja, gleich alles drei zusammen. Ätzend. Und nicht nur uns, erwachsene Menschen, sondern besonders gerne Kinder, die sie mit bunter Werbung zum Konsum ungesunder Produkte verlockt. Schätzungen besagen: Nahrungsmittelhersteller geben für das Marketing von Schokolade, Zuckerwaren und Eis etwa das Hundertfache von dem aus, was sie für die Werbung für Früchte und Gemüse aufwenden. Die Folge ist, dass immer mehr Menschen – auch schon Kleinkinder – zuckerkrank sind. In Fachkreisen spricht man dabei von der »Pest der Neuzeit«. #DickKrankDepressiv

Neben diesen drei genannten Branchen sind es aber auch zahlreiche andere DAX-Unternehmen, gegen deren Top-Manager wegen Betrug, Untreue, Falschaussage, Bestechung und Korruption ermittelt wird. Einige von ihnen sitzen auf der Anklagebank, wie beispielsweise Vorstände der Deutschen Bank oder Deutschen Post. Und auch (alte) bekannte Köpfe von Siemens, Daimler oder Porsche taugen heute nicht mehr für ein modernes Führungsleitbild. Dabei sind es gerade die Anführer der modernen Welt, die als gutes Vorbild fungieren sollten. Moral und Verantwortung – manch einer kennt das nicht. Aber er sollte. ASAP!

Wir haben uns in Deutschland zu viele **Alpha-Typen** herangezogen. Diese wirkten sich in den vergangenen Jahrzehnten negativ auf die Unternehmenswelt aus – und leider infizierten sie auch nachrückende Generationen mit ihrem Verhalten. Wie kann es sein, dass Menschen Führungsverantwortung übernehmen, die besessen sind von einer ich-bezogenen Macht-, Geld- und Statusgeilheit? Die selbstverliebt, gewissenlos und ohne Mitgefühl und soziale Verantwortung ihre Rolle ausüben? Erschreckend hierzu auch das Ergebnis einer US-Studie, die zeigt, dass einer von 25 Führungskräften Charakterzüge eines Psychopathen aufweist: Kevin Dutton, Professor an der renommierten Oxford-Universität, hat für sein Buch »Psychopathen. Was man von Heiligen, Anwälten und Serienmördern lernen kann« eine breit angelegte Untersuchung durchgeführt, um herauszufinden, welche Berufe bei Psychopathen sehr beliebt sind. Ergebnis: Die vordersten Plätze belegen überwiegend Firmenchefs und Anwälte. Schwerverbrecher und Manager verfügen über vergleichbare Persönlichkeitsmerkmale. Gruselig. Nicht wahr? Das »Manager Magazin« widmet dem Thema sogar eine ganze Ausgabe (06/2015) »Unter Despoten: Was Alleinherrscher in deutschen Unternehmen anrichten«. Auf Seite 40 steht: »In vielen deutschen Konzernzentralen läuft immer noch alles top-down. Zwar reden etliche Topmanager sonntags von Teamorientierung und modernem partizipativem Führungsverständnis. Es ist allerdings eine Scheindemokratie, die die verbreitete Herrschsucht nur kaschiert. Bei Familienunternehmen sind Alleinherrscher fast die Regel.«

> »Macht wird in Organisationen als Mangelware gesehen, für die es sich zu kämpfen lohnt. Dadurch werden unweigerlich die negativen Seiten des menschlichen Charakters stimuliert: persönlicher Ehrgeiz, politische Schachzüge, Misstrauen, Angst und Gier.« (Frederic Laloux)

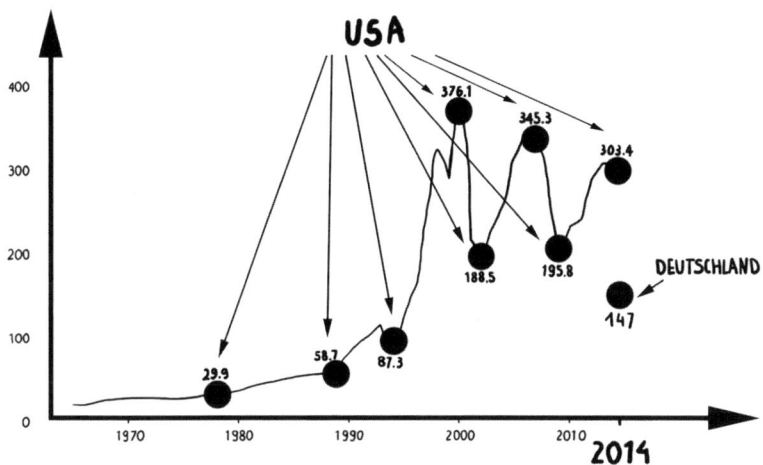

Ganz schön abgehoben: CEO-Gehälter im Vergleich zum durchschnittlichen Arbeiter, angegeben als x-facher Faktor. In Deutschland verdiente ein CEO 2014 im Schnitt 147-mal so viel wie der typische Arbeiter. Spitzenreiter sind die USA (Quelle: Economic Policy Institute[78]).

Natürlich sind nicht gleich alle Psychopathen und auch nicht alle negative Vorbilder. Doch zu beobachten ist anhand einer Reihe von Praxisbeispielen, dass auf dem Weg eines Chefdiktators nach oben die Belegschaft oftmals bis auf das letzte Fünkchen Energie, Lust und Motivation ausgequetscht wird. Gute Zahlen werden auf (gesundheitliche) Kosten der Mitarbeiter (und teilweise auch Kunden) erreicht. Und solange die Zahlen stimmen, ist ein Diktator unangreifbar. Man lässt ihn gewähren, auch wenn die Unternehmenskultur schleichend von einem Schimmelpilz befallen wird. Die Relevanz von Management steht weit über der Bedeutung von guter Menschenführung. Soll das das **Vorbild** für die Macher von morgen sein?

Und wie kann es sein, dass die Anzahl von Managern mit überdimensionalen Gehältern seit den 1990er-Jahren deutlich gestiegen ist? Wie kann es sein, dass Spitzenreiter der deutschen Wirtschaft mehrfache Millionenbeträge einkassieren, während auf der Mitarbeiterebene Gelder über Stellenabbau eingespart werden? Wie kann es sein, dass sich ein paar Wenige in der Gesellschaft das Geld untereinander aufteilen und der Rest der Gesellschaft Schwierigkeiten hat, den bisherigen Lebensstandard zu halten? Soll das das Vorbild für Führungskräfte von morgen sein? Wo sind nur **Moral und Ethik** in der Wirtschaft geblieben?

Wollen wir den Fokus weiterhin auf »Ich-gehe-über-jede-Leiche«-Management legen und die Relevanz von guter (Menschen-)Führung ausblenden? Sollten wir nicht lieber jetzt die Chance nutzen, Führungskräften und Managern von morgen neue Standards und Werte zu vermitteln? Statt nur Leistung zu vergüten, auch finanzielle Anreize für Rechtschaffenheit schaffen? Mehr die ethischen und moralischen Aspekte von Arbeit in den Vordergrund rücken? Neue Vorbilder aufzeigen, die daran interessiert

> Die Börsenaufsicht SEC hat eine Regel beschlossen, nach der US-Unternehmen Gehaltsunterschiede zwischen Chefgehältern und Mitarbeitergehältern offenlegen müssen. Firmen werden wohl gegen diese Regel klagen ...
>
> Wollen wir den Talentpool an selbstverliebten Alleinherrschern lahmlegen, müssen wir die stereotype Besetzungspolitik auflösen!

sind, zum Gemeinwohl aller zu handeln? Das Bild von Karriere und Führung neu definieren und als neues Bild theoretisch und praktisch in die Unternehmensphilosophie implementieren? Und wenn möglich auch den sozialen Gedanken tief in das bestehende oder neue Geschäftsmodell verankern?

**Wir brauchen eine Veränderung zu mehr Social Business!**

»Smart Kids stellen Fragen. Die Umwelt schädigen, Arbeitskräfte in Asien ausbeuten und danach ein bisschen Wiedergutmachung via Charity leisten? Das kann es nicht sein.«

**Waldemar Zeiler, Mitgründer von Entrepreneur's Pledge**

## VORBILDER FÜR ENTSCHEIDER UND MACHER VON MORGEN

1. **Blake Mycoskie (38), Sozialentrepreneure des Schuhlabels Toms.** Sein Geschäftsmodell basiert auf dem sozialen Gedanken, Bedürftige in Entwicklungsländern zu unterstützen. So verteilt Toms bei jedem verkauften Paar Leinen-Espadrilles ein weiteres Paar in Entwicklungsländern.
2. Die ehemaligen **Roland-Berger-Mitarbeiter Robert Rudnick und Martin Elwert** haben nach einer Reise nach Äthiopien ihre alten Jobs gekündigt und das Onlinehandelshaus **Coffee Circle** für fairen Kaffee gegründet. Umsatz: drei Millionen Euro.
3. Die beiden **Kampfsportler Jan Lenarz und Maria Gross** haben das Unternehmen **Vehement** gegründet, das lederfreies Kampfsportzubehör für den globalen Markt produziert. Pro Verkauf geht ein Euro als Spende in den Umweltschutz.
4. Auf der Plattform **ENTREPRENEUR'S PLEDGE** finden sich mehr als 70 Unternehmerinnen und Unternehmer (Stand Juni 2015), die das Versprechen abgeben, mit dem nächsten Start-up etwas Nachhaltiges zu schaffen und 50 Prozent der Gewinne zu reinvestieren. Mit dabei sind Gründer wie **Lea-Sophie Cramer von Amorelie** oder **Hubertus Bessau und Max Wittrock von Mymuesli**.
5. Ein Beispiel für positive Vereinbarkeit von Management und Führung ist **Marc Stoffel, CEO von Haufe-umantis**. Er wird von seinen Mitarbeitern als Geschäftsführer des Unternehmens demokratisch gewählt (siehe Interviews S. 155).
6. **Dan Price**, Gründer von **Gravity Payments**, machte Anfang 2015 Schlagzeilen. Er teilte sein Gehalt von einer Million Dollar auf seine über

100 Mitarbeiter auf. Jeder Mitarbeiter sollte außerdem genauso wie er selbst einen Lohn von 70 000 Dollar im Jahr erhalten – das bedeutete für manche Mitarbeiter eine Verdoppelung des bisherigen Gehalts. Diese neue Gehaltsstruktur wollte er innerhalb von drei Jahren umsetzen. Der Ursprung seiner Pläne lag in einem Artikel zum Thema »Zufriedenheit und Glück«, den er gelesen hatte. Ein halbes Jahr später berichteten Medien: Dan Price ist gescheitert, Gravity Payments pleite. Doch trotz dieses Scheiterns ist die Idee ein interessanter Versuch und ein Gedankenanstoß in die richtige Richtung, um die finanzielle Ungleichheit in Unternehmen aufzuheben.

# FÜHRUNG STEHT VOR EINEM PARADIGMEN-WECHSEL

In Sachen Führung stehen Unternehmen vor in einem Paradigmenwechsel. Führung ist schon lange nicht mehr gleich Management – vergessen Sie diese These schleunigst!

**Führung = Entwicklung von Menschen**
**Management = Steuerung, Anweisung und Kontrolle von Menschen**

Statt beides in einer Person zu vereinen, könnte eine Möglichkeit darin bestehen, Führung und Management zu separieren und sozial verantwortlichen Persönlichkeiten in die Hände zu geben. Ein erfolgreiches Beispiel hierzu finden wir im Spitzensport, zum Beispiel in der Fußballnationalmannschaft. Die Spieler werden von einem Trainerteam betreut: Haupttrainer, Co-Trainer, Psychologen, Therapeuten. Das Management der Mannschaft übernimmt eine weitere Person. Mit Stand 2015 ist das Oliver Bierhoff. Er ist Bindeglied zwischen Verband, Vereinen, sportlicher Leitung, Team hinter dem Team und dem eigentlichen Team. Seine zentrale Aufgabe besteht darin, die Rahmenbedingungen dafür zu schaffen, dass sich das Trainerteam ausschließlich auf die sportlichen Belange konzentrieren kann. Er steuert und verantwortet damit alles außerhalb des Spielfelds. Das Trainerteam um Joachim Löw (Stand 2015) hat somit die Möglichkeit, sich zu 100 Prozent auf die Führung und Entwicklung der Mannschaft und Einzelspieler zu konzentrieren. #ManagementImTeam

Möchte man beides – Führung und Management – in einer Person vereinen, muss man sichergehen, dass der soziale Gedanke tief verankert ist – und diese Person gut auf neue Anforderungen einer modernen Arbeitswelt vorbereitet ist. Meist ist das leider nicht der Fall.

Der Wandel ist also nun auch auf der Führungsebene angekommen. Das heißt: Wir müssen Führung und Führungskonzepte neu denken – das fordert auch die Generation Y: »[Der emeritierte Professor für Unternehmensführung Hans Hinterhuber der Universität Innsbruck] erzählt, wie er vor einiger Zeit ein Seminar vor Nachwuchsführungskräften aus Dax-Unternehmen gehalten hat. 30 junge Menschen, die von ihrem Unternehmen als neue Leader identifiziert wurden und die nun aufwendige Trainingsprogramme durchlaufen, damit sie als nächste Generation ihren Laden nach vorn bringen. Vor solchen Leuten ist die Frage ›Wer von Ihnen will Führungsverantwortung übernehmen?‹, die Hinterhuber stellte, nur rhetorisch zu verstehen – ungefähr so, als fragte ein Fußballtrainer seinen Stürmer, ob er denn gern Tore schießen würde. Doch hier ist alles anders. Nur 8 von 30 High Potentials wollen Tore schießen. Der Rest bleibt lieber in der zweiten, dritten Reihe. Ist das nicht ein katastrophaler Befund? Kommt darauf an. Der Ökonom Birger Priddat sieht in solchen Entwicklungen Zeichen der hohen Autonomie, die Wissensarbeiter, die Hochqualifizierten, schon erlangt haben: ›Sie fragen sich, ob sie noch Chef sein, also für andere deren Arbeitsleben organisieren wollen. Sie fragen sich: Braucht ihr mich als Anführer eigentlich noch? In vielen Bereichen ist die Arbeitsautonomie ohnehin schon so hoch, dass es keinen Grund gibt, klassische Führungsaufgaben zu bewältigen. Die Leute entscheiden weitgehend selbst.‹« (Auszug aus dem Artikel »Die Chefsache« von Wolf Lotter aus der brandeins Ausgabe 03/2015).

Oder anders interpretiert: Junge Leute wollen mehr im Team arbeiten, als alleine an der Spitze zu sein (Wir-versus-Ich-Gedanke). Im

Folgenden können Sie einen Ausschnitt aus einem Interview lesen, welches t3n mit der jungen Amorelie-Gründerin Lea-Sophie Cramer geführt hat.[79]

## INTERVIEW VON T3N MIT DER AMORELIE-GRÜNDERIN LEA-SOPHIE CRAMER

**Wie wichtig war es dir, als CEO Teil eines Teams zu sein?**
Alleine hätte ich nicht gegründet. Vor Amorelie habe ich Groupon Asien geleitet und dort auch gelebt, weit weg von meinem Berliner Freundeskreis. Und ich muss wirklich sagen: Allein an der Spitze ist es einsam. Das wollte ich nicht mehr. Wenn du im Team gründest, ist eins plus eins viel mehr als zwei. Weil du dich gegenseitig ausgleichen kannst, weil du Ängste oder schwierige Situationen nicht alleine durchstehen musst. Man ist so unfassbar viel stärker, wenn man zu zweit ist.

**Wie haltet ihr es mit Hierarchien?**
Da wir mittlerweile 55 Leute sind, gibt es eine Zwischenebene – die Leading Lovers, unsere Team Leads –, mit der wir uns wöchentlich treffen. Eigentlich finde ich es cooler, mit dem Trainee auf derselben Ebene zusammenzuarbeiten als mit dem COO, bei uns definiert sich niemand darüber, wie viele Leute ihm unterstellt sind.

Wir haben es mit einem Such- und Entwicklungsprozess nach neuen Führungskonzepten zu tun. Widerstände und Desinteresse aus der Generation Y repräsentieren **Schmerzsymptome des Führungsdilemmas**.

Das Forum »Gute Führung« unter der Leitung von Prof. Dr. Peter Kruse, Andreas Greve und Frank Schomburg hat im Auftrag der Initiative »Neue Qualität der Arbeit«, die vom Bundesministerium für Arbeit und Soziales gefördert wird, eine Studie mit 400 Führungskräften zur Führungskultur im Wandel durchgeführt.[80] Ziel der Befragung war es, das implizite Wissen (und das macht die Studie sehr besonders) von Führungspersonen sichtbar zu machen und zu zeigen, welche Wertemuster ihr Führungshandeln beeinflussten.

Zentrale Erkenntnisse aus der Studie sind:

# Unzufriedenheit

Viele Führungskräfte lehnen hierarchisch dominierte Vorausplanungen ab. Die Zeit von Anweisung und Kontrolle ist vorbei. Die top-down gelebte Linienhierarchie wird zum Auslaufmodell.

## Transaktionaler Führungsstil

## Zukunftsvision

Für alle Führungskräfte gehört die Fähigkeit, mit ergebnis-offenen Prozessen umzugehen, zu den zentralen Merkmalen »guter Führung«. Sich auf die Unsicherheit gemeinsamer Such-bewegungen einzulassen wird eine signifikant höhere Bedeutung zugeschrieben als dem Management über Zielvereinbarung und Controlling. Einsame Entscheidungen als Führungskraft sind angesichts der komplexen Dynamik global vernetzter Märkte nicht mehr angemessen – darin sind sich alle Führungskräfte einig.

## Transformationale Führung

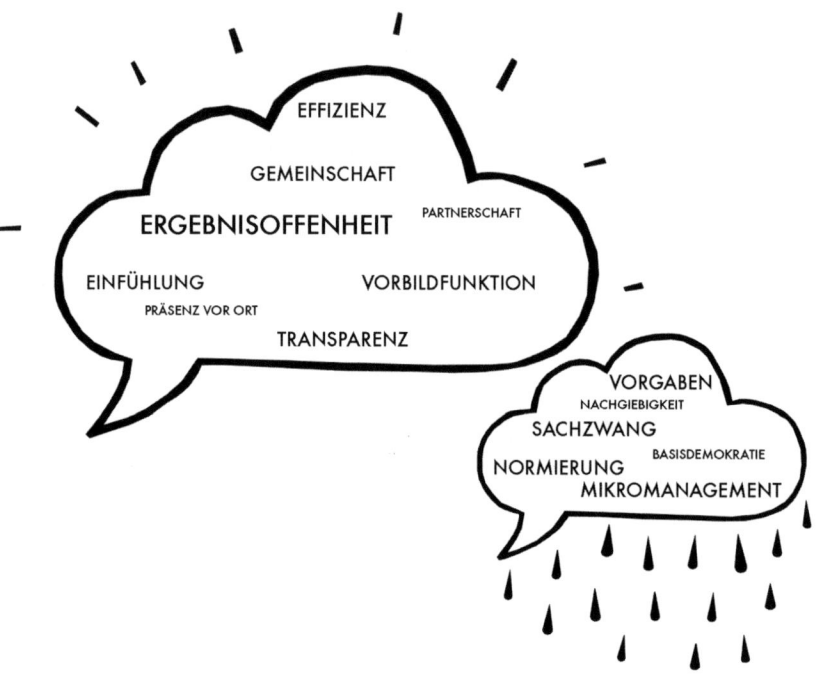

Ausgewählte Schlagwörter aus etwa 4600 frei formulierten Originalaussagen.
Sie wurden zu positiven und negativen Schlagwörtern verdichtet. Je größer ein Schlagwort, desto mehr
Aussagen wurden darunter zusammengefasst.

Führung erlebt demnach einen Paradigmenwechsel, in Bezug auf Handlungsgrundprinzipien wie Planbarkeit, Hierarchie, Effizienzstreben und Alleindenkertum. Diese Maxime vieler Organisationen verlieren zugunsten einer agileren Organisationsstruktur an Bedeutung und Relevanz. Ihnen gegenüber stehen neue Erfolgsprinzipien: **A) Beweglichkeit** und **Dynamik**, **B) Partizipation** und **C) Innovationsfähigkeit** (siehe S. 157 ff.). #Paradigmenwechsel

## INTERVIEW MIT MARC STOFFEL, CEO VON HAUFE-UMANTIS

*Wie kam es, dass Sie sich dazu entschieden haben, die Mitarbeiter die Führungskräfte wählen zu lassen?*

Das war für uns eine logische Konsequenz unserer Kultur und unserer Überzeugung, dass Mitarbeiter Unternehmen führen. Es ist in den meisten Unternehmen heute schon so, dass 95 Prozent der tagtäglichen Entscheidungen direkt von den Mitarbeitern getroffen werden, ohne dass es eine klare Ansage von oben geben muss. Wenn sich jemand Neues bei uns bewirbt, entscheidet das Team, ob dieser Mensch passt. »Wer kommt rein und wer nicht?« Das heißt in der Konsequenz natürlich auch, dass das Team die Mitarbeiter entlässt, wenn die Zusammenarbeit nicht funktioniert – und nicht der Chef. Mit solchen Dingen haben wir sehr früh angefangen, mit messbarem Erfolg. So haben wir beispielsweise bei einer Verdopplung des Personalbestands innerhalb von 24 Monaten 40 Prozent aller Einstellungen über Mitarbeiternetzwerke realisiert. Was einfach ein wahnsinniger Wert ist, weil sich die Mitarbeiter durch die Einstellungsentscheidung verantwortlich fühlen und dadurch eine ganz andere Recruiting-Power an den Tag legen. Wir haben realisiert, wie spannend, aber natürlich auch schwierig es ist, wenn man Verantwortung möglichst breit verteilt und unternehmerische Entscheidungen, die wirklich das ganze Unternehmen betreffen, mit der Belegschaft diskutiert und abstimmt. Wir haben zum Beispiel über den Verkauf unseres Unternehmens 2012 demokratisch abgestimmt – ob wir das überhaupt machen, und wenn ja, an welchen Partner. Wir haben verschiedene Unternehmen untersucht, die uns kaufen wollten, und haben uns dann für eins entschieden. Demokratisch. Das alles hat dann dazu geführt, dass, wenn der Mitarbeiter die Strategie beeinflusst, einen Kollegen einstellen und rausschmeißen kann, er bitteschön auch seinen Chef wählen soll. So wie jeder Kunde seinen Lieferanten auswählt, soll das Team auch die Führungsrolle bestimmen. Das haben wir an der Spitze angefangen mit dem CEO-Posten, und ein Jahr später auf alle anderen Führungspositionen angewandt.

*Klingt auf jeden Fall sehr spannend. Gab es denn auch irgendwelche negativen Punkte in diesem Prozess?*
Ja, wir fühlen uns teilweise wie bei einem Experiment. Wir sehen das als großes Innovationsprojekt. Ich glaube, was in allen Berichten, Analysen und Studien zur Generation Y steht, ist, dass wir alle eine riesige Sehnsucht nach Freiheit, nach Autonomie haben. Das ist in jedem von uns drin. Was schwierig ist, ist, dass wir nicht gelernt haben, wie wir ohne Spielregeln, ohne Führung, ohne Strukturen zusammenarbeiten. Wir haben uns aber natürlich nicht nur mit den Chancen, sondern auch mit den Risiken beschäftigt. Denn da gibt es welche.

*Zum Beispiel welche?*
Wenn Menschen abgewählt werden, ist es ein unglaublich emotionaler Akt, der eine ganze Firma beschäftigt und natürlich die Person am stärksten, die abgewählt wird. Wie man mit solch einem Fall umgeht. Wie man damit umgeht, wenn man von einem hierarchischen System in ein agiles bzw. ein selbstbestimmtes übergeht, wie man mit diesem Druck umgeht, der dadurch entsteht. Wir sind stolz, dass wir alle Mitarbeiter bei uns halten konnten, die sich auch sehr positiv entwickelt haben. Aber nichtsdestotrotz gibt es in dem Moment für alle Beteiligten eine Überforderung, insbesondere natürlich für den abgewählten Mitarbeiter. Und solche Dinge, die Konsequenzen von agilen, selbstbestimmten, demokratischen Strukturen – die haben wir kennengelernt. Die Grenzen, an die wir dadurch stoßen, dass wir teilweise ambivalent agieren als Menschen: alle, Führungskräfte wie Mitarbeiter. Wenn es um mich geht, möchte ich selbst mitbestimmen, alles selber im Griff haben, Autonomie leben. Aber wenn es um Themen geht, die nicht bei mir liegen, dann sollen die anderen Entscheidungen treffen, damit es auch vorwärtsgeht. Also legt man

einen anderen Maßstab an bei der eigenen Sphäre, bei seinem Bereich, als bei anderen. Und diese Ambivalenz in selbstorganisierten Systemen zu handhaben, ist ganz schwierig.

## A) BEWEGLICHKEIT UND DYNAMIK STATT PLANBARKEIT

Die Welt – und somit die Zukunft – wird immer mehr VUKA. Pläne gehen von Vorhersagen über die Zukunft aus. Und weil Zukunft immer weniger planbar ist, ist top-down-gesteuerte Planbarkeit in Unternehmen die falsche Methode. Sie führt zu Druck, der Anwendung von Tricks und oftmals zu unnötigem Frust, weil die geplanten Ziele trotz harter Arbeit nicht erreicht werden. **Planungssicherheit ist demnach ein Widerspruch in sich.** Zu viele Ungewissheiten, Überraschungen und Unbekannte. Sicherlich gibt es Pläne, die aufgehen. Aber je detaillierter ich plane und Prozessabläufe definiere, desto unwahrscheinlicher wird der Erfolg. Was passiert, wenn im Gastronomiebereich die Sommerzeit voll verregnet ist? Wenn ganz plötzlich ein Konkurrent wegstirbt oder neu auftaucht? Wenn die Taxibranche von Uber attackiert wird? Wenn Start-ups zu neuen Konkurrenten werden? Ein neuer Geschäftsführer kommt mit ins Boot? Markt, Umwelt und Organisationen ändern sich ständig.

Umso wichtiger wird das Vertrauen in die Kompetenzen und die Marktnähe eigener Mitarbeiter. Denn wenn Zukunft nicht planbar ist, müssen Führungskräfte gemeinsam mit ihrem Team die Gegenwart zukunftsgerichtet erarbeiten. Dabei ist das Mitdenken aller gefordert. Zwar kann man sich zum Ziel setzen, im nächsten Jahr erfolgreicher zu sein als im letzten Jahr oder mehr einzunehmen als auszugeben oder das Thema »Employer Branding« anzugehen. Aber man kann sich nicht zum Ziel setzen, im nächsten Jahr 20 Prozent mehr Umsatz zu machen oder im kommenden Jahr zehn Wunschkandidaten als neue Mitarbeiter zu gewinnen.

Umso wichtiger wird es als Führungskraft, statt auf Planung auf eine vernünftige Vorbereitung und hohe Erwartungen zu setzen, um anschließend dem eigenen Team zu vertrauen und darauf zu setzen, dass das Team in der kompletten Projektphase auf den Kunden achtet und versucht, seinen Wunsch bestmöglich zu realisieren. Die Aufgabe der Führungskraft besteht in dieser Projektphase darin, möglichst optimale Bedingungen zu schaffen, damit das Team gute Arbeit leisten kann – sei es über Gespräche, Unterstützung bei Fragen, Klärung von Spannungen im Team oder den Abgleich von kurzfristigen Zielen.

## B) PARTIZIPATION STATT SOLO-AUFTRITT

Das **Wir** vor das **Ich** stellen: wichtig! Demnach spielt das Thema Partizipation aller Teammitglieder an der Autorität des Unternehmens eine zentrale Rolle. Durch einen Austausch auf Augenhöhe – in Netzwerkformationen – wird die unternehmensinterne Verantwortungskultur gestärkt und eine dynamikrobuste und flexible Organisation geschaffen. Das stärkt die Arbeitszufriedenheit, Verantwortung, Kompetenzvielfalt im Team sowie die Geschwindigkeit, mit der – auch wichtige Entscheidungen – getroffen werden können. Erinnern Sie sich hierzu an das Beispiel von Haufe-umantis!

Wichtig bei der Umstellung auf mehr Partizipation ist die Festlegung bestimmter Spielregeln. Hierzu zählen: Zuständigkeiten definieren, Verantwortliche benennen, Balance finden und Verbindlichkeit zeigen:[81]

**Zuständigkeiten definieren:** Wer nimmt welche Rolle ein? Für welchen Verantwortungsbereich (z.B. Produkte, Märkte, Kunden, Unternehmen)?

**Verantwortliche benennen:** Wer trägt für die jeweiligen Verantwortungsbereiche Verantwortung? Wer hat im Zweifel das letzte Wort? Und wer entscheidet über die Umsetzung? Diese unterschiedliche Rollenbesetzung sorgt dafür, dass bei brenzligen Situationen das Team oder das Unternehmen entscheidungs- und handlungsfähig bleibt.

**Balance finden:** Bei welchen Themen und Entscheidungen werden welche Teammitglieder miteinbezogen?

**Verbindlichkeit zeigen:** Selbst- und Team-verantwortung sind sehr wichtig. Wünscht eine Mannschaft mehr Freiraum, muss sie auch eine entsprechende Verantwortung für Themen, Prozesse und Ergebnisse übernehmen.

## C) INNOVATIONSFÄHIGKEIT STATT REINEM EFFIZIENZSTREBEN

Wer mehr Agilität in seinem Unternehmen sehen will, muss das alte Verständnis von Führung ablegen. Sie

werden in Zukunft einen Spielplatz brauchen. Mit einer Schaukel für Innovation und einer Wippe für Kreativität. Oder lieber einen Sandkasten, die Wippe ist zu statisch … Eine Financial-Times-Umfrage belegt, dass mindestens jeder zweite Manager denkt, dass Innovation und Kreativität in seinem Unternehmen vorhanden sind. Diese Annahme ist meistens falsch! Nur ein Drittel der Mitarbeiter fühlt sich in seinem Gestaltungswillen wertgeschätzt. Auf der mittleren Führungsebene geht immerhin noch fast jede zweite der Führungskräfte davon aus, dass der Gestaltungsspielraum für die Mitarbeiter gegeben ist. Hm, was zeigt uns das? Wunsch und Wirklichkeit klaffen noch sehr weit auseinander.

Eine vorsichtige Management- und Führungskultur ist ein zentraler Bremsklotz für die Entwicklung hin zu mehr Innovationskraft im Unternehmen. Dazu gehören auch Führungskräfte, die am liebsten schon im Vorfeld alle Eventualitäten bis ins kleinste Detail definiert haben wollen, bevor es mit dem Ausprobieren wirklich losgeht. Es geht mehr darum, große Ideen zu entwickeln und anzugehen, statt sich nur noch auf die Fehlervermeidung auf kleiner Ebene zu konzentrieren. – Wer kennt sie nicht, die kleinkarierten Weicheier!? – Stärken Sie Ihren Blick fürs **Wesentliche** statt für unwesentlichen Kleinkram! Zum Beispiel ist es völlig sinnfrei, Menschen damit zu beschäftigen, schon im Vorfeld Excel-Tabellen und PowerPoint-Präsentationen bis ins kleinste Detail zu perfektionieren, um in Meetings zu glänzen, statt mit nur 60, 70 oder 80 Prozent Perfektion Dinge erst mal anzupacken, auf dem Weg zu lernen (learning by doing) und während des Tuns zur »Perfektion« zu gelangen. Wie habe ich es gehasst, in meinem alten Job Präsentationen für Meetings auszuarbeiten! Sorgen Sie dafür, dass Ihre Mitarbeiter schnell und engagiert handeln und nicht an sinnfreiem Kleinscheiß ihre Motivation verlieren!

Alles basiert auf **Diversity**. Auch Führung. Das heißt, eine gute Führungskraft zeichnet sich immer mehr dadurch aus, situationsbedingt auf ein Repertoire unterschiedlicher Führungsstile zurückgreifen zu können – sei es:

1. demokratische Entscheidungen zuzulassen
2. informelle Führung in kleinen Projektteams zuzulassen
3. als Coach und Trainer Mitarbeitern zur Seite zu stehen, sie zu fordern und zu fördern oder
4. bewusst vertikal gesteuerte Entscheidungen zu treffen und schnell umzusetzen

Wichtig dabei wird sein, Führungskräfte in dieser Führungsvielfalt auszubilden, sie auf den Umgang mit Wissensarbeitern und Wissensmanagement gut vorzubereiten und auch streng bei der Auswahl neuer Führungskräfte umzugehen.

Diese neue Form von Führung bringt auch neue Vorteile für eine Führungskraft selbst mit sich: Man ist nicht mehr selbst die Energiezapfsäule für Mitarbeiter und verschwendet auch nicht mehr allzu viel Energie für die Überwachung. Das ist das, was Führungskräfte sich im Arbeitsstress wünschen: mehr Zeit und Energie für die wirklich wichtigen Dinge. Mehr Zeit, um den Blick zu heben, zu beobachten und reflektieren: Wo stecken für uns weitere Marktchancen, worin erkenne ich Potenziale der Zukunft, wie müssen wir uns strategisch besser dem Wandel anpassen oder uns neu aufstellen …

# JUNGE TEAMS HÄNDELN

Gute Führung junger Teams ist gleichzusetzen mit agiler Führung im 21. Jahrhundert. Sie basiert im täglichen Tun nicht mehr (nur) auf Anweisung und Kontrolle und fordert demnach Führungskräfte auf, über den bekannten Tellerrand hinauszuschauen und hinauszudenken. Für manche klingt das vielleicht doof, weil es nach Zeit, Aufwand und Anstrengung klingt – nur, so ändern sich die Zeiten und damit auch die Rolle und die Aufgaben einer guten Führungskraft. Für die Praxis bedeutet das, sich mit möglicherweise neuen Fertigkeiten und Themen auseinanderzusetzen. Die folgenden acht Prinzipien halte ich dabei ich für wichtig.

## 1. SELBSTFÜHRUNG

Eine zentrale grundlegende Frage im Rahmen der Selbstreflexion als Führungskraft muss lauten: Wie sehr bin ich selbst an der Führung meiner Mitarbeiter bzw. anderer Menschen interessiert? Führungskräfte eines Großkonzerns haben mir mal gesagt: »Wir machen 20 Prozent Führung und 80 Prozent arbeiten wir selbst operativ.« Das hat mich gedanklich ausgeknockt! Kein Einzelfall. Doch welcher Mitarbeiter – und vor allem junger anspruchsvoller Mensch – möchte sich von so einer Führungskraft freiwillig führen und entwickeln lassen? Sie müssen sich als Führungskraft die Erlaubnis Ihrer Mitarbeiter einholen, sie entwickeln zu dürfen – natürlich nur, wenn Sie als Führungskraft überhaupt daran interessiert sind. Falls nicht, sitzen Sie auf dem falschen Platz.

Wie viel Eier haben Sie in der Hose, sich auf neues unbekanntes Terrain einzulassen? Wie viel Mut steckt in Ihnen? Wie viel Risikobe-

»Wenn man Menschen kontrolliert, fordert man sie geradezu heraus, die Kontrollen zu umgehen, weil sie zeigen wollen, dass sie klüger sind.«

Frank Kohl-Boas, Personalchef bei Google

reitschaft? Führung bedeutet immer mehr, auch nonkonform denken und handeln zu können. Denn Führung hat immer mehr mit **Veränderung** zu tun. Sei es, um selbst Veränderungen einzuleiten oder sich auf Veränderungen einzulassen – ohne dabei unsicher und panisch zu wirken. Es gibt nichts Schlimmeres als Ausbremser in Führungsetagen. Führungskräfte, die bei Veränderungen nicht mitziehen oder es lieben, sich im alten Trott zu suhlen. #VeränderungenZulassen

**Acht Prinzipien dynamischer Führung**

1. Sich selbst gut führen
2. Immer Sinn und Nutzen vermitteln
3. Feedback geben und nehmen
4. Austausch auf Augenhöhe
5. Talente trainieren
6. Leistungsträger vorbeiziehen lassen
7. Digitalen Durchblick haben
8. Zusammenarbeit fördern

Arbeiten Sie aktiv daran, belastbarer und somit emotional stabiler zu sein. Damit Sie aufhören, Angst zu übertragen, wenn Sie in finanziellen Schwierigkeiten stecken, Druck von oben oder außen in voller Wucht auf Ihre Mannschaft zu übertragen oder im Team über Ihr Leid zu klagen. Denn ganz egal, wie Ihre emotionale Erstreaktion ausfällt, Ihre Aufgabe als Führungskraft besteht darin, negative Erfahrungen, Situationen oder Emotionen in produktive Situationen umzumünzen. Nicht einfach! Aber eine zentrale Stärke einer erfolgreichen Führungskraft! Resilienz lässt grüßen!

Wichtig im Rahmen der Selbstführung ist auch, selbst lernbereit zu sein – und es nicht nur von anderen zu verlangen. Investieren Sie in sich selbst! In Ihre eigene Entwicklung! Denn wenn Sie selbst nicht up to date sind, werden Sie mittel- oder langfristig keine Mitarbeiter haben, die gut gebildet sind.

Wie **verpeilt** sind, denken und agieren Sie? Ihr persönlicher Verpeiltheitsgrad wird sich auf Ihre Mannschaft (mehr oder weniger) übertragen und führt im schlimmsten Fall zum Fokusverlust bei der Umsetzung. Schmeißen Sie täglich neue Ideen in die Mannschaft, machen Sie diese **wuschig**. Manchmal ist das wichtig und vorteilhaft. Aber dann ist das von Ihnen bewusst auch gewollt. Bringen Sie Ihre Leute unbewusst in den Wuschigkeitszustand, und das wöchentlich, fahren Sie die Motivation Ihrer Mitarbeiter an die Wand! Sie stehen als Führungskraft in der Verantwortung, Ihre Mitarbeiter auf den richtigen Weg zu bringen – und sie dort auch zu halten.

## TIPPS

- Nehmen Sie sich Zeit für die Selbstreflexion.
- Übernehmen Sie Verantwortung für Ihren eigenen Einflussbereich.
- Hinterfragen Sie Ihren Status quo: Wo stehen Sie? Wo wollen Sie hin?
- Gleichen Sie emotionale mit rationalen Bedürfnissen ab.
- Leiten Sie daraus Ziele ab und machen Sie sich auf den Weg.
- Konzentrieren Sie sich auf Wesentliches.
- Treffen Sie reflektierte Entscheidungen und handeln Sie selbstbestimmt.
- Sorgen Sie für ausreichend Energietankstellen in Ihrem Leben.
- Hinterfragen Sie Ihre Führungsrolle: Sie müssen führen wollen.
- Nehmen Sie sich Zeit für Ihre Entwicklung als Führungskraft.

## 2. SINN UND NUTZEN VERMITTELN

Das Y bei Generation Y steht ja für **WHY = WARUM**, weil viele junge Menschen heute alles infrage stellen – und das vor allem in der Arbeitswelt. Stupides Abarbeiten von Aufgaben erfüllt nicht. Aus der Psychologie wissen wir: Die Aufklärung von Sinn und Nutzen ist grundlegend für das Gefühl von Erfüllung im Job. Eine emotionale Bindung an Aufgaben und Projekte kann nur dann entstehen, wenn wir einen Sinn und Nutzen in etwas erkennen: Warum helfen wir guten Freunden freiwillig und unbezahlt bei ihrem Umzug? Weil wir Sinn und Nutzen erkennen. Warum engagieren sich Menschen ehrenamtlich in Vereinen oder Verbänden? Weil sie darin einen Sinn und Nutzen erkennen. Wann verlieren Menschen die Lust am Tun oder fangen gar nicht erst an? Wenn sie keinen Sinn und Nutzen in etwas erkennen. Es sei denn, man ködert sie über finanzielle Anreize – die kurz- und mittelfristig Sinn und Nutzen ergeben. Langfristig sind aber auch finanzielle Anreize keine emotionalen Treiber.

Deshalb ist es für Führungskräfte wichtig, allen Mitarbeitern den übergeordneten Sinn und Nutzen der Arbeit zu verdeutlichen, bei Projekten immer wieder auf größere Zusammenhänge zu verweisen und gemeinsam mit Mitarbeitern einen individuellen Sinn und Nutzen zu definieren. Das spornt an, nicht nur das Team, sondern jeden einzelnen Mitarbeiter. Das bedeutet aber auch, sich als Führungskraft Zeit freizuräumen, um diese Fragen auf der Projekt- und persönlichen Ebene immer und immer wieder zu klären. Einen inspirierenden Vortrag zur Sinnfrage hat Simon Sinek auf einer TED-Veranstaltung gehalten.[82]

## TIPPS

- Klären Sie den Sinn Ihres Unternehmens: Warum tun Sie, was Sie tun?
- Welchen Nutzen liefern Sie nach außen?
- Kommunizieren Sie Sinn und Nutzen allen Beteiligten.
- Leiten Sie daraus Ziele ab und definieren Sie einen gemeinsamen Weg.
- Gleichen Sie den Sinn Ihres Unternehmens mit dem Sinn Ihrer Mitarbeiter ab.
- Wie gut passen Ihre eigenen Wünsche zu dem gemeinsamen Sinn?
- Leiten Sie neue Projekte aus der Sinnperspektive ab.
- Klären Sie Probleme aus der Sinnfrage heraus.

## 3. FEEDBACKKULTUR

Junge Menschen verlangen nach Feedback. Das mag zwar anstrengend und nervig sein – positiv betrachtet heißt es: Die jungen Leute **sind daran interessiert**, sich persönlich weiterzuentwickeln und an neuen Aufgaben und Projekten zu wachsen. Unbefriedigend ist es dann, wenn sich Führungskräfte vor dieser Pflicht drücken und Mitarbeiter auf die halb- oder ganzjährlichen Entwicklungsgespräche vertrösten. Umso wichtiger ist es als Führungskraft, sich auch hierfür Zeit zu nehmen (Sie merken schon, wie viel Zeit Sie als Führungskraft brauchen, um sich um die Entwicklung Ihrer Mitarbeiter zu kümmern – da sind Sie mit 20 Prozent Führung aber ganz schlecht aufgestellt), um zeitnah und vor allem konstruktives Feedback zu geben. Echtzeit-Feedback ist wichtig, um junge Menschen bei Laune zu halten, sie zu fordern und zu fördern. #Feedbackkultur

Im Umkehrschluss wünschen sich junge Menschen auch, **ihren Vorgesetzten konkretes Feedback geben** zu dürfen – und zwar nicht nur, um ihnen Honig um den Mund zu schmieren, sondern um ihnen auch mal mitzuteilen, was sie stört oder was sie anders machen wollen. Nehmen Sie als Führungskraft Feedback Ihrer Youngster an und überlegen Sie, wie Sie konstruktiv mit diesem Feedback umgehen.

## TIPPS

- Geben Sie Ihren Mitarbeitern unmittelbares und konstruktives Feedback.
- Kritisieren Sie auf der Sachebene, nicht auf der Beziehungsebene.
- Nutzen Sie Feedback, um Ihre Mitarbeiter zu entwickeln.
- Fordern Sie Feedback von Ihren Mitarbeitern ein.
- Zeigen Sie sich kritikfähig und agieren Sie veränderungsbereit.
- Geben Sie Fehler offen zu.
- Achten Sie auf harte und weiche Signale (Augenrollen, verschlossene Körperhaltung, steigender Krankenstand, Gewinneinbruch ...).
- Nutzen Sie Ergebnisse Ihrer Mannschaft als Spiegel Ihrer Handlungen.

## 4. AUSTAUSCH AUF AUGENHÖHE

Viele Mitarbeiter haben das Gefühl, Führungskräfte nutzen ihre Position aus, um bewusst oder unbewusst dieses **Machtgefälle** zwischen »ich oben – du unten« auszunutzen. Das hat für mich nichts mit innerer Reife zu tun. Vor allem junge Mitarbeiter erwarten eine partnerschaftliche, wertschätzende Zusammenarbeit auf Augenhöhe – unabhängig von Alter oder Titel. Respekt darf demnach nicht als Einbahnstraße verstanden werden. Das sollte gleichermaßen für Jung und für Alt gelten. Ein tolles Filmprojekt zum Thema »Augenhöhe« finden Sie unter: www.augenhöhe-film.de. #AufAugenhöhe

## TIPPS

- Geben Sie Kompetenz Vorrang.
- Nehmen Sie sich selbst nicht zu wichtig.
- Arbeiten Sie an Ihrer Haltung: Sie sind Dienstleister Ihres Teams (Abteilung, Unternehmen).
- Ziehen Sie sich aus dem operativen Tagesgeschäft weitestgehend zurück.
- Delegieren Sie Verantwortung statt nur Aufgaben.
- Schaffen Sie optimale Rahmenbedingungen für die Mitarbeit Ihrer Mitarbeiter.
- Respektieren Sie Individualität und fördern Sie den Wir-Gedanken.

## 5. TALENTE TRAINIEREN

Genau jetzt wird deutlich, warum die Basisfrage »Bin ich als Führungskraft daran interessiert, andere zu führen?« so enorm wichtig ist. Denn Führung bedeutet nicht mehr nur, dafür zu sorgen, dass Unternehmensziele erreicht werden, sondern Führung bedeutet in einer Zeit der Wissensgesellschaft vielmehr, jeden einzelnen Mitarbeiter gezielt zu fördern – in seinem individuellen Entwicklungsbereich. Denn je größer der passgenaue Bedarf an Mitarbeitern ist, desto relevanter werden das Erkennen und die Entwicklung der **Stärken** aller Mitarbeiter.

Darüber hinaus ist die Talentförderung junger Mitarbeiter eine zentrale Voraussetzung, um diese längerfristig im Unternehmen halten zu können. 75 Prozent der befragten 20- bis 35-Jährigen einer Umfrage des Zukunftsinstituts im Jahr 2013 gaben an, dass eine kontinuierliche Weiterentwicklung ein zentrales Kriterium für ihre Jobauswahl ist. Weiterbildung muss demnach organisch ins Unternehmen integriert werden – und die jeweilige Führungskraft ist eine Schnittstelle zum persönlichen Entwicklungsangebot. #TalentFörderung

## TIPPS

- Fördern und fordern Sie Ihre Mitarbeiter.
- Bauen Sie Vertrauen auf: Zahlen Sie aktiv auf das Beziehungskonto ein.
- Überzeugen Sie über Kompetenz.
- Holen Sie sich dann die Erlaubnis Ihrer Mitarbeiter ein, sie zu führen.
- Stärken Sie die Experimentierfreude im Team.
- Fördern Sie jeden Ihrer Mitarbeiter individuell, basierend auf Talenten.
- Sorgen Sie für eine positive Leistungsbereitschaft Ihrer Mitarbeiter.
- Nutzen Sie Fähigkeiten und Kompetenzen externer Stakeholder.
- Gehen Sie selbst als gutes Vorbild voran.
- Schaffen Sie Vielfalt in Ihrem Team.
- Halten Sie Spannungen aus.
- Geben Sie regelmäßiges Feedback zum Entwicklungsstand Ihrer Mitarbeiter.

## 6. LEISTUNGSTRÄGER VORBEIZIEHEN LASSEN

Na ja, und wenn es dann Leistungsträger gibt, die über Sie selbst hinauswachsen, zeigen Sie als Führungskraft echte innere Reife und Stärke. Hierbei spielt das Thema Kompetenz eine zentrale Rolle, wie mein geschätzter Kollege Erik Händeler mal so schön formuliert hat: »Ist bei Ihnen der Chef der Chef oder die Wirklichkeit der Chef?« Lassen Sie Kompetenz immer den Vortritt vor Ego! Und vermeiden Sie eine **Platzhirschmentalität**.

## TIPPS

- Lassen Sie andere an sich vorbeiziehen.
- Fördern Sie einen Austausch unter Leistungsträgern.
- Schaffen Sie Ihren Leistungsträgern ausreichend Raum zur freien Entfaltung.
- Hören Sie Leistungsträgern gut zu.

- Unterstützen Sie sie aktiv beim Verlassen Ihres Unternehmens.
- Halten Sie regelmäßig Kontakt zu ehemaligen Leistungsträgern.
- Bieten Sie ihnen immer wieder eine offene Tür an.

## 7. DIGITALER DURCHBLICK

Sie müssen nicht alles bis ins letzte Detail verstehen, was digital passiert. Aber Sie sollten digitale Innovationen und Trends intelligent interpretieren und darauf aufbauend eigene Strukturen, Dienstleistungen und Produkte hinterfragen. Wo bewegt sich der Markt hin? Wie wird digitale Intelligenz Einfluss auf Ihre Branche nehmen? Digitales Verständnis wird nicht nur zu einer zentralen Voraussetzung für moderne Führung, sondern auch für mehr Umsatz und Profitabilität als Unternehmen oder Team. Um Ihren digitalen Blick zu erweitern, lesen Sie regelmäßig gute Magazine, Bücher oder Blogs wie »Netzökonom« von Dr. Holger Schmidt. Besuchen Sie Veranstaltungen zu digitalen Entwicklungen und lassen Sie sich von Mitarbeitern oder Externen coachen. #DigitalDurchblick

Ihr digitales Verständnis steht in engem Zusammenhang mit dem Weg, den Sie als Abteilung oder Unternehmen einschlagen. Kennen Sie das Bild mit der Leiter, die am falschen Fenster steht? Provokativ formuliert stand irgendwann auch bei Kodak und Quelle die Leiter nicht mehr am richtigen Fenster …

## TIPPS
- Informieren Sie sich gut über digitale Entwicklungen.
- Nutzen Sie Social-Media-Kanäle.
- Arbeiten Sie mit digitalen Tools (Apps, Dropbox, Wetransfer, Evernote ...).
- Setzen Sie sich mit der Digitalisierung Ihrer Branche auseinander.
- Wie intensiv arbeiten Sie an einer Digitalisierung Ihres Geschäftsmodells?
- Stellen Sie Digital Natives ein, die über starke digitale Kompetenzen verfügen.

- Sorgen Sie für einen digital ausgestatteten Arbeitsplatz.
- Lassen Sie neue, digitale Ideen zu.
- Unterstützen Sie aktiv bei der Umsetzung digitaler Ideen.

Zum digitalen Durchblick gehört auch, die digitale Motivation junger Mitarbeiter nicht gegen die Wand zu fahren, wie im Beispiel von Manuel (siehe unten).

## DIGITALE DEMOTIVATION VON DIGITAL NATIVES

Manuel hat sich überreden lassen. Fail, das sage Ihnen jetzt schon. Ein mittelständisches Unternehmen mit mehreren Tausend Mitarbeitern ist auf der Suche nach einem Kommunikations- und Marketing-Profi, der die digitalen Kanäle ankurbeln soll. Für eine bessere Beziehung zu (potenziellen) Kunden. Eigentlich ein guter Gedanke.

Nun hatte die Geschäftsleitung im Einstellungsgespräch top Arbeit geleistet. Und hier beginnt das Katz- und Mausspiel dieser Geschichte: Beide Seiten werden direkt Fans voneinander. Für Manuel klingen die neuen Aufgaben perfekt: viel Verantwortung, Handlungsspielraum und viel Selbstorganisation. As if! Die Geschäftsleitung selbst ist stolz darauf, einen Digital Native für sich gewonnen zu haben. Einen jungen High Potential, der frischen Wind ins Unternehmen bringen soll. Es läuft noch alles nach Plan. Beide Seiten sind motiviert und neugierig auf die Zusammenarbeit.

### Erster Arbeitstag

Manuel sieht seinen neuen Arbeitsplatz: ein tolles Einzelbüro. Vor ihm steht sein neues Werkzeug: Bildschirm, Docking-Station, Laptop, Kabelsalat. Daneben ein Festnetztelefon (also echt …), ihm gegenüber ein Besprechungstisch mit vier Stühlen, dahinter ein Schrank, gefüllt mit Sicherheitshelm, Sicherheitsschuhen und einem Regenschirm. Sonst im Raum: ein Regal für Ordner und Bücher und ein Post-it mit »Herzlich willkommen! Bei Fragen melden Sie sich gerne bei mir. Ihre Sekretärin«. Alles ziemlich sweet, bisschen old school, aber okay. Das überlebt man. Wenn Sie nun denken, das Festnetztelefon ist schon old-schoolig, aufpassen: In der obersten

Rollschublade seines Schreibtischs lag ein Mobiltelefon: ein altes Klapp-Handy. Oh mein Gott! Überrascht von diesem Anblick ruft Manuel bei der Dame vom Post-it an und erkundigt sich, ob das Handy möglicherweise nur als Übergangshandy dienen soll. Die Dame verneint und argumentiert, dass moderne Mobiltelefone mit jeglichem Schnickschnack nur für außertarifliche Mitarbeiter vorgesehen sind. Fuck, denkt sich Manuel. So hat er es nicht direkt gesagt, er ist zwar cool, aber auch gut erzogen. Aber er war geknickt. Ein bestimmtes Gefühl schlich sich ein – nach nur 15 Minuten.

Im Laufe seines ersten Arbeitstags geht es so weiter: Laptop? Gebraucht. Betriebssystem? Alt. Dropbox? Gesperrt. Langsam ist Manuel genervt, er ruft bei der IT an: »Sicherheitsvorschriften, daran lässt sich nichts ändern. Sorry.« WLAN? Photoshop? Pfff! Erinnern wir uns kurz daran, wofür Manuel eingestellt wurde: Genau, um den digitalen Bereich des Unternehmens auf Vordermann zu bringen.

Er geht zur Geschäftsleitung. So macht das die Generation Y (zumindest die Mutigen unter ihnen und das sind verdammt viele). »So kann ich nicht arbeiten.« – »Wir werden uns darum kümmern.« Die Nutzung privater Geräte sei jedoch für alle strikt untersagt. Dazu gehören Laptop, Tablet, Handy und USB-Stick.

Auf die Frage, was er in der nächsten Zeit so machen soll, kam: »Nutzen Sie die Zeit, sich mit Ihren neuen Kollegen auszutauschen, die Unternehmensrichtlinien zu lesen und unser Organigramm zu studieren. Damit haben Sie erst mal genug zu tun – immerhin müssen Sie das ja auch noch sacken lassen.« Das Gefühl von vorher wurde stärker, die Gedanken lauter: »Ob das denn die richtige Entscheidung war?« Er ignoriert es, lenkt sich ab, hofft das Beste. Armer Manuel.

### Was ist passiert?

Zwei unterschiedliche Arbeitsweisen und somit auch Denkweisen stehen sich gegenüber: alt versus neu, analog versus digital. Oder ist es alt versus digital? Laptop, Smartphone und Tablet gleichzeitig privat und beruflich zu nutzen, das ist für Manuel Alltag. Für ihn gibt es keine Trennung zwischen Arbeit und Freizeit. Darüber hinaus arbeitet er seit Jahren mit neuesten Werkzeugen und Programmen, um effektiv und schnell sein zu können. Ständig werden neue

Programme installiert, upgedatet, deinstalliert. Einschränkungen im Internet sind ihm nur von Ländersperren bekannt. Mit Freunden kommuniziert er via WhatsApp, Informationen zieht er sich aus Twitter und knüpft hin und wieder neue Kontakte über Facebook. Blogs helfen ihm bei der Recherche bestimmter Themen und bei YouTube schaut er sich Anleitungen für neue Programme an.

### Versprechen und Realität stimmen nicht überein

Manuel ist ein hohes Maß an Freiheit gewohnt. Er liebt es, selbstbestimmt zu experimentieren und Feedback über sein digitales Umfeld einzuholen. Genau diese Antreiber sind es jedoch, die in seinem neuen Arbeitsumfeld ausgebremst werden. Statt einem schönen großen Einzelbüro, was ein materielles Statussymbol ist, wünscht sich Manuel eine Befriedigung auf einer eher immateriellen Ebene: die Möglichkeit, die gewohnte Arbeitsweise auch im neuen Unternehmen ausleben zu dürfen. Weil das nicht der Fall ist, rutscht nicht nur seine Motivation sukzessive ins Bodenlose. Auch seine Potenziale, für die er eingekauft wurde, können gar nicht zum Einsatz kommen. Potenzialverschwendung pur!

### Die Denkmuster der Realität

Ich kenne es aus eigener Erfahrung. Man trifft als junger Mensch auf bestehende Routinen, Gewohnheiten und Denkmuster. Offen für Neues sind nur wenige. Mit dem ganzen Internetzeugs kennen sich im Umfeld nur wenige aus. Und auch Manuel hat Schwierigkeiten, mit seinem Wissen und Können bei seinen Kollegen auf Interesse zu stoßen. Wie auch? Viele der Ü-45-Jährigen kennen sich mit der digitalen Welt nicht aus. Sie haben keinen blassen Schimmer von dem, was Manuel erzählt und umsetzen will. Gleich nach dem Meeting eine Facebook-Seite aufbauen? Das muss doch erst im nächsten Arbeitskreis abgestimmt werden, basierend auf einem Konzept, das Manuel bitte als Präsentation vorstellt. Erklärvideos aufnehmen zu internen Produktideen und die dann bei Vimeo online stellen und über Social-Media-Kanäle streuen, um Feedback von (potenziellen) Kunden einholen? Bloß nicht! Was ist, wenn die Konkurrenz die Ideen abgreift und umsetzt? Oder wenn sich (potenzielle) Kunden negativ zu den Ideen äußern?

## KONKRETE TIPPS

### 1. Innovationsteam einrichten

Sie merken es: Nicht nur, dass Manuel sein digitales Können nicht einsetzen darf, sondern auch seine Experimentier- und Innovationsfreude werden unterdrückt, sogar zum Teil blockiert. Manuel hat es versucht. Er hat sich bemüht. Und die Firma irgendwann verlassen. Das war abzusehen, und dennoch ist es schade. Für beide Seiten, doch für das Unternehmen mehr. Um das Potenzial innovativer Querdenker nicht gegen die Wand zu fahren, besteht eine gute Möglichkeit darin, mehrere solcher Querdenker von der Masse zu separieren und sie in sogenannten »Innovationsteams« arbeiten zu lassen. Abgeschottet von alten Denkfallen, starren Strukturen und Abläufen. Sie brauchen also einen kulturellen Schutzraum, um gute Ideen entwickeln zu können – und diese dann über einen Pool an Multiplikatoren im Unternehmen Schritt für Schritt zu verbreiten. Fragen Sie solche Querdenker, wie sie sich ein optimales Zusammenarbeiten vorstellen – sie werden Ihnen eine gute Lösung liefern!

### 2. Anspruch mit Wirklichkeit abgleichen

Stellen Sie junge und dynamische Mitarbeiter ein, gleichen Sie Anspruch mit Wirklichkeit ab! Lassen Sie hierzu beispielsweise einen Testdurchlauf durchführen, von einer externen Person, vielleicht aus Ihrem privaten Umfeld. Der Testdurchlauf kann einen Tag, zwei Tage oder eine ganze Woche andauern. Sie werden so Feedback dazu erhalten, wie gut sich ein ähnlich tickender Mensch in seiner Arbeitsrealität abgeholt fühlt. Folgende Fragen können dann beantwortet werden:

• Wie positiv ist der erste Tag verlaufen?
• Sind alle Ansprüche erfüllt?
• Wo und wie kann für einen besseren Einstieg gesorgt werden?
• Wer ist ein guter interner Ansprech- und Austauschpartner?
• Wie könnten mögliche Reaktionen vom Umfeld auf den neuen Mitarbeiter und umgekehrt bestehen?

## 8. ZUSAMMENARBEIT

Ein neuer Treiber von Führung ist das **Wir-Gefühl**. Deshalb ist es bei der Führung junger Mitarbeiter wichtig, dem Anspruch nachzukommen, Teamarbeit und Netzwerkbildung zuzulassen (siehe S. 152, Interview mit Amorelie-Gründerin). Denn besonders junge Menschen denken (wieder) mehr im Wir statt im Ich – und das wollen viele auch auf der Arbeit ausleben dürfen. Zwar sind wir alle im Kern von einem Wir getrieben, in der Praxis gab es in der Vergangenheit jedoch eine Entwicklung hin zu mehr Ich statt zu mehr Wir: Wissensmonopole, Silo-Denke, Wettbewerb, Ellenbogenmentalität und so weiter. Nur in den letzten Jahren bemerken wir immer mehr, dass wir in der Ich-Kultur vieler Unternehmen an die Bearbeitungsgrenze stoßen. Wir können die wachsende VUKA-Welt **nicht mehr länger im Alleingang händeln**. » Wir brauchen wieder eine Rückbesinnung auf das Wir«, so Prof. Peter Kruse in einem Interview 2009. Und die Digitalisierung ermöglicht es uns auch, die Wir-Leistung effizienter zu gestalten.

### TIPPS

- Kommunizieren Sie auf Augenhöhe, unabhängig von Titel, Alter und Position.
- Stellen Sie hierzu Ihr Einflussstreben hintan.
- Lassen Sie Kompetenz immer Vorrang vor Ihrem Ego.
- Geben Sie der Vielfalt von Denkansätzen und Verhaltensmustern Freiraum.
- Halten Sie Chaos (nicht regulierbare Informationsflüsse und Wirkungen) aus.
- Beziehen Sie andere in Entscheidungen mit ein.
- Fördern Sie den Austausch von Interessensvertretern.
- Sorgen Sie für eine Auflösung von Gruppenzugehörigkeiten (Buchhaltung, Vertrieb, Produktion ...).
- Implementieren Sie ein Social Network.

# FAZIT: FÜHRUNG MUSS SICH ÄNDERN – FÜR JUNG UND ALT

Was darf Jung von Alt noch lernen? Was müssen Führungskräf- te von morgen anders machen als heute? Zwei spannende Fra- gen, die meiner Meinung nach zu wenig diskutiert werden. Dabei ist jetzt die Zeit, in der wir richtige und wichtige Weichen stellen sollten, bevor Nachwuchsführungskräfte und -manager falschen Vorbildern nacheifern und sich falsche Verhaltensweisen aneignen. #GuteVorbilder

## MENSCHENFÜHRUNG

Von Boris Grundl, einem europaweit erfolgreichen Führungskräfte- trainer, habe ich gelernt, dass ich mich dauerhaft mit folgenden drei Fragen auseinandersetzen muss, um eine gute Führungskraft zu sein:

- **Wie führe ich mich selbst?**
  Umgang mit Stress, Fokus auf den eigenen Einflussbereich, Über- nahme von Verantwortung, Wahrnehmung und Interpretation von Körpersignalen (Bauchgefühl, Intuition), Zeit zum Reflek- tieren und Nachdenken, Balance von Anspannung und Ent- spannung, nicht zu viel Selbstfokus (Ego, Ellenbogenmentalität, Macht- und Einflussstreben), …

- **Wie lasse ich mich führen?**
  Umgang mit Druck von oben und von unten, Reaktion auf Über- raschungen und Neues, sich führen lassen von Prinzipien wie: Kompetenz Vorrang lassen, Respekt, Verantwortung, Integrität, humanitäres Menschenbild, …

- **Wie führe ich andere?**
  Führung über Nähe und / oder Distanz, Mitarbeiter fördern und fordern, statt Gießkannenprinzip Entwicklung der Mitarbei- ter je nach Entwicklungsstufe, Konzentration auf Leistung und Engagement der Mitarbeiter, Rahmenbedingungen schaffen

»Wissen diejenigen, die an ihrem Charakter arbeiten sollten, auch um diese Notwendigkeit? In den meisten Fällen nicht – sie sind ziemlich verblendet.«

Harvard Business Manager 08/2015, Red Kiel

Bei der Selbstreflexion fallen die Bewertungen meist deutlich positiver aus als bei der Beurteilung durch die Mitarbeiter ...

für Potenzialentfaltung der Mitarbeiter, eigene Fehler zugeben, Danke sagen, Teamerfolg vor eigenen Erfolg stellen, Ziele definieren und bei der Umsetzung unterstützen …

Während meiner bisherigen Erfahrungen mit Führungskräften ist mir aufgefallen: Viele von ihnen haben sich diese drei Fragen noch nie wirklich bewusst gestellt. Und viele Führungskräfte sind sich auch nicht bewusst darüber, dass sie zu jeder Zeit a) sich selbst führen, b) sich führen lassen und c) andere führen. Dabei ist die richtige Steuerung aller drei Themen höchst herausfordernd und basiert auf sehr viel Selbstreflexion, Fremdreflexion und kontinuierlichem Training.

Umso wichtiger ist es, dass nachrückende Führungskräfte genau zu diesen drei Fragen trainiert und qualifiziert werden – am besten von ehemaligen erfolgreichen Führungskräften! Und während der Trainingsphase durchlaufen diese jungen Menschen ein Mentoring-Programm mit aktiven Führungskräften, die als **gute Vorbilder** vorausgehen. Ich bin sogar der Meinung, jede Führungskraft sollte in regelmäßigen Abständen einen Coach aufsuchen, um neu zu lernen und weiter in der eigenen Rolle zu wachsen.

Durch Diskussionen mit diversen Führungspersonen ist mir aufgefallen: Führungskräfte werden mehr und mehr für operative Arbeit, also die Arbeit im System, honoriert, statt für die Arbeit am System – damit ist auch die Entwicklung der Mitarbeiter gemeint. Solange wir jedoch die Arbeit von Führungskräften im System mehr wertschätzen als die Arbeit am System, wird sich nicht viel ändern. Wir müssen Führungskräften den Drang und Druck nehmen, sich weiterhin mit dem Großteil ihrer Zeit um Operatives zu kümmern. Erst dann kann ein Wandel hin zu einer transformationalen Führung auch wirklich erfolgreich sein. Ein Vergleich: Haben Sie in der Fußball-Bundesliga schon einmal einen Trainer erlebt, der mit aufs Feld geht? Sicherlich nicht! In der Kreisliga schon …

# DIE MIT-ARBEITER VON MORGEN

## SIE FORDERN WISSEN STATT MACHT

# LEBENSLÄUFE DER NEUEN GENERATION

Das Bild der klassischen Biografie unserer Elterngeneration wird bald Geschichte sein. Die Multioptionalität unserer Zeit sowie die Freiheit zur Wahl führen zu einer endlosen Ausdifferenzierung der Normbiografie. Der individuelle Lebenslauf mutiert zu einer **Multigrafie** – ein Trend, der nicht nur unsere Gesellschaft, sondern auch die Arbeitswelt zentral beeinflussen wird. »Zickzack-Karrieren« in »Patchwork-Lebensläufen«[83], in denen Unterbrechungen oder Richtungswechsel zur Selbstverständlichkeit gehören und das 3-Phasen-Modell unserer Eltern und Großeltern an Bedeutung verliert: Jugend und Ausbildung, Erwachsensein und Arbeit, Alter und Rente. *#ZickZackKarrieren*

So manche Berufseinsteiger fordern in Einstellungsgesprächen ein **Sabbatical** ein. Sie wollen bereits in jungen Jahren die Tapete wechseln. Sei es, um zu reisen, aus der Schnelllebigkeit auszusteigen oder sich anderen Projekten zu widmen. Und es gibt auch solche, die Lust haben, die Arbeitszeit zu reduzieren – oder gar mit weniger Stunden einzusteigen, um nebenher andere Ideen zu verwirklichen. Im vergangenen Jahr habe ich eine intelligente junge Magisterabsolventin aus Österreich kennengelernt, die nur 30 Stunden pro Woche einem Job in einer Marketingagentur nachgehen wollte, um sich nebenher einen eigenen Online-Shop aufzubauen, in dem sie selbstgebackene Pop-Cakes verkauft. Ist das nicht cool? Marketing plus lecker Cakes – vielleicht ist genau das die richtige Mischung. Ich selbst habe schließlich auch meine Festanstellung auf 50 Prozent reduziert, um die Verwirklichung meiner eigenen Vision voranzutreiben. Wieder andere wollen sich nebenher in einem ehrenamtlichen Projekt engagieren, ein eigenes Business aufbauen, sich ihrer Musikleidenschaft widmen oder sich in der digitalen Welt verwirklichen. Why not? Und dann gibt es auch noch solche, die es spannend finden, für ein zwei- bis dreijähriges Projekt den aktuellen Arbeitgeber zu verlassen, um bei der Konkurrenz, im Ausland oder branchenübergreifend ihren Horizont zu erweitern: Gehen, wiederkommen – mehr Wissen mitbringen. Gehen, wiederkommen – mehr Wissen mitbringen.

»Sie haben eine Lücke im Lebenslauf.«

»Ja. War geil.«

Auch im Bereich **Bildung und Lernkultur** erleben wir bei jungen Menschen einen neuen Mindset: Sie lernen viel lieber digital – immer dann, wenn sie in einer bestimmten Situation gezielt auf Lerneinheiten zurückgreifen müssen. Learning by doing statt Bulimie-Lernen im Schul- oder Uni-Unterricht. Und statt ein breites Allgemeinwissen aufzubauen, geht es jungen Menschen mehr darum, sich situativ relevantes Wissen aus der digitalen Masse der **Informationsflut zu filtern**. Interessant hierzu ist der Hinweis des Gottlieb Duttweiler Instituts (GDI), dass sich bei Moocs nicht nur viele Nutzer einschreiben, sondern viele auch abbrechen oder aussteigen. Die genaue Analyse des GDI zeigt: »Viele Teilnehmer registrieren sich für einen Kurs, ohne jemals auch nur ein Modul vollständig zu absolvieren. Der Zusammenhang von Kurslänge und Abbruchrate weist auf eine neue Lernkultur in der digitalisierten Gesellschaft hin: Ein Abschluss wird nicht immer angestrebt, häufig will man nur reinschauen, ausprobieren, neue Erfahrungen sammeln. Oder man benötigt nicht den ganzen Kurs, sondern nur eine Einheit, um die aktuellen Informationsbedürfnisse abzudecken. Die hohen Abbruchquoten sind also nicht (nur) auf fehlende Disziplin oder ungenügende Motivation zurückzuführen, sondern entsprechen dem Trend, sich selbstbewusst nur das zu holen, was jetzt gerade gebraucht wird.«[84]

Viele Studenten bestätigen mir diesen Trend. Und viele klagen über zwei zentrale Defizite vieler Hochschulen:

- Vieles, was in der Ausbildung vermittelt wird, liefert keinen Alltagsnutzen.
- Frontalunterricht ist langweilig – zumal man sich das Wissen auch problemlos übers Netz abrufen kann.

Sie nehmen eine Lücke zwischen traditionellen Lehrmustern und modernen Anforderungen wahr. Hier ist ein deutlich schnelleres Vorankommen der Bildungspolitik notwendig.

Als ich mich im letzten Jahr mit meinen Studenten zusammensetzte, um deren Lebensläufe zu pimpen, hat dieses Projekt bei mir zu einem schmunzelnden Aha-Erlebnis geführt. Fast keiner der Studis hatte in der Freizeit eine Zusatzqualifikation absolviert. Als ich damals zur Uni ging, wurde mir das noch stark ans Herz gelegt. Deshalb gab es in meinem Lebenslauf auch eine Rubrik, die sich so nannte: Zusatzqualifikation oder Weiterbildungsmaßnahmen – ich bin mir sicher, Sie kennen sie. Und da standen dann auch einige Kurse aus dem Rhetorik-, Ernährungs- und Bewegungsbereich. Hm, als ich bei den Studis tiefer bohrte, ist mir aufgefallen, die jungen Leute bilden sich durchaus weiter. Aber nicht mehr klassisch analog und mit Geldausgeben, um dann am Ende ein schriftliches Zertifikat in der Hand zu haben. Sondern digital. Sie lesen Blogs, Online-Magazine, statt sich beim Kiosk ein Magazin für 10 Euro zu kaufen, und sie schauen sich über YouTube zu allem Möglichen Tutorials an. Das trifft vor allem auf die heute 15- bis 25-Jährigen zu, weniger stark ausgeprägt auf die Ü-26-Jährigen.

Wir mussten in den Lebensläufen meiner Studis also die alte Rubrik um das Wörtchen »digital« erweitern: digitale Weiterbildung. Und mir wurde klar: Weiterbildung findet immer mehr unsichtbar und digital statt. Und sie entwickelt sich organisch – je nach Lebenssituation, Herausforderung, Neugier und Fragestellungen.

Lernen wird nicht mehr in wenigen Jugendjahren gebündelt stattfinden, sondern ist ein Prozess – lebenslänglich – und nicht eine vor Jahren absolvierte Grundqualifikation. Lernerfolge werden nicht definiert über aktuelle Leistungen, sondern über die Kompetenz, sich schnell in neue Themen einarbeiten zu können, vernetzt zu denken, Probleme zu erkennen und gut lösen zu können.

**Experiment eines Schülers**

Moritz, 16, startete einen Selbstversuch und beschreibt diesen bei »Spiegel online«: Er war sechs Stunden mit der Bahn unterwegs – ohne Laptop, ohne Handy. Um sich auf der Fahrt nicht zu langweilen, kaufte er sich am Bahnhof eine Zeitschrift. Er entschied sich für »GEO Epoche«. Nicht weil er sie kannte, sondern weil sie 10 Euro kostete. Das hatte ihn neugierig gemacht. Beim Lesen fiel ihm auf: Eine analoge Zeitschrift ist begrenzt. Eine digitale Zeitschrift hingegen würde ihm die Möglichkeit bieten, grenzenlos durchs Netz zu surfen, getroffene Aussagen weiter zu recherchieren, und sie würde ihn dort hinleiten, wo er etwas findet, das ihn wirklich interessiert. Kostenlos! Bei der analogen, zehn Euro teuren Ausgabe musste er sich mit 173 Seiten zufriedengeben. Sein Fazit: »Ein großer Zeitschriftenleser werde ich wohl nie mehr. [...] Ich schenke meine erste Zeitschrift meinen Eltern.«

Quelle: Spiegel Online, Oktober 2014[85]

**Diese neue Lernkultur** verdeutlicht, warum es immer mehr junge Menschen gibt, die mit einem ausgeprägten Selbstbewusstsein Experimente starten wie diese: mit 24 Jahren Zeitmanagementseminare anbieten, als BWLer einen Online-Kaffee-Handel mit Fairtrade-Produkten gründen oder nach einer Marketingausbildung einen Online-Shop für selbstgebackene Leckereien aufbauen, bei Facebook eine Community von mehr als 60 000 Followern aufbauen oder neben dem Volontariat weitere 20 Stunden pro Monat anderen journalistischen Tätigkeiten nachgehen und zusätzlich einen eigenen Blog pflegen oder sich über YouTube verwirklichen, wie es LeFloid und die anderen verrückten YouTuber tun …

Junge Menschen haben heute auch immer weniger nur eine Identität – sie leben nicht nur, um zu arbeiten, sie haben mehrere Rollen gleichzeitig. Sie definieren sich also eher über ihren **individuellen Lebensstil** als über den Job. In meinem alten Job in einem Großkonzern der Pharmaindustrie konnte ich selbst nur schwer nachvollziehen, wie intensiv dort die Mitarbeiter über 20 bis 30 Jahren an das Unternehmen gebunden waren, wie sehr sie ihre eigene Persönlichkeit damit identifizierten und wie stolz man war, wenn die eigenen Kinder im gleichen Unternehmen anfingen zu arbeiten. #NichtNurEineIdentität

Bei jungen Menschen erlebe ich diese emotionale Verbundenheit eigentlich nur bei Start-ups – und zwar bei den eigenen. Für die meisten sind »Freizeit«-Projekte heute ähnlich wichtig wie die Ausführung des Jobs.[86] Denn der Job selbst wird heute häufig nicht mehr als lebenslange Verpflichtung angesehen, sondern als ein zeitlich begrenzter Boxenstopp in der Mosaik-Karriere. Dadurch ist auch die Wechselbereitschaft junger Menschen deutlich höher als die ihrer Eltern oder Großeltern. Diese **zunehmende Fluktuationsbereitschaft** wird jedoch häufig falsch interpretiert, was Aussagen wie diese zeigen: »Wollen die auch arbeiten?« oder »Die junge Generation hat an Loyalität verloren«. Laut der Shell-Jugendstudie aus dem Jahr 2010 sind junge Menschen heute leistungsbereiter denn je. Viele von ihnen halten Ehrgeiz und Leistungsbereitschaft für eine wichtige Gewürzmischung für Erfolg im Leben. Und schon heute führt der Stress durch Studium, Nebenjob und Praktika zu enormem Leistungsdruck bis hin zur la-

tenten Überforderung bei der Jugend.
#MosaikKarriere

Bei allem ist die junge Generation geprägt von dem **Streben nach Selbstentfaltung** und gleichzeitig auch einem **starken Wir-Gefühl**. Typisch ist das Streben nach Selbstbestimmung, Verantwortungsübernahme und individueller Kompetenzsteigerung, umrahmt von Strukturen und einem sozialen Wertemanifest. Diese »Sowohl-als-auch«-Geisteshaltung beschreibt exakt jene Qualität, die ein Unternehmen in einer VUKA-Welt zum Überleben benötigt: Resilienz oder, wie Nassim Nicholas Taleb es beschreibt, Antifragilität. Der Hang zum Wir-Gefühl der Jugend von heute wurde auch über die Kommunikation und Vernetzung über Social-Media-Kanäle geprägt. Es ist zu beobachten, dass immer mehr Menschen daran interessiert sind, Ideen gemeinsam mit anderen umzusetzen. »Social« gewinnt an Beliebtheit. Doch während früher soziale Beziehungen auf jahrelanger Treue basierten, sind heutige soziale Bindungen eher punktuell und intensiv. Auch das ist ein Indiz für die steigende Komplexität und Dynamik unserer Welt. Damit jedoch qualitativ gute Wir-Konstrukte entstehen können, reicht eine digitale Vernetzung nicht aus. Demnach gewinnen soziale Innovationen und die Netzwerkwissenschaft immer mehr an Bedeutung.

Ein weiterer Megatrend wird als **Gender Shift**[87] bezeichnet (Abb. S. 187). Die Beratungsgesellschaft »Euro RSCG worldwide« hat bereits 2010 dieses Phänomen in ihrem Prosumer-Report aufgegriffen. Gender Shift drückt sich darin aus, dass wir zukünftig mehr und mehr eine Auflösung der klassischen Rollenverteilung von Mann und Frau erleben, die sich auch auf die Wirtschaft auswirkt. Es sind nicht nur die Frauen, die einen stärkeren Einfluss auf Gesellschaft und Wirtschaft

### Neues Berufsbild: YouTuber

Wussten Sie das? YouTube ist das Fernsehen der Jugend! Geboten werden dort diverse Infotainment-Kanäle, und diese sind super populär. Der diesjährige »Webvideopreis«-Gewinner – ja, diesen Preis gibt es, gefeiert von einer Masse junger Fans, ausgestrahlt vom WDR – ist Gronkh und hat beispielsweise mehr als 3,8 Millionen YouTube-Abonnenten. Zum Vergleich: Das entspricht aktuell der Einschaltquote der Tagesschau.

Oder LeFloid, 87er-Jahrgang, ist Student, Videoproduzent und Betreiber eines YouTube-Kanals mit mehr als 2,6 Millionen Abonnenten. Am 10. Juli 2015 hat LeFloid Bundeskanzlerin Angela Merkel zum Interview getroffen. Aus gesicherter Quelle habe ich erfahren, dass LeFloid mehr als 100 000 Euro pro Jahr verdient. Ja, im Internet kann man sogar ganz gut Geld verdienen.

haben, sondern auch das wandelnde Rollenbild des Mannes führt zu einem zentralen Einfluss. Denn ob Mann oder Frau in Führungsposition – das ist vielen Vertretern der Generation Y egal. Hauptsache, die Führungsperson selbst führt authentisch und kompetent. Es sind auch nicht wir, die aktiv an der Diskussion um die Frauenquote teilnehmen. Für uns ist es selbstverständlich, dass jeder – ob Frau oder Mann – eine gleichwertige Karriere durchlaufen kann und auch jeder – ob Frau oder Mann – ein Recht auf Kindererziehung hat.

## SCHNEE VON GESTERN – FÜR UNS HEUTE SO ALTERTÜMLICH WIE DAS FAXGERÄT IM BÜROGEBÄUDE

Gunda Krauss, 76 Jahre, erzählt in der »brand eins« (06 / 2015, S. 141): »Ich hätte gern Architektur studiert, aber das Geld reichte nur für ein Kind an der Universität. ›Du heiratest ja eh‹, sagte meine Mutter damals. ›Dein Bruder muss später eine Familie ernähren. Eine Frau heiratet und wird versorgt.‹ Heute bin ich 76 Jahre alt. Geheiratet habe ich nie. Ich habe immer selbst für mich gesorgt. Meine Mutter hat trotz ihres Einser-Abiturs nie gearbeitet. ›Eine Krauss tut das nicht‹, pflegte ihr Schwiegervater zu sagen. Das hat mich geprägt, ich hatte das Gefühl, dass eine Frau weniger wert ist. Deswegen habe ich auch lange mit meinem eigenen Frausein gehadert. Ich hatte das Gefühl, es verschließt mir viele Türen. Und so war es auch.«

Wir werden also zukünftig auch immer häufiger erleben, dass die Frau arbeitet und Karriere macht und der Mann das Baby versorgt, mit den kleinen Kindern auf den Spielplatz geht, den Haushalt schmeißt und die Windeln wechselt. Die Rollen von Mann und Frau gleichen sich an – und in der Gesellschaft erleben wir diese Angleichung auch auf individueller Ebene. Ein sehr bekanntes Beispiel hierzu ist Conchita Wurst, die Eurovision-Song-Contest-Gewinner*in von 2014. Weniger extreme Ausprägungen sind Männer, die Lust haben, Kuchen zu backen, Emotionen öffentlich mehr Raum geben oder mit den Haushalt schmeißen. By the way: Mein Freund ist die geniale »Hausfrau«.

Gender Shift: Auflösung der klassischen Rollenverteilung.

Er putzt nicht nur besser als ich, sondern legt auch mehr Wert auf Ordnung und Schönheit in unseren vier Wänden. Auf der anderen Seite gibt es Frauen, die Bock haben, sich die Haare kurz zu schneiden oder eine Mechatronikerausbildung zu machen oder ein ganzes Unternehmen zu leiten. Das heißt, dass sowohl Mann als auch Frau stereotype Rollenbilder aufbrechen. Das Leben wird mehr und mehr **Unisex**. Wir befinden uns demnach in einer »postfeministischen« Zeit.[88] Die Frauenbewegung hat eben auch eine Männerbewegung ausgelöst. #Postfeminismus

Das Fazit lautet: Über die **Sinnhaftigkeit unseres Lebens** bestimmen wir selbst – nicht mehr traditionelle Institutionen wie Kirche, Politik oder Arbeitgeber. Das heißt auch: Arbeit wird immer mehr zu einem gestaltbaren Element der Selbstverwirklichung. Über diese Entwicklung schrieb auch schon US-Ökonom Richard Florida in seinem Buch »The Rise of Creative Class«. Somit wird Diversity-Management zu einer zentralen Herausforderung für Unternehmen. Das hat Auswirkungen auf den Zusammenhang zwischen Business-Modell und Charakteren der Mitarbeiter, auf die Weiterbildungsvielfalt, die ein Unternehmen anbietet, und die Qualifizierung der Führungskräfte, die sich bewusst auf eine steigende Vielfalt einstellen müssen.

# NEUE ANFORDERUNGEN AN ARBEITGEBER ...

**D**iversity-Management ist ein zentraler Erfolgsfaktor in der Arbeitswelt von morgen. Umso wichtiger ist es, sich als Arbeitgeber auf diese Entwicklung schon heute gut vorzubereiten. Sie sollten also überlegen, wie Sie schon heute Ihre Personalstrategien auf die Welt von morgen ausrichten. Diese wiederum ist abhängig davon, ob man sich zukünftig als »Caring Company« oder »Fluid Company« positionieren will. Demnach darf die Personalarbeit und -fürsorge zukünftig kein lästiges Anhängsel mehr sein, sondern gehört zum Dauerthema in der Vorstands- und Geschäftsführerebene.

## VORZEIGEBEISPIEL: GENERATION-Y-INITIATIVE
## INTERVIEW MIT VERTRETERN DER DAIMLER AG ZUM GEN-Y-DAY

*Wie kam es zu diesem Projekt bzw. zu dieser Idee?*

Die Generation Y – oder auch »Digital Natives« – stellen bereits
heute 25 Prozent der deutschen Belegschaft bei Daimler. Ihre Bedürfnisse und Ansprüche als Arbeitnehmer spielen also heute und
in Zukunft eine wichtige Rolle. Um die Arbeitswelt der Zukunft zu
gestalten, hat Daimler einen intensiven Austausch mit den jungen
Kolleginnen und Kollegen gestartet. Aus diesem Dialog entstand der
Gen-Y-Day, bei dem 60 Teilnehmerinnen und Teilnehmer im Alter
von 20 bis 35 Jahren insgesamt 220 Ideen für die Arbeitswelt der
Zukunft entwickelt haben.

*Wer waren bzw. sind wichtige Supporter?*

Die Initiatoren des Gen-Y-Days 2015 waren Wilfried Porth, Vorstand
für Personal und Arbeitsdirektor & Mercedes-Benz Vans der Daimler
AG, sowie Wolfgang Nieke, Betriebsratsvorsitzender Mercedes-Benz
Werk Untertürkheim.

*Wie wurden die Generation-Y-Vertreter akquiriert?*

Der Gen-Y-Day wurde über das Daimler-Mitarbeiterportal ange-
kündigt, worüber auch der Ablauf und die geplanten Diskussions-
schwerpunkte vorgestellt wurden. Die Ausschreibung und die daran
anknüpfende Kommunikation erfolgten ausschließlich in Du-Form.
Interessierte Mitarbeiterinnen und Mitarbeiter konnten sich online
mit einem Motivationsschreiben und einem aktuellen Lebenslauf für
die Teilnahme bewerben. In Summe erhielten wir 260 Bewerbungen.

*Wie war die Gruppe zusammengesetzt?*

Die 60 Teilnehmer kamen aus der Konzernzentrale, den Mercedes-
Benz-Werken, den Niederlassungen und Daimler-Tochtergesellschaf-
ten in ganz Deutschland. Das heißt: Wir konnten mit der Auswahl
einen Querschnitt der vielen Divisionen und Fachbereiche in unserem Konzern abbilden. Nachwuchskräfte von 21 unterschiedlichen
Standorten waren am Gen-Y-Day vertreten.

*Wie kann man sich als Außenstehender diesen Kreativ-Tag vor-
stellen?*

Es ging darum, noch besser zu verstehen, was die Generation Y
antreibt, ihre Motivation, ihre Ziele und die damit verbundenen
Anforderungen an Daimler als Arbeitgeber intensiv zu diskutieren.
In lockerer Atmosphäre konnten sich alle Teilnehmer am Abend vor
dem Workshop in einer Lounge in Stuttgart näher kennenlernen. Dabei erzählte Dr. Steffi Burkhart über ihre Erkenntnisse zu den Digital
Natives in der Arbeitswelt und stimmte damit auf den folgenden Tag
ein. So entstand eine Aufbruchsstimmung, die am Tag des Workshops für Dynamik sorgte. Am Gen-Y-Day boten wir den Teilneh-
mern die Möglichkeit, sich außerhalb ihrer gewohnten Arbeitsumgebung auszutauschen und zu brainstormen. Durch die Lösung aus
dem bekannten Arbeitsumfeld konnten die Gen-Y-Vertreter auch die
neuen Räumlichkeiten als Impuls nutzen, um ihrer Kreativität freien
Lauf zu lassen. Die Veranstaltung fand am Fraunhofer-Institut für
Arbeitswirtschaft und Organisation in Stuttgart statt. Hier diskutierte die Gruppe mit dem Ziel, konkrete Umsetzungsideen für den
Arbeitsalltag bei Daimler zu entwickeln. Es war für uns wichtig,
den Workshop so interaktiv wie möglich zu gestalten. Für den Tag
wurden die 60 Teilnehmer in Fünfer-Gruppen mit jeweils einem Moderator aufgeteilt. Sie bearbeiteten vier unterschiedliche Themen im
Kontext von Führungskultur: Life-Balance, Arbeitsumfeld und Kreativität, alternative Vergütungsmodelle und Vergabe und Nutzung von
Arbeitsmitteln.

Die Gruppenarbeit wurde größtenteils frei umgesetzt. Zwar gab
es ein klar definiertes Ziel, den Weg dorthin konnten die Teilnehmer
jedoch wählen. Dafür war ein Moderator notwendig, der das Hand-
werkzeug mitbringt, um Gruppen zu neuen Denkansätzen zu führen
und ihnen Kreativitätstechniken anzubieten. Für diese Aufgabe
konnten wir Studierende des Studiengangs »Master of Creative Di-
rection« an der Hochschule Pforzheim gewinnen. Sie hatten sich bereits im Vorfeld Konzepte überlegt, um im Dialog mit den Kollegen
Ideen zu generieren. Zum Schluss wurden die Ergebnisse im Plenum
vorgestellt und gemeinsam diskutiert. In Summe entwickelten die
Teilnehmer stolze 220 Ideen. Der ganze Tag wurde für die Teilnehmer zudem in einem Video festgehalten, das noch vor Veranstal-

tungsende geschnitten und vorgeführt wurde. Dieses unterstrich das Gefühl, gemeinsam etwas erreicht zu haben.

**Wie war die Stimmung vor Ort?**

Die Teilnehmer waren hoch motiviert und haben die Chance genutzt, sich persönlich einzubringen. Man merkte, dass sie bei dem Thema selbst als Stakeholder auftreten und etwas bewegen wollen. Allein die Tatsache, dass sie 220 Ideen an einem Tag entwickelt haben, spricht für ihre Kreativität und die Wichtigkeit der diskutierten Themen. Trotz eines straffen Tagesprogramms und der Fülle an zu bearbeitenden Themenfeldern war die Stimmung bei den Vertretern der Generation Y ausgelassen und locker. Gleichzeitig arbeiteten die Gruppen sehr fokussiert an ihren Ideen.

**Wer hat moderiert?**

Die Veranstaltung wurde von den Organisatoren aus dem Bereich Arbeitspolitik bei Daimler geleitet – die beiden Kollegen Nadja Wörner und Simon Laubscher gehören ebenfalls zur Generation Y. Die einzelnen Arbeitsgruppen moderierten Experten der Hochschule Pforzheim, welche die Arbeit interaktiv mit verschiedenen Kreativtechniken gestalteten. Der Workshop war also wirklich von der Generation Y für die Generation Y gestaltet.

**Welche Methoden wurden angewandt?**

Die Moderatoren stellten eine Fülle an Techniken und Methoden zur Verfügung, um die Teilnehmer bei der Ideenfindung zu unterstützen. Unter anderem wurden Collagen erstellt und die Kopfstandmethode angewandt, bei der Fragestellungen zunächst in ihr Gegenteil umgekehrt werden, um dadurch neue Perspektiven zu gewinnen. Entscheidend für die Ergebnisse war auch ein Punktesystem, anhand dessen die Gruppen ihre Vorschläge bewertet haben und ihre Favoriten bestimmen konnten.

**Welche Ideen wurden zu welchen Themen generiert?**

Grundsätzlich war der Wunsch nach mehr Flexibilität im Arbeitsalltag ein Thema mit hoher Priorität für die Gruppen. So stellten die Teilnehmer fest, dass in jeder Lebensphase andere Bedürfnisse im Vordergrund stehen, zum Beispiel Familiengründung, Auslands-erfahrung oder eine familiäre Pflegesituation. Die Gen-Y-Vertreter schlugen vor, darauf mit einem »Baustein-Modell« zu reagieren. Daraus sollen Mitarbeiter bei Daimler je nach Lebenssituation verschiedene Arbeitszeitmodelle, Betreuungsmöglichkeiten oder anderes wählen können. Anpassungsfähigkeit wünschen sich die Kolleginnen und Kollegen auch bei den Leistungsanreizen. Über ein Bewertungssystem möchten sie »Daimler Dollars« sammeln und für verschiedene Incentives ausgeben, die optimal zu ihrer Lebenssi-tuation passen. Damit würde ein Bonus nicht cash ausgeschüttet, sondern die Mitarbeiter könnten zum Beispiel Fahrzeuge für einen bestimmten Zeitraum entleihen oder an Events im In- und Ausland teilnehmen, beispielsweise bei der Formel 1. Hier sind natürlich noch steuerrechtliche Fragen zu klären, bevor eine solche Regelung greifen könnte. Darüber hinaus wurden noch viele weitere Ideen entwickelt.

### *Mit welchem Gefühl sind die Teilnehmer aus dem Tag gegangen?*
Im Nachgang der Veranstaltung erhielten wir viele positive Rückmel-dungen, besonders zu dem großen Gestaltungsspielraum, den die Diskussionsrunden boten. Darüber hinaus haben die Teilnehmer ihre Ideen und Gedankenspiele in die eigenen Bereiche weitergetragen und treten dort als Multiplikatoren auf, sowohl für ihre Ideen als auch für die Belange der Generation Y.

### *Wie wird es nun weitergehen?*
Die Ergebnisse und Vorschläge wurden zusammengefasst und im ersten Schritt werden sechs Ideen direkt im Konzern umgesetzt, da-runter auch der »Daimler Dollar« und das »Baustein-Modell«. Zudem wurde eine Austauschplattform eingerichtet, auf der alle Workshop-Teilnehmer und interessierte Mitarbeiter den Umsetzungsprozess und die weiteren Ergebnisse verfolgen können. Jeder hat dabei die Möglichkeit, sich an der gemeinsamen Diskussion zu beteiligen.

**Individualisierte Weiterbildung** spielt in einer neuen Wissensgesellschaft eine wichtige Rolle. Wo passgenau qualifizierte Mitarbeiter erwünscht sind, muss konstruktiv investiert werden. Individuelle Stärkung statt Gießkannenprinzip, das heißt, Mentoring- und Coaching-Programme, interne Rotationsmöglichkeit und Trainee-Programme und systematische Führungskräfteschulung bieten, Wechselbereitschaft von Mitarbeitern unterstützen – statt allen Mitarbeitern gleiche Stressbewältigungsseminare oder allen Führungskräften gleiche Workshops anzubieten. #IndividuelleStärkung

Besonders bei jungen Menschen besteht eine große Lücke zwischen theoretischem Fachwissen und praktischer Anwendung (= Könner). Darüber klagen nicht nur junge Menschen selbst, sondern auch die Unternehmen. Umso wichtiger wird es sein, jungen Mitarbeitern in den ersten Berufsjahren ein Traineeprogramm zu ermöglichen, in dem sie sich ausprobieren, eigene Stärken und Talente erkennen und persönlich reifen können. In großen Unternehmen werden solche Programme schon aktiv angeboten. Im Mittelstand trifft man noch deutlich seltener auf solche Weiterbildungsmöglichkeiten. Das muss sich schleunigst ändern. Wir wollen schließlich nicht, dass unser wertvoller Nachwuchs nur die Valleys dieser Welt im Blick haben.

## BESONDERHEITEN VON TRAINEEPROGRAMMEN

- **Off-the-job-Erfahrungen:** Dazu gehören externe Weiterbildungen oder auch Kooperationen mit Start-ups oder anderen Konkurrenzunternehmen.
- **Jobrotation:** Junge Menschen können sich erst mal in allen Bereichen ausprobieren, bevor sie einen Zielbereich definieren, in dem sie sich weiterentwickeln wollen.
- **Wertschöpfungskette nutzen:** Um das Mitdenken, die Fähigkeit, die Perspektive wechseln zu können und den unternehmerischen Blick junger Menschen zu fördern, können junge Arbeitnehmer auch bei Stakeholdern der Wertschöpfungskette Erfahrungen sammeln. Dazu zählen Unternehmen wie Hersteller, Lieferanten, Logistikdienstleister, Forschungseinrichtungen bis hin zum Kunden.

- **Auslandserfahrung:** Wenn Sie als Unternehmen nicht selbst im Ausland stationiert sind, können Sie Kooperationen zu Konkurrenzunternehmen im Ausland eingehen, um einen Traineeaustausch zu ermöglichen.
- **Charity-Projekte:** Durch Charity-Projekte können junge Menschen ihre Sozialkompetenz weiterentwickeln.
- **Kamingespräche:** Auch ein regelmäßiger Austausch von Erfahrungen neuer Trainees oder mit alten Trainees kann eine Bereicherung sein.
- **Wettbewerb:** Möglich ist es auch, einen Wettbewerb mit Traineeteams anderer Unternehmen zu starten. Hierzu kann man sich zum Beispiel über die Online-Plattform einem Planspiel anschließen, bei dem die Teilnehmer als Managementteam antreten, um ein simuliertes Unternehmen zu führen.
- **Traineepate:** Junge Menschen mögen Mentoren oder Coaches. Deshalb bietet es sich gut an, jedem Trainee einen Paten zur Seite zu stellen. Die Zuordnung sollte dabei auf Freiwilligkeit und über Kennenlernen basieren. Gemeinsam mit dem Paten werden dann Ziele vereinbart und diese über zwei Jahre abgearbeitet.

Eine schöne Inspiration für Traineeprogramme bietet der Blog **www.trainee-gefluester.de** mit Erfahrungswerten aus über 500 Unternehmen.

Wie bereits angedeutet müssten sich Arbeitgeber laut dem Fraunhofer-Institut für Arbeitswirtschaft und Organisation entscheiden, ob sie ihre Organisation und Personalstrategie auf eine »Caring Company« oder auf »Fluid Company« ausrichten.[89] **Caring Companies** tun alles, um ihre Mitarbeiter langfristig ans Unternehmen zu binden. Das Modell bietet vor allem in ländlichen Regionen eine spannende Möglichkeit, auf dem weltweiten Fachkräftemarkt mitangeln zu können. Vorreiter hierzu sind Unternehmen wie Facebook und Google. Sie verwöhnen ihre Mitarbeiter mit attraktiven Angeboten der Freizeitgestaltung, mit Wohnmöglichkeiten, Gesundheitsangeboten, Kinderbetreuung und Unterstützung bei der Familienplanung. »Es ist sogar denkbar«, so der Zukunftsforscher Sven Gábor Jánszky, »dass große Unternehmen den Charakter kleiner Staatsgebilde annehmen und mit eigener Infrastruktur von Häusern, Schulen, Einrichtungen für Gesundheit und

**Caring Company oder Fluid Company? Unternehmen müssen sich entscheiden, wohin ihre Reise gehen soll. Während Caring Companies Rundum-Wohl-fühl-Programme für ihre Mitarbeiter bieten und sie so an sich binden, agieren Fluid Companies flexibel mit kleiner Stammbeleg-schaft und vielen Projekt-arbeitern.**

Freizeit eine prominente Rolle in der Gesellschaft einnehmen.«[90] Zukünftig werden solche Firmen vielleicht auch Angebote für die Versorgung pflegebedürftiger Eltern liefern. Und je mehr ein Unternehmen auch das soziale Umfeld in das Versorgungspaket mit einplant, umso größer wird der soziale Druck, das Unternehmen nicht zu verlassen. Zusammengefasst: Caring Companies unterstützen die Lebensentwürfe ihrer Mitarbeiter – wozu in hohem Maße auch Weiterbildungsmöglichkeiten zählen – und schaffen so Bindung, Sicherheit und Geborgenheit.

**Fluid Companies** passen sich hingegen dem Wandel der Zeit an: Bei zunehmender Flexibilität und dem Phänomen der Multigrafien bietet es sich an, den Anteil der auf Langzeit angestellten Mitarbeiter zu reduzieren und den von Projektarbeitern zu erhöhen. Fluide Organisationen verfügen demnach über einen kleinen elitären Kreis an Stammbelegschaft, der sozusagen das Gerüst des Unternehmens bildet und für das Funktionieren des Unternehmens verantwortlich ist. Projektarbeiter hingegen, die sogenannten Cloud Worker, werden projektbezogen als freie Mitarbeiter eingekauft. Die Qualität der Zusammenarbeit wird dabei über eine Online-Bewertungsplattform gesichert. Wenn also Cloud Worker schlecht bewertet werden, sind Unternehmen weniger bereit, sie gut zu bezahlen. Darüber hinaus kommt es zu hohen Strafen, wenn Verträge vorzeitig aufgelöst werden. Zusammengefasst: In fluiden Unternehmen werden Projektarbeiter aktiv beim Verlassen des Unternehmens unterstützt. Die neue Arbeitskultur, die dadurch entsteht, wird nur über Vertrauen, Transparenz und Zuverlässigkeit funktionieren. Mit Stechuhrsystem und Büroanwesenheitspflicht vergrault man Projektarbeiter.

Aus der Perspektive von Arbeitnehmern besteht je nach Lebensphase eine Wechselbereitschaft von Festanstellung zu Projektarbeit oder

Selbstständigkeit. Also auch hier trifft mehr der »Sowohl-als-auch«-Mindset zu und spielt ganz stark auf das »Diversity-Management«-Konto als Arbeitgeber an. Klare Zielgruppen weichen auf – im Fokus stehen Lebensstile. Bin ich als junger Mensch frei von materiellen Verpflichtungen oder sind eigene Kinder schon aus dem Haus, bin ich viel stärker bereit, mich als Projektarbeiter zur Verfügung zu stellen. Bin ich hingegen in der Phase der Familienplanung – und das kann mit Mitte 20 oder auch Ende 30 passieren –, neige ich eher zu einer Festanstellung mit Absicherung. Darüber hinaus spielt auch die Persönlichkeit eine ganz zentrale Rolle. Bin ich eher sicherheitsbedürftig, neige ich möglicherweise mehr zu einer Caring Company, bin ich eher autonomieliebend, tendiere ich eher zu einer Fluid Company. So hängen Persönlichkeit und Unternehmensstrategie ganz eng zusammen. #SowohlAlsAuchMindset

## … AN ARBEIT …

Nun habe ich schon mehrfach den Begriff **Wissensarbeit** ins Spiel gebracht. Er wurde erstmalig Ende der 1960er-Jahre von Managementvordenker Peter Drucker geprägt. Wissensarbeiter, so die Aussage Druckers, agieren autonom und managen sich selbst. Sie definieren ihre Aufgaben, sind keine Arbeitskräfte, sondern das Kapital der Firma. Wissensarbeiter sind nicht nur Know-how-Träger, sondern auch Könner. Experten auf ihrem Gebiet. Demnach kann Wissen nicht von oben gemanagt werden, sondern nur vom Wissensarbeiter selbst, angetrieben von der Eigenmotivation (intrinsische Motivation).

Es sind vor allem die Kreativ-, Informations- und Servicearbeiter, die immer mehr an Bedeutung gewinnen. Sie sind Ausführer **heuristischer Arbeit** – die zukünftig ins Zentrum des weltweiten Wirtschaftens rückt. Sie entspricht Aufgaben, für die es kein bestehendes Verfahren gibt. Demnach muss man mit verschiedenen Möglichkeiten experimentieren, um eine passende Lösung für ein Problem zu finden. Eine Werbekampagne zu erstellen, eine Führungskräfteakademie aufzubauen, neue Produkte zu entwickeln – all dies sind Aufgaben, bei denen etwas Neues geschaffen wird, basierend auf Kreativität, neuen Ideen und Problemlösekompetenzen.

Dieser Form von Arbeit diametral gegenüber steht die **algorithmische Arbeit** – gleichzusetzen mit Routinearbeit, bei der eine Reihe bekannter Handlungsschritte aneinandergereiht werden, bis das gewünschte Ergebnis erzielt wird. Zum Beispiel entspricht die Arbeit an der Supermarktkasse einer algorithmischen Arbeit (bei Rewe werden schon erste Selbstkassierkassen getestet) oder die Fließbandarbeit und die Arbeit eines Buchhalters (Buchhaltung digitalisiert sich immer weiter). Auch die Aufgaben eines Anlage- oder Finanzberaters werden zukünftig möglicherweise von moderner Technologie und künstlicher Intelligenz ersetzt. Und wer heute am Flughafen eincheckt, ist deutlich sichtbar mit dieser Entwicklung konfrontiert.

## EXKURS – MENSCH ODER MASCHINE?*

So unterschiedlich die Vertreter der Gen Y sind, haben viele eines gemeinsam – zumindest wird ihnen das häufig nachgesagt: Sie sind brave, angepasste Streber und Einser-Kandidaten. Ihr Antrieb: Bulimie-Lernen und Bestnoten schreiben. Getrieben von dieser Scheuklappendenke schreiten sie dann in die Unternehmenswelt und erleiden dort einen Kulturschock. Denn die moderne Wirtschaftswelt funktioniert nicht nach Schema F, Standards und Vorgaben. In der Wissensgesellschaft, auf die wir uns gerade hinbewegen, entscheiden andere Kompetenzen über berufliche »Bestnoten«: Umgang mit Wissen und Schaffung von Innovationen.

Bleiben wir mal beim Schaffen von Innovationen: Was wir hier brauchen, ist mehr Mut zum Querdenken und Anecken. Denn Wettbewerbsvorteile und die Eroberung neuer Märkte basieren im Kern auf menschlicher Kreativität und Emotionalität. Das heißt, wir müssen uns von dem Glaubenssatz lösen, nur vernünftig zu sein, richtige Entscheidungen zu treffen und immer auf Nummer sicher gehen zu wollen. Wer so denkt, wird früher oder später von Mitbewerbern und der

---

* erschienen bei t3n, Mai 2014

fortschreitenden Technifizierung überrollt. Was wir brauchen, ist mehr Mut, uns zuzutrauen, auch mal unvernünftig zu sein, falsche Entscheidungen zu treffen und neue Pfade zu gehen. Um das zu schaffen, benötigen wir die richtige Geisteshaltung – kombiniert mit Übung.

## DIE RICHTIGE GEISTESHALTUNG

- Wichtig ist es, wirklich zu wollen. Denn erst wer wirklich etwas will, traut sich auch, unkonventionelle Entscheidungen zu treffen, und ist gleichzeitig gezwungen, anders zu denken und anders zu handeln.
- Dazu gehört auch, auf eigene Fähigkeiten und Kompetenzen zu vertrauen. Sich nicht vom Mainstream-Denken auf das Mittelmaß der Gesellschaft zurückziehen zu lassen. Denn Mittelmaß bietet das, was die meisten bieten – und das ist oftmals eintöniger und unspektakulärer.
- Wichtig ist auch, sich von der Angst zu lösen, Fehler zu machen. Fehler sind wichtig. Aus ihnen lernen wir. Sobald die Angst in uns aufsteigt, sollten wir kurz innehalten und überlegen, was denn schlimmstenfalls passieren kann, wenn wir uns trauen, Neues auszuprobieren.
- Und gute Vorbilder brauchen wir, die uns inspirieren und ermutigen, auch mal Regeln zu brechen und anzuecken. Ein gutes Buch zum Thema haben Sven G. Jánszky und Stefan A. Jenzowsky geschrieben: »Rulebreaker – Wie Menschen denken, deren Ideen die Welt verändern«.
- Mal wieder Kind sein, Dinge riskieren, leichtsinnig und unvernünftig zu sein, Abstand nehmen vom Vernunftdenken und Abwägen von Risiken – das gehört genauso dazu. Denn erwachsenes Denken steht uns oftmals beim Querdenken im Weg. Kindisch bleiben und Kind sein zulassen – das ist das Geheimnis.
- Freuen wir uns über verbale »Ohrfeigen«. Denn die sind es, die uns helfen, unsere Ideen zu optimieren. Die richtige Frage lautet nicht: Wie findest du das? Sondern: Was ist daran falsch? Deshalb: Bitten wir um »Ohrfeigen« und lernen wir, daran zu wachsen.

Was wir neben einer richtigen Geisteshaltung brauchen, ist die Umsetzungskraft. Und genau hier scheitern die meisten. Sie tun lieber nichts, statt Neues auszuprobieren und sich der Ungewissheit zu stellen. Wir brauchen mehr Übung darin, unkonventionelle Wege zu gehen.

## ÜBUNG

- Starten wir mit der Umsetzung, verbessern können wir uns auf dem Weg. Viel zu viele Menschen denken zu lange nach, statt ins Handeln zu kommen. Perfektionismus lähmt die Umsetzung, das sollten wir nie außer Acht lassen.
- Übung macht den Meister, auch beim Verlassen der Komfortzone. Je häufiger wir uns der Angst stellen, Unbekanntes auszuprobieren, desto leiser wird sie. Wer täglich eine Kleinigkeit anders macht, gewöhnt sich an die Veränderung.
- Wir müssen uns darin üben, Energievampire zu erkennen. Tun wir das nicht, laufen wir Gefahr, an unserem Querdenken und Anecken zu verbrennen, statt uns energetisch mehr und mehr aufzuladen. Wir sollten uns deshalb bei jedem Kontakt mit unserem Umfeld und anderen Menschen überlegen: Was bzw. wer treibt mich an? Und was bzw. wer bremst mich aus?

## QUERDENKEN ALS VORSPRUNG VOR MITBEWERBER

Unser einziger Vorsprung vor »elektronischen Mitbewerbern« ist unsere Fähigkeit, emotional intellektuell und kreativ zu arbeiten. Wer lernt, querzudenken, Regeln zu hinterfragen und ins Handeln zu kommen, wird sich von Mitbewerbern abheben. Und wenn wir von Mitbewerbern sprechen, sollte uns eines bewusst sein: Nicht nur andere Menschen sind Mitbewerber, sondern auch die fortschreitende Technifizierung. Sie ersetzt mehr und mehr den arbeitenden Menschen durch Maschinen. Rabea Weihsen schreibt in ihrem Beitrag in der »Zeit« (Ausgabe 03 / 2014) Folgendes: »In Nürnberg grüßen U-Bahn-Führer ihre Roboterkollegen, wenn sich die Züge im Tunnel begegnen. Und jede Ikea-Kassiererin muss sich fragen, warum sie Blumentöpfe über den Scanner zieht, während das nebenan ein Automat erledigt.«

Halten wir fest: Die Mensch-Maschine-Kollaboration wird in den nächsten fünf bis zehn Jahren zu einer gewaltigen Umwälzung in unserer Arbeitswelt führen. Der Ökonom Jeremy Rifkin beschreibt in seinem Buch »Die Null-Grenzkosten-Gesellschaft«, dass zukünftig Maschinen für die Routine- und Schwerarbeit verantwortlich sein werden und der Mensch sich selbst verwirklichen und sozialen Tätigkeiten nachgehen kann: »In einem halben Jahrhundert werden unsere Enkel auf die Ära der Massenlohnarbeit mit demselben fassungslosen Staunen zurückblicken wie wir heute auf Sklaverei und Leibeigenschaften einer noch viel früheren Zeit.«[91]

Schauen wir in die Vergangenheit, stellen wir fest, Maschinen haben einerseits zwar immer Berufe verschwinden lassen. Andererseits haben sie aber auch immer wieder neue entstehen lassen. Der Wirtschaftsprofessor Arnold Picot der LMU München sagt in einem Interview mit dem Magazin »Wired«: »So ist das immer bei technologischen Schüben. Sie substituieren etwas Altes, aber sie stoßen auch Türen auf zu etwas Neuem. Überlegen Sie mal, wie viele neue Berufe alleine durch das Internet entstanden sind: Welcher Social-Media-Manager von heute hat vor zehn Jahren geahnt, dass es seinen Job überhaupt geben würde?«[92]

Spannend finde ich die Frage, welche neuen Qualifikationen Mitarbeiter von morgen brauchen und wie sie sich optimal auf den Wandel und die neuen Herausforderungen vorbereiten. Und wie gehen wir mit jenen um, deren Routine-Jobs durch Maschinen ersetzt werden?

Während körperlich belastende sowie geistige Routinearbeit mehr und mehr von Maschinen ersetzt wird, nimmt gleichzeitig der **psycho-soziale Anspruch** von Arbeit deutlich zu. Kreativ-, Informations- und Serviceleistungen rücken, wie bereits angesprochen, in den Fokus des Wirtschaftens. In Kombination mit einer wachsenden Marktdynamik von außen wirkt sich diese Veränderung nicht nur auf den individuellen Zeit- und Leistungsdruck aus (psychologische Komponente), sondern auf die Quantität und Qualität der Zusammenarbeit. Hierbei stehen Kompetenzen im Fokus wie: emotionale und soziale Intelligenz, Empathie, Konfliktlösung und Interaktion. #KompetenzenImFokus

# WERDEN NEUE TECHNOLOGIEN BIS 2025 MEHR JOBS VERNICHTEN, ALS SIE ERZEUGEN ?

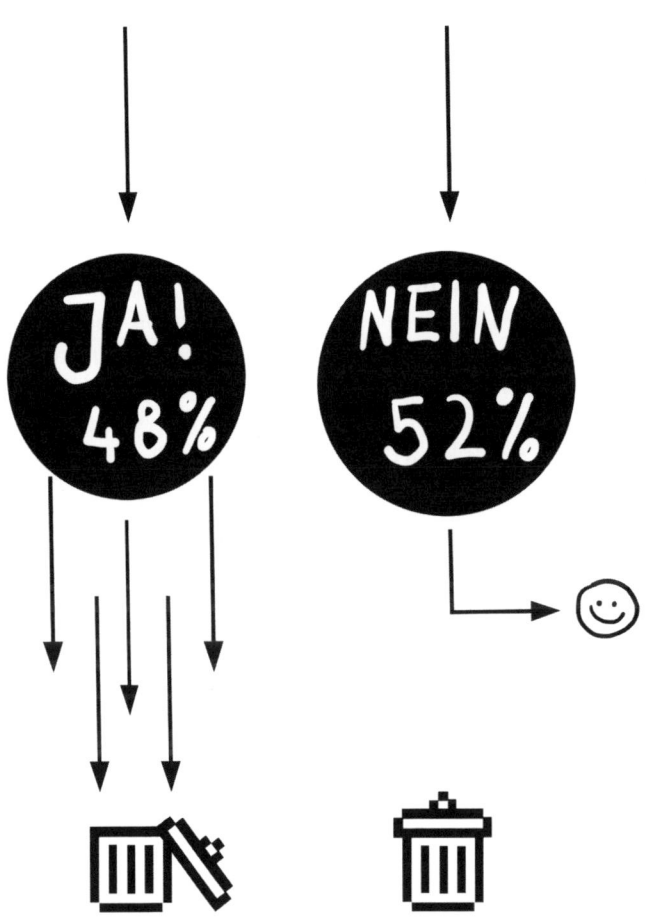

Was Experten sagen ...

Nach Rifkin steht fest: »[Sie sollten wissen], dass Millionen junger Menschen eben ihren Übergang von der alten Ordnung in die neue vollziehen. Angehörige der Internetgeneration sehen sich eher als Spieler denn als Arbeiter, sehen ihre persönlichen Attribute eher als Talente denn als Fertigkeiten und leben ihre Kreativität lieber in sozialen Netzwerken aus, als in der Zelle eines Großraumbüros im Alleingang marktdefinierte Aufträge zu erledigen.«[93]

Umso wichtiger ist es, dass kreativ denkende Wissensarbeiter gefördert und nicht in alte Muster gepresst werden: Top-down-Steuerung, »Theorie X«-Menschenbild, Belohnungs- und Bestrafungsanreize, Karriere im Alleingang …

Auffällig ist auch der Trend hin zur **Konnektivität**, basierend auf dem Trend zum Wir-Gefühl. Oder wie das Institute for Social Innovation and Impact Strategies genisis es ausdrückt: »WeQ – More than IQ«. Das Wir-Gefühl gewinnt in unserer Zeit mehr und mehr an Bedeutung – und das auch in der Arbeitswelt. So erleben wir zentrale Veränderungen in Bezug auf die Innovationsentwicklung und die Zusammenarbeit. Deshalb erhalten auch Innovationsmethoden wie Design Thinking, das auf einer kreativen Wir-Kultur fußt, immer mehr Aufmerksamkeit – auch in der breiten Masse. Bei Design Thinking beispielsweise werden Innovationen in **heterogenen Teams** entwickelt. Darüber hinaus nimmt der Wunsch nach Coworking und Kollaboration, also der Arbeit in flexiblen und heterogenen Teams, deutlich zu. Sicherlich ist dieser Fokus nicht neu, aber sein Stellenwert in Gesellschaft und Arbeitswelt ist ein Treiber neuer Veränderungen. Banales, aber großartiges Beispiel: Faustkeil versus Computermaus. Matt Ridley hat in seinem TED-Talk[94] einen großartigen Vergleich gezogen.

Faustkeil und Computermaus, beide haben eine sehr ähnliche Form – bei gleicher Größe. Passend zur menschlichen Hand. So weit, so gut.

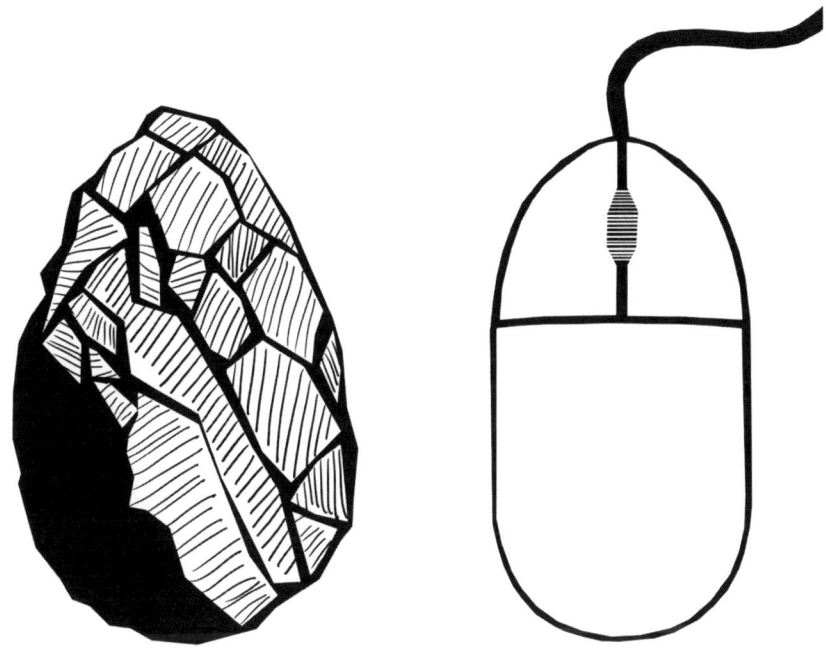

Faustkeil versus Computermaus:
Beide sind an die menschliche Hand angepasst, zugleich sind sie grundverschieden.

Beides sind technische Geräte, auch das ist nachvollziehbar. Ein zentraler Unterschied beider Gegenstände liegt darin: Den Faustkeil kann eine Person alleine produzieren, bei einer Computermaus ist das unmöglich. Während der Faustkeil aus einem einzigen Material gestaltet werden kann, wird die Computermaus aus einer Mischung unterschiedlicher Materialien hergestellt: Es wird jemand gebraucht, der weiß, wie sich das Öl fördern lässt, um Plastik herzustellen. Wir brauchen jemanden, der weiß, wie das Plastik geformt werden kann, jemanden, der weiß, wie sich die Innenteile zusammenbauen lassen, die wiederum einzelnen Produktionsmechanismen zugeordnet sind. Auch brauchen wir jemanden, der weiß, wie ein optimaler Laser funktioniert, was Kunden wünschen, und so weiter. Die Komplexität der Entwicklung neuer Produkte, Dienstleistungen oder Technologien hat sich demnach über die menschliche Entwicklung hinweg um ein Vielfaches vergrößert. Wodurch auch der Bedarf an Wir-Kompetenzen in Unternehmen steigt.

## DAS »WIR« ODER WIR SELBST – WAS IST WICHTIGER?

Ich versus du, wir versus ihr, wir versus du … Der Mensch ist ein Herdenlebewesen, er verbringt gerne Zeit in der Gruppe, geht emotionale Bindungen ein. Solange es ihm nützt beziehungsweise nicht schadet. Ansonsten kommen andere menschliche Triebe zum Vorschein: »Ich bin wichtiger, ich bin besser, ich höre nur auf mich.« Das ist auch eins der häufigsten Probleme in Partnerschaften und Ehen: das Streben nach Individualität und das Bedürfnis, sich vor nichts und niemandem rechtfertigen zu müssen.

Also predigen Beziehungsexperten, das Wir-Gefühl von Anfang an zu leben, den Partner zu unterstützen. Manche Berater würden die Ehe sogar mit einem Unternehmen vergleichen: Geht es allen Mitarbeitern gut, geht es der Firma gut. Und tatsächlich werden seit einigen Jahren überall immer mehr Wir-Wünsche laut: Es wird geshared: Autos, Wohnungen, Lebensgefühle. Der junge Mensch will seinen Weg nicht mehr alleine gehen.

In der Zeit der Aufklärung hatte das Individuum noch genug damit zu tun, sich aus politischen und gesellschaftlichen Konventionen zu befreien. Man wollte sich entfalten, seine eigene Richtung einschlagen und sein Leben nicht mehr dem Allgemeinwohl verschreiben. Da sich Gesellschaft und Politik seither extrem gewandelt haben, hat sich auch der Mensch entwickelt: Er will **frei und unabhängig** sein und doch **Zusammenhalt und soziales Engagement** zeigen. So reisen Backpacker heutzutage durch Süd-Ost-Asien mit dem Ziel, sich drei Monate mal nur um sich selbst zu kümmern – und teilen ihre Erfahrungen in jedem Hostel mit anderen Alleinreisenden. Es bildet sich eine Peer-Group, egal für wie lange. Was sich in der Travel-Szene so leicht anlässt, ist im Unternehmertum noch nicht ganz angekommen. Unsere Generation gilt als egoistisch und einzelgängerisch. Das ist – ich spreche aus persönlicher Erfahrung – nicht wahr.

Okay, je ehrgeiziger man ist, desto stärker kommen Einzelgängerzüge durch, man will sich behaupten und direkten Konkurrenten die Stirn bieten. Das ist der natürliche Trieb des Menschen. Doch in der Generation Y ist das ganz stark verbunden mit Teamwork und Profitieren voneinander. Der Erfolg soll durch Fleiß kommen, nicht durch Ellenbogen. Ob im Einzel oder im Doppel, das wird individuell entschieden.

Zum Beispiel Unternehmen wie Google oder KPMG, die viel über Skype, Google Hangout etc. kommunizieren, sind virtuell mobil – das wäre vor einigen Jahren so noch nicht möglich gewesen. Da ist klar, dass sich was verändert, sich ein Wir-Gefühl bildet – was in der psychologischen Fachliteratur »Kohäsion« genannt wird.

**Cohaerere ist lateinisch und bedeutet zusammenhängen. Die Faktoren für ein Wir-Gefühl – auch Kohäsion genannt – sind unter anderem: gemeinsame Ziele einer Gruppe, der Gruppenstolz und die Attraktivität der Gruppe. Und mit Attraktivität ist nicht die Schönheit der einzelnen Gruppenmitglieder gemeint ... Wenn diese und andere Faktoren gegeben sind, kann der Wunsch zum »Wir« realisiert werden.**

So liegt auch – laut Zukunftsinstitut von Matthias Horx – der wahre Impact des Megatrends der Konnektivität im Sozialen, nicht im technologischen Fortschritt. Internet und Digitalisierung begünstigen diesen sozialen Prozess. So werden sich beispielsweise dank Internet und Digitalisierung auch die Kommunikations- und Beteiligungsformen weiter entwickeln bzw. es werden neue entstehen. Wir mutieren vom Homo oeconomicus zum Homo socialis, der mehr Wert auf ein wir-getriebenes Arbeiten legt. So wird auch der Wir-Gedanke zu einem zentralen Treiber für Führungskräfte.

## ... UND AN MITARBEITER

All die genannten Ideen, Überlegungen und »Must-Changes« sind aber nur dann realisierbar, wenn die Belegschaft selbst auf einen solchen Prozess erstens gut vorbereitet ist und zweitens involviert wird. Zu zweitens, der Teilhabe, möchte ich mich auf die Aussage meines Kollegen Dr. Lars Vollmer beschränken: »Verändern ist toll, nur verändert werden ist furchtbar!«

Und mich dafür mehr auf das erste Thema, die gute Vorbereitung, konzentrieren. Es wird zukünftig immer weniger möglich sein, sich auf alten Erfolgs-, Denk- und Handlungsmustern weiter auszuruhen. Dazu dreht sich die Welt zu schnell, ist zu dynamisch und komplex. VUKA eben. Und das wirkt sich auch auf jeden einzelnen Mitarbeiter aus. Schon heute lesen wir regelmäßig von Buzz-Wörtern wie: **Muster brechen, Vergessen lernen, geistige Flexibilität, Kreativität, Unternehmer im Unternehmen, Selbstorganisation, emotionale und soziale Intelligenz, Neugier und lebenslanges Lernen.**

Mitarbeiter von morgen werden definitiv stärker mitreden als heute. Und das setzt Mitdenken voraus. Das ist aber nur dann möglich, wenn Mitarbeiter im Unternehmen mehr Freiräume erhalten, um aktiv (mit-)gestalten zu können. Dazu müssen Mitarbeiter geschult werden, um mehr selbstdenkend nach Prinzipien statt nach Regeln zu funktionieren. Was nicht möglich ist: Mitarbeitern von heute auf morgen die komplette Verantwortung für Projekte, Aufgaben oder sich selbst zu übergeben. Aber genau das habe ich in der Praxis schon häufig erlebt. Besonders auch in Bezug auf Vertreter meiner Generation. Letztens saß ich mit Führungskräften aus dem Vertrieb einer Vermögensberatung zusammen und war ganz erstaunt, als über die mangelnde Selbstorganisation junger Menschen geklagt wurde: »Junge Menschen kriegen jede Freiheit, die sie sich wünschen. Sie genießen bei uns eine Vertriebsausbildung und danach stehen sie auf ihren eigenen Beinen.« Na ja, ist wohl ein bisschen zu viel Freiheit. Mitarbeiter müssen lernen, was es heißt, unternehmerisch (mit-)zudenken und sich gleichzeitig selbst gut zu organisieren – und somit führen zu können. Mitarbeiter müssen erst einmal lernen, Prioritäten setzen zu können sowie effektiv und effizient Projekte anzugehen – egal ob die in einem Büro oder Home-Office erledigt werden, ob alleine oder als Team. #MitdenkenUndMitreden

Weil der Grad der Zusammenarbeit und dadurch die Intensität der Kommunikation und Interaktion stetig steigen, gewinnen Soft Skills wie aktives Zuhören, respektvoller Umgang mit Vielfalt im Team, kollegiales Lernen und Lehren, gute Durchführung von Besprechungen, Konfliktprävention, konstruktives Kritisieren oder Fokussierung des Teamgedankens bei hoher Leistungsbereitschaft immer mehr an Bedeutung.

Worauf es zukünftig auch immer mehr ankommt, ist die innere Einstellung zum lebenslangen Lernen. Das Zeitalter, in dem Schule, Ausbildung und Hochschule die einzige Lernphase im Leben vieler ist, ist vorbei. Lebenslanges Lernen wird zu einem zentralen Wettbewerbsvorteil für Arbeitnehmer. Denn das Wissen jedes einzelnen Mitarbeiters trägt in der Wissensgesellschaft positiv zur Wissensbilanz des Unternehmens bei. In der Kombination mit der Entwicklung hin zu Multigrafien lässt sich auch beobachten, dass nicht nur kontinuierliche Weiterbildungen zentral für die persönliche Entwicklung sind, sondern dass Umschulungen ganz normal zum Leben mit dazugehören werden. Wer weiß denn heute, ob man seinen analog geprägten Beruf in zehn Jahren noch machen will? Oder ob es den überhaupt noch geben wird? Und im Gegenzug gibt es heute App-Entwickler, YouTube-Blogger oder Blogger generell, deren Berufsbild es vor zehn bis 20 Jahren noch gar nicht gab.

# FAZIT: BESSERER UMGANG MIT TALENTEN

Halten wir abschließend fest: In jedem Menschen stecken Talente, oftmals schlummern sie. Seit Jahrzehnten schon. Unterdrückt durch Anpassung (sozialen Druck) – vor allem in großen Unternehmen. Warum? Und woher kommt das? In Zeiten der Massenproduktion war kein Platz für Individualität, für Talententfaltung. Mitarbeiter mussten funktionieren, auch an der Maschine. Disziplin und Fleiß waren ausreichend. Doch der Marktdruck hat sich verändert, und heute sind jene Unternehmen weit vorn, die auch an der Basis Talente zulassen. Diese Unternehmen sind aber leider noch in der Minderheit.

Viele Unternehmen haben das klassische Denkmuster weiterentwickelt zu: Schutzraum für talentierte Köpfe schaffen. Dazu werden die vermeintlich schlausten und klügsten und talentiertesten Mitarbeiter über Sonderprojekte, Inkubatoren oder Thinktanks von der Normalität einer Organisation abgeschottet, statt Talent und Begabung zur Normalität einer gesamten Organisation zu machen.[95]

Wenn Menschen passgenaue Ideen oder Lösungen aus sich selbst heraus abrufen und anwenden können, verfügen sie über ein entsprechendes Talent. Der Systemtheoretiker Dr. Gerhard Wohland nennt diese Menschen »Könner«. Und je größer die Dynamik an Märkten, desto mehr Könner und Talente braucht ein Unternehmen. Der Bedarf an Talent ist somit höher als im Industriezeitalter und wird noch deutlich steigen. #KönnerundTalente

Wir wissen, die Zeiten haben sich verändert, Talent spielt heute eine andere Rolle als im vergangenen Jahrhundert. Trotzdem wenden viele Unternehmen alte Denkmuster an. Sie setzen immer noch auf die Rekrutierung von potenziellen Bewerbern über **Stellenausschreibungen**. Aufgaben sind darin klar festgelegt und die Personalabteilung konzentriert sich darauf, Bewerbungen einzuholen, auszusieben und einen passenden Bewerber für diese Stelle zu selektieren. Der Bewerber wird eingestellt und man presst ihn nun – in einem schleichenden Prozess – in das vorgefertigte Stellenprofil. »In dynamischem Umfeld«, erklärt Dr. Wohland, »funktioniert diese bewährte Denkweise nicht mehr. Menschen unterscheiden sich jetzt weniger durch das, was sie schon sind, sondern vielmehr durch das, was aus ihnen werden könnte, also durch ihr Talent.«[96] Talent ist also die Voraussetzung für Können. Und Talent selbst kann auch nur anhand von Ergebnissen erfasst werden. Ergebnisse wiederum resultieren aus dem Können. Demnach kann **Talent erst beim Tun erkannt** werden – nicht in den Bewerbungsunterlagen und Vorgesprächen. (Gerne diesen Satz noch mal lesen!)

Um also Können zu fördern, bringt es nichts, Weiterbildung nur auf der Wissensebene anzubieten. Viel wichtiger ist die **Anwendungsorientierung**. Dinge ausprobieren zu dürfen und bei Talenterkennung weiter üben zu können – das ist das Geheimnis von Talentförderung. Strotzt ein junger Mensch vor Experimentierfreude und Mut, sollte man diese Fähigkeit nicht auf Floskeln wie diese reduzieren: »Komm erst mal an, arbeite dich ein, in zwei Jahren kannst du dann mehr Verantwortung übernehmen«. Es ist wichtig, Vertrauen zu schenken und ausprobieren zu lassen. Denn das Ergebnis lässt erkennen, ob dieser Mensch talentiert ist oder nicht. Vergleichbar ist das mit einem Lehrling und seinem Meister. Der Lehrling lernt in der Praxis von seinem Meister, und durch Provokation und Herausforderung durch den Meister ist Wachstum möglich. Ich habe das in der Jugend oft bei meinem Vater (als Meister) und meinem Bruder (als Lehrling) erlebt. Und dank der intensiven Betreuung ist mein Bruder heute ein Allround-Talent, was handwerkliches Arbeiten betrifft. Je nach Talent unterscheidet sich die Qualität der Leistung. Nur darüber zu reden, wie ein Schrank mit wunderschönen und extravaganten Details am Ende des Tages aussehen könnte, daran wächst kein Lehrling. In Unternehmen tun wir aber genau das immer und immer wieder. Wir schicken die Belegschaft in Ein- oder Zweitagestrainings. Dort lernen die Teil-

nehmer Konfliktmanagement-, Schlagfertigkeits-, Verkaufsstrategi-
en, Entspannungsmethoden oder trainieren Feedbackgespräche. Am
Ende erhalten die Mitarbeiter ein unterschriebenes Zertifikat. Ob sie
die Themen in der Praxis dann gut anwenden können – danach kräht
bald kein Hahn mehr ...

# EXKURSION: SCHATTENSEITEN DER NEUEN ARBEITSWELT

High Five für Dan Price, den »besten Boss der Welt« – so lautete im Frühling 2015 die Schlagzeilenflut um den CEO von Gravity Payments, der jedem seiner Mitarbeiter fortlaufend ein Gehalt von 70 000 Euro zahlen wollte. Dafür hatte er seinen eigenen Lohn von 1,2 Millionen auf ebenfalls 70 000 Dollar runtergeschraubt. Das gab es noch nie, die Gravity-Leute lagen sich weinend in den Armen. Na ja, fast, sie gaben sich High Fives – so zumindest schrieb es die Presse.

Es schien, als hätte Price einen unvergleichbaren Coup gelandet. Doch nur wenige Wochen nach dieser PR-Sensation bekam der CEO Gegenwind, und zwar von seinem Bruder, ebenfalls Gründer von Gravity Payment: Während die so begeisterten Journalisten mittlerweile an anderen News knabberten, landete bei Price eine Klage in Höhe von 2,2 Millionen Dollar auf dem Tisch. Brüderliche Liebe sieht anders aus, doch Prices Geschwisterchen wollte anscheinend versuchen, etwaigen Verlusten vorzubeugen.

Verkäufer liefen Price weg, Firmen zogen sich zurück – zu hohe Kosten, zu wenig Verständnis für die Lohnrevolution. In »Tichys Einblick«, dem Blog des Ex-Chefs der Wirtschaftswoche, hieß es im August 2015: »Zwei der besten Verkäufer, Zugpferde von Gravity Payments, haben das Unternehmen verlassen. Nach der ersten kollektiven Besoffenheit war ihnen nicht mehr zu vermitteln, warum sie genauso viel verdienen sollten wie geringer qualifizierte Mitarbeiter des Unternehmens. Gefolgt von einigen Kunden, die die anziehenden Preise bei dem Unternehmen als nicht mehr allzu rentabel für ihre eigenen Gesellschaften kalkulierten oder Prices Entscheidung zum Equal Pay für einen politisch motivierten Schachzug gehalten haben – der sie am Ende des Tages mehr kosten wird. Sozialismusexperiment trifft auf harte Realität.«[97]

Price war nicht der erste Unternehmer und wird nicht der letzte sein, der etwas ausprobiert – einen Versuch startet, Schwung in die neue

Arbeitswelt zu bringen, sie mitzugestalten. Die jungen Leute wollen mehr, sie wollen flexibel sein, trotzdem ihren Lebensstandard von Mami und Papi halten. Sie wollen, wollen, wollen. Und die Arbeitgeber, die versuchen, diesen Bedürfnissen nachzugehen, probieren, probieren, probieren. Und entweder sie haben Erfolg wie Virgin-Patriarch Richard Branson, der seinen Mitarbeitern freie Wahl bei der Anzahl an Urlaubstagen lässt. Oder man scheitert wie Dan Price.

So oder so: Die neue, agile, sich immer schneller wandelnde Arbeitswelt hat Schattenseiten. Und zwar nicht zu wenige. Ich will hier nur ein paar Seiten auflisten.

## DER KLASSISCHE HANDEL WIRD ÜBERFLÜSSIG

Mensch und Maschine – eine zwiespältige Verbindung, eine Hass-Liebe, die seit der Industrialisierung immer stärker wird und ihren Höhepunkt noch nicht erreicht hat. Es gibt diese Menschen, die ohne ihr Smartphone, ohne Technik, ohne Apps nicht mehr leben wollen. Und es gibt diese, die das alles verachten, ganz back to the roots mit einem Nokia 6310 rumlaufen.

Beide Seiten haben recht. Maschinen helfen dem Menschen in vielen Dingen, beim Produzieren und im Alltag. Sie nehmen den Leuten aber auch ihre Jobs weg. In 50 Jahren wird es keine Lokführer mehr geben, technisch wäre eine lokführerfreie Welt ja heute schon möglich. Das zeigen nicht nur der kanadische Hersteller von Schienenverkehrstechnik Bombardier und der Skytrain am Düsseldorfer Flughafen. Die Technologie ist da, sie wartet nur noch darauf, dass der Mensch und die Gesellschaft so weit sind, die Fortschritte anzunehmen.

Vermutlich ist es nicht nur Retro-Denken, was viele dazu veranlasst, zum Alten zurückzukehren. Für viele mag es eine Schutzfunktion sein: »Ich sehe es nicht, ich ignoriere es, also ist es nicht da.« Doch es ist da. Die Technik holt uns ein. In Spanien beispielsweise gibt es bereits heute viele automatische Kassensysteme. Man wirft Münzen rein und bekommt sein Wechselgeld heraus.

Letztens habe ich sogar beobachtet, wie jemand bei Rewe mit Yapital bezahlt hat, wieder so eine App. Da drückt die Kassiererin einen Knopf auf dem Kartenlesegerät und der Kunde scannt mit seinem Smartphone einen QR-Code. Zack, hat man seinen Einkauf bezahlt.

Ich bin an Ihrer Meinung interessiert: Was ist für Sie die größte Schattenseite der neuen Arbeitswelt? Wie stehen Sie zu jenen, die ich Ihnen hier aufzeige? Melden Sie sich, mein Team und ich bloggen darüber. Einfach eine Mail schicken an: hallo@steffiburkhart.de

Die Kassiererin hat gelacht – unter anderem darüber, dass es viel länger dauert, als einfach mit seiner EC-Karte zu bezahlen. Ob sie sich Gedanken darüber macht, dass so etwas irgendwann die Kassenmitarbeiter ersetzen wird? Vielleicht … Vor allem, weil es in vielen Läden, beispielsweise bei Ikea, schon automatische Kassen gibt. Selbstbedienungskassen, kurz SB-Kassen, heißen die. Besonders beliebt sind die zwar nicht, weil die Technik meist nervt, praktisch werden sie aber dann, wenn man keine Zeit hat. Und da haben wir das Problem. Sie sehen: Der klassische Handel wird nicht nur durch Zalando überflüssig, auch wenn die mit ihren schreienden Werbepostboten am lautesten auf sich aufmerksam gemacht haben. #NeuerHandel

## TOP-DOWN-GEFÄLLE WIRD GRÖSSER

Dan Price hat versucht, es zu verhindern: einen zu groß werdenden Unterschied zwischen Chef und Mitarbeitern. Denn oft ist es nun mal so, dass die großen Unternehmen, ob in Berlin, Tel Aviv oder im Silicon Valley, Kohle ohne Ende machen, nur die Mitarbeiter sehen davon nichts. So haben die UBER-Taxifahrer in den USA eine Sammelklage eingereicht, weil sie nicht mehr nur als freie Fahrer agieren wollen, sondern einen festen Vertrag, eine richtige Anstellung einfordern. Und das mit gutem Recht: UBER schreibt tiefschwarze Zahlen, macht weltweit mehr als 200 Millionen Dollar Umsatz und wurde nach einer Finanzierungsrunde im Juli 2015 mit rund 50 Milliarden Dollar bewertet. So what? Die Taxifahrer kriegen einen Mini-Lohn.

Nicht ganz so schlimm läuft es im Franchise-Geschäft. Trotzdem ist das Modell irgendwie überholt. Im Durchschnitt muss ein Franchise-Nehmer immer 5,5 Prozent der laufenden Gebühren und 2,1 Prozent der Werbegebühren an den Geber abdrücken. Das macht keinen Spaß, vor allem nicht, wenn man als Restaurantbesitzer viel Arbeit und viel Geld in den Laden gesteckt hat. Angenommen, man hat also einen Umsatz gemacht von rund 100 000 Euro, gehen insgesamt fast 7000 Euro an den Konzeptgeber.

Bekanntlich hat man im Restaurantbetrieb auch hohe Personalkosten, deshalb fühlt es sich nochmal unsinniger an, das Geld nicht an seine guten Mitarbeiter zu zahlen, sondern to the (fucking) Top. #TopDown

## FREMD-CHEF VERSUS SELBST-CHEF

Was bei der ganzen Diskussion um flexibles, eigenverantwortliches Arbeiten oft vergessen wird: Es ist nicht spaßig, sich selbst zu dirigieren und anzutreiben, fleißig zu sein. Natürlich hat man dann weniger Druck von oben, stattdessen hat man Druck von innen. Was besser und was schlechter zu ertragen ist, kann ich nicht wirklich sagen.

Zudem bedingen flexible Arbeitsmodelle auch, dass man immer erreichbar ist. Dauerhaft, 24/7. Hier mal schnell die Kollegen im Google-Hangout updaten, dort eine kurze Mail beantworten und das nach 22 Uhr und am Sonntag, wenn der Freund, die Frau, die Kinder schon am Frühstückstisch sitzen. Das ist genauso wenig optimal wie Montag bis Freitag 9 bis 17 Uhr den Schreibtischstuhl zu wärmen, obwohl man lieber abends arbeitet. #MailingWust

## ON DEMAND IST AUCH NUR ON TOP

Selbst bei Rewe kann man seine Lebensmittel und Zutaten jetzt online bestellen – und per Mausklick in einen Online-Terminkalender eintragen, wann man die Lieferung zu Hause annehmen möchte. On demand, alles passiert nur noch on demand. Das ist Trend in Deutschland: egal ob es die Reinigungskraft ist, die spontan für einen Besucherabend die Wohnung blitzeblank macht, oder ob man auf die zweite Staffel »House of Cards« wirklich nicht länger warten möchte.

Doch auch der On-demand-Bereich hat Nachteile. Von wegen chilliges Freelancing; der On-demand-Arbeiter wie beispielsweise ein freier IT-Experte, muss auf Abruf bereitstehen, Tag und Nacht. Das bedeutet on demand nämlich: Echtzeitbuchung, egal wann und wo man will.Das erfordert Kraft, Muße und eine hohe Flexibilität. Denn wie so oft, hat sie auch in diesem Bereich Einzug gehalten, die Selbstverständlichkeit. Selbstverständlich kann ich Netflix öffnen, eine Serie angucken und zwei Minuten später wieder ausmachen, wenn ich keinen Bock mehr habe. On demand bedeutet auch, dass vieles nicht mehr so beständig ist. Und das wirkt sich mit Sicherheit auch auf einzelne Arbeitsfelder aus. #AufAbruf

## MINDESTLOHN VERSUS MITTELLOS

»Nahles ist auf dem Weg nach Absurdistan«, so oder so ähnlich lautete ein Titel bei handelsblatt.com.[98] Nicht genug, dass die Große Koalition den Mindestlohn eingeführt hat – was aus Sicht der Politiker gefühlt das beste Sozialprojekt seit dem Mauerfall zu sein scheint (zumindest wurde es in dieser Form gehyped) – in der Folge wollte Andrea Nahles noch eine Küche mit Fenster, Homeoffice mit Sonne und genug Wasser für alle. Da frage ich mich, was die Frau für eine Vorstellung von Büros hat?

Jedenfalls hat der Mindestlohn für viele bestimmt den Zweck erfüllt: bessere Bezahlung (= gefühlt höhere Wertschätzung). Doch auch hier gibt es Schattenseiten. Erstens wäre da die Bürokratie, die in Deutschland ja sowieso schrecklich ist. Egal ob ein Selbstständiger Mindestlohnmitarbeiter beschäftigt oder ein Praktikant dem Finanzamt Rechenschaft abliefern muss – man muss drei Millionen Formulare ausfüllen, alles beantragen.

Zweitens ist durch den Mindestlohn ein Lohndruck entstanden. Praktika werden entweder nicht angeboten oder müssen für lau gemacht werden. Eine kleine Bezahlung kommt ja nicht mehr infrage. Dazu kommen hohe Steuern und Schwarzarbeit. Das sind gleich mehrere dunkle Seiten, die die neue Arbeitswelt mitbringt. #Mittellos

# ATTRAKTIVITÄT ALS ARBEITGEBER

## DIE SOGWIRKUNG DES ARBEITGEBERS IST DAS BUZZ-THEMA DER ZUKUNFT

Im letzten Kapitel möchte ich auf die Frage eingehen, wie man als Unternehmen seine Attraktivität für die Generation-Y-Vertreter erhöhen kann, ohne dabei den Rest der Belegschaft einerseits abzustoßen und andererseits auf die Ersatzbank zu setzen.

Aus den bisherigen Inhalten dieses Buches geht klar hervor: Viele Wünsche, die eine junge Generation äußert, würden bei ihrer Erfüllung auf das Wohlfühlkonto aller Generationen einzahlen. Das heißt, dass nicht nur eine junge Generation von Veränderungen profitiert, sondern alle gleichermaßen. Darüber hinaus gibt es aber auch Themen wie Internet, digitales Handwerk, technologischer Fortschritt, Big Data, Internet der Dinge etc., zu denen die aktuell jüngste Generation auf dem Arbeitsmarkt einen moderneren Zugang pflegt. Sie sind zum Teil offener für digitale und technologische Trends und agieren etwas mehr als »Early Adopter«. Wichtig ist, diese **dort abzuholen, wo sie stehen** (denken Sie an das Beispiel Manuel zurück), **und nicht dort abzuholen, wo Sie stehen**.

## DIE MEISTEN PROBLEME SIND HAUSGEMACHT

Die Kluft zwischen altem und neuem Zeitgeist spiegelt sich in dem Dilemma wider, in dem Unternehmen bei der **Gewinnung und Bindung von Mitarbeitern** stecken. Stellen Sie sich folgende Situation vor: Ein Recruiter, Ü50, sitzt einem 25-Jährigen Youngster gegenüber. Nennen wir die beiden Horst und Paul. Horst ist seit mehr 20 Jahren im Unternehmen, Paul bewirbt sich gerade auf seinen ersten Arbeitsplatz. Er möchte in die Chemiebranche einsteigen. Zwischen den beiden steht ein Tisch. Darauf befinden sich zwei Tassen, drei Flaschen Wasser, eine Kanne Kaffee, Kaffeesahne, Zucker und ein Teller mit Keksen. Vor Horst liegt der Lebenslauf von Paul. Er wirkt sprunghaft. Er hat in drei unterschiedlichen Branchen ein Praktikum absolviert. In seinem Lebenslauf ist eine Lücke: Ausland – ein paar Monate. Weiterbildungsaffin scheint er nicht zu sein, und sein Abschlusszeugnis ist auch nicht hervorragend.

Horst konzentriert sich, wie in den vergangenen 20 Jahren, auf den roten Faden im Lebenslauf, bewertet die Disziplin und den Ehrgeiz von Paul anhand von Abschlussnoten und Zusatzqualifikationen. Je mehr Mittelmaß – das ist Horst auch –, desto besser bewertet er Paul.

»Wie soll jemand ein Talent erkennen, eine besondere Begabung fördern, dessen eigene Karriere darauf baut, alles, was nicht passt, passend zu machen?«

**(brand eins 06 / 15)**

Pech für Horst! Er verpasst was! Der Blick auf den Lebenslauf ist **Schnee von gestern**. Und Horst schaut an den Qualifikationen und Kompetenzen von Paul geradewegs vorbei. Zwar hat Paul nicht die besten Abschlussnoten, dafür hat er neben seinem Studium schon die unterschiedlichsten Dinge ausprobiert: Er hat mit seinem Kumpel einen Blog zum Thema Umweltfreundlichkeit gegründet. Hierzu geben sie ihrer Community ständig DIY-(Do-it-yourself)-Tipps. Als sie im Ausland waren, haben sie den Blog weitergemacht. Sie waren in mehreren Ländern unterwegs, um herauszufinden, wie andere Länder mit dem Thema Umweltschutz umgehen. Über dieses Projekt hat sich Paul ein großes Netzwerk an Online-Kontakten aufgebaut. Und wenn sie sich für ihr Projekt irgendwie neues Wissen aneignen müssen, befragen sie andere Blogger, recherchieren im Netz oder befragen ihren Mentor, ein Freund von Pauls Vater, gehobene Führungskraft der Firma Henkel.

Um sich in nützlichen Themen wie Kommunikation, Social-Media-Marketing oder rechtlichen Grundlagen weiterzubilden, hat Paul in drei ganz unterschiedlichen Branchen Praktika gemacht: in einer Social-Media-Agentur, bei »Spiegel online« und in einer Anwaltskanzlei. Warum bin ich von Paul so begeistert? Ganz einfach: Er rockt sein Leben und verbessert dabei ein kleines Stück unserer Gesellschaft – was für ein Traum-Youngster!

Das Beispiel erscheint etwas übertrieben? Es bringt auf den Punkt, worin die Problematik so vieler heutiger Jobsuchen(der) besteht. Bildungsmaßnahmen und Abschlusszeugnisse geben keine aussagekräftige Auskunft darüber, welche Zusatzkompetenzen sich junge Menschen außerhalb von Schule und Uni aneignen. Im Zeitalter der

Wissens- und Kreativgesellschaft entscheidet kein Frontalunterricht über die Fähigkeiten junger Menschen, sondern alles, was aktiv als Freizeitbeschäftigung ausprobiert wird. Denn was uns heute Bildungsinstitute nicht beibringen können, bringen wir uns selbst bei. #KönnenVersusWissen

Alte Welt trifft auf neue Welt, und das beißt sich. Statt zu erkennen, dass sich die Zeiten geändert haben, dass wir mitten im Wandel von Gesellschaft und Wirtschaft stecken, werden Ecken und Kanten einer jungen Generation in die Schublade »Generation Y ist frech, faul und fordernd« abgelegt.

## EMPLOYER BRANDING: SCHEIN ODER SEIN

Interview mit Nico Rose, Employer-Branding-Verantwortlicher
bei Bertelsmann

*Woran erkennt man denn, wie ein Unternehmen wirklich tickt?*

Ich würde versuchen, Kontakt mit aktuellen Mitarbeitern eines Unternehmens herzustellen, um die Binnensicht kennenzulernen. Über XING und LinkedIn ist das ja problemlos möglich heute. Wenn man bereits zu einem Vorstellungsgespräch eingeladen ist, würde ich absichtsvoll 20 Minuten zu früh erscheinen. Nach meiner Erfahrung kann man eine Menge über ein Unternehmen lernen, indem man einfach nur in der Eingangshalle sitzt und beobachtet: Wie sehen die Leute aus, wie bewegen sie sich, wie ist die Stimmung bzw. das »Energieniveau«?

*Employer Branding, Mist wie Gold erscheinen lassen, ist das die Realität?*

Ich halte solche Praktiken nicht für nachhaltig. Es führt dazu, dass neu rekrutierte Mitarbeiter schnell wieder das Weite suchen – und dies ist teuer für das Unternehmen in mehrfacher Hinsicht. Im Zeitalter von Bewertungsplattformen wie Kununu und zahlreichen Diskussionsforen für Jobsuchende gelingt es sowieso nur sehr unzureichend, Mängel in der Unternehmenskultur mit einem positiven Anstrich zu übertünchen. Employer Branding ist zu einem großen

Teil Marketing: Ziel des Marketings ist es unter anderem, die Vorzüge eines Produktes ins rechte Licht zu rücken – und das sollten Unternehmen auch tun. Aber etwas zu versprechen, was eindeutig nicht gehalten werden kann, führt zu Recht zu Frustration – bei Produkten wie auch bei Arbeitnehmern.

**Relevante Fragen**

für alle, die sich mit dem Thema Gewinnung und Bindung neuer Mitarbeiter auseinandersetzen:

- Wer ist für Prozesse zuständig?
- Wie sehr und wie lange leben diese Personen in einer bzw. ihrer Komfortzone?
- Setzen sich Top-Mitarbeiter mit diesen Themen auseinander? Oder die Medium Performer?
- Wann haben Sie sich das letzte Mal Gedanken zu Begrifflichkeiten wie Talent, High Performer oder Diversity gemacht?
- Was zeichnet für Sie High Performer, Medium Performer und Low Performer aus?
- Wie viele High, Medium, Low Performer haben Sie?
- Wie viele High Performer müssen mit Low Performern zusammenarbeiten?
- Wie gut schützen Sie High Performer vor der Norm, vor Regeln und Gewohnheiten?
- Wie werden Mitarbeiter in ihrer Leistung(sbereitschaft) gefördert?
- Wie gut werden in Ihrem Unternehmen Talente gefördert?
- Wie werden Talente erkannt und wie gefördert?

# INTERNE ATTRAKTIVITÄT

Um sich also für die junge Generation attraktiv zu machen, gilt es, aktiv eine Sogwirkung zu erzeugen. Ich bin überzeugt, dass dies von innen heraus geschehen muss, um dann die Attraktivität transparent und echt nach außen zu transportieren. Ich vergleiche das gern mit dem Spaziergang durch die Fußgängerzone. Es gibt manche Schaufenster, die sehen wirklich top aus. Bin ich drinnen, ist der Laden ein Flop. Das heißt: Man hat mich zwar mit der Außenpräsenz gelockt, konnte mich aber nicht länger als drei Sekunden im Laden halten. So ähnlich erleben wir das im Unternehmenskontext ja auch manchmal. #AußenTopInnenFlop

Basierend auf den in vorhergehenden Kapiteln beschriebenen Entwicklungen und Trends lassen sich zum Aufbau der internen Attraktivität zum Beispiel folgende Ideen ableiten:

1. Familien- und Väterfreundlichkeit
2. Rollenverteilung
3. Work-Life-Blending

4. Arbeitsplatzgestaltung
5. Kollaboration
6. Alternative Vergütungsmodelle
7. Führungskultur
8. Karrierepfade

## 1. FAMILIEN- UND VÄTERFREUNDLICHKEIT

Michael Sommer, Vorsitzender des Deutschen Gewerkschaftsbundes (DGB), kritisiert die mangelnde Unterstützung junger Familien: »Die Arbeitgeber setzen zunehmend die jobgerechte Familie voraus. [...] Wir brauchen aber keine jobgerechten Familien, sondern familiengerechte Jobs.«[99] Vielleicht hilft das beim **Umdenken** – vor allem der Babyboomer-Generation in den Chefetagen. Mir ist in diesem Zusammenhang das »Spiegel«-Gespräch von Juni 2015 mit Hartmut Mehdorn etwas aufgestoßen.[100] Herr Mehdorn, 72, gehörte lange Jahre zu Deutschlands Managerelite – ob bei der Deutschen Bahn oder dem Berliner Flughafen. Er war über Jahrzehnte hinweg Vorbild für Tausende Führungskräfte, Väter und Männer. Ein Manager der alten Schule – ein kerniger Typ, wie Jürgen Schrempp von Daimler oder Wendelin Wiedeking von Porsche. So sieht sich Hartmut Mehdorn selbst und distanziert sich von der neuen Generation junger Manager, die viel Wert auf die Vereinbarkeit von Familie und Beruf legen. Familienfreundlichkeit aus Vätersicht hat es für Herrn Mehdorn nie gegeben. Das bestätigen seine Aussagen wie: »In den Sommerferien habe ich die Familie ans Meer gebracht und dann weitergearbeitet.« #AltHerrenVorstellungen

Weitere Zitate von Hartmut Mehdorn: »Die neue Managergeneration will früher Feierabend machen, um sich um ihre Kinder zu kümmern. Dann darf man nicht darüber jammern, wenn man nicht aufsteigt. Wer wirklich nach oben will, muss Einsatz zeigen, notfalls Tag und Nacht« oder »Man sollte doch nicht so scheinheilig sein und so tun, als bliebe eine Auszeit folgenlos«. Wenn also die Wirtschaftsspitze selbst nicht bereit ist, sich einem modernen Mindset zu öffnen, bleibt Familienfreundlichkeit weiterhin ein leeres Versprechen und Pflichterfüllung vieler Unternehmen. Das Beispiel Mehdorn zeigt sehr deutlich: Wir brauchen ein Umdenken auf der Entscheiderebene. Führende Köpfe in Politik und Wirtschaft, die ja oftmals Männer Ü50, Ü60 oder Ü70 sind, müssen verstehen, dass viele Vertreter nachrückender Generationen das traditionelle Familienmodell nicht mehr leben wollen und können.

**Wollen:** Viele junge Frauen möchten heute nicht mehr die berufliche Laufbahn an den Nagel hängen und damit die finanzielle Unabhängigkeit und den persönlichen Selbstwert für die Kindererziehung aufopfern. Und junge Männer wollen heute eins nicht mehr: den Beruf über die Erziehung ihrer Kinder stellen.

**Können:** Wir haben heute keine andere Wahl, als über ein Familienmodell der Zukunft nachzudenken, in dem sich Mann und Frau gemeinsam um die Familie kümmern. Denn es ist uns schlichtweg nicht mehr möglich, das klassische Rollenmodell von Mann und Frau zu leben. Das Paket aus Finanzierung der eigenen Kinder, privater Vorsorge, einer höheren Einzahlung in die Rentenkasse, steigenden Lohnnebenkosten und steigenden Mietpreisen in Ballungszentren lässt sich mit dem Alleinverdienermodell heute nicht mehr tragen. Und nicht zu vergessen ist auch der Unterschied zu früher: Viele Youngster leben heute mehr als 200, 300 Kilometer von Eltern und Schwiegereltern entfernt. Familiäre Unterstützung bei der Kindererziehung fällt dadurch oft weg – was häufig viele gedanklich gar nicht auf dem Schirm haben. Und nur wer es sich finanziell leisten kann, investiert in eine Nanny.

So what, Mehdorn? Sogar seine Söhne haben sich gegen das propagierte Leben ihres Vaters ausgesprochen. Sie nehmen sich mehr Zeit für die Kindererziehung und leben in **gleichgerechter Rollenverteilung**. Und was sagt der alte Manager-Rambo dazu? »Mutig.« Ich finde das eine falsche Beschreibung. Es sollte zur Selbstverständlichkeit gehören, und Big-Player unserer Wirtschaft müssen in ihrer Position als Vorbilder vorangehen. Denn wer nach alten Mustern denkt und lebt, richtet großen Schaden an: sowohl für die Gesellschaft (sinkende Geburtenrate), das Unternehmen (geringe Attraktivität, Führungsdesinteresse, gestresste Mitarbeiter und Mitarbeiterinnen) – und möglicherweise auch für sich selbst (weniger Pflegebereitschaft der Kinder).

Bei dem Wunsch nach mehr Familienfreundlichkeit geht es jungen Eltern demnach nicht nur um die finanzielle Unterstützung, sondern auch um Themen wie **bedarfsgerechte Kinderbetreuungsangebote, Familienhelfer, Jobsharing** sowie **mehr Spielraum in der Zeitplanung und Arbeitsorganisation**. Familienfreundlichkeit darf demnach nicht scheitern an:

- fehlender Kinderbetreuung, auch in Notfallsituationen wie Krankheit, Ferienzeit, Streiks oder spontaner Mehrarbeit,
- unnötiger Präsenzkultur,
- Chefs, die das alte Familienmodell befürworten,
- **Angst vor den vorherigen Punkten.**

Bei all dem ist leider zu beobachten, dass **Arbeitsplatzsicherheit** zum Auslaufmodell gehört. Besonders für Frauen und Männer, die eine Familie planen (ob als junges oder altes Familienmodell) ist die Unterstützung vonseiten des Arbeitgebers hinsichtlich Planbarkeit und Jobsicherheit aber enorm wichtig. Das heißt, auch wenn Arbeitsplatzsicherheit und Loyalität zukünftig neu gelebt werden, ist es wichtig, jungen Familien ein Recht auf Familienschutz einzuräumen.

**Jobsharing ist nicht nur ein Modell für Menschen, die Alternativen zur 40-Stunden-Woche suchen, weil sie lieber mehreren Interessen und Projekten gleichzeitig nachgehen wollen. Jobsharing bietet sich auch für Väter und Mütter an und für einen Wiedereinstiegsprozess.**

### Reflexionsfrage

**Wie familienfreundlich ist Ihr Unternehmen? Wie werden in Ihrem Unternehmen junge Eltern darin unterstützt, Familie und Beruf besser unter einen Hut zu bringen? Wie zufrieden sind junge Eltern mit Ihren Angeboten? Wie unterstützen Sie junge Eltern in Notfallsituationen: Kind ist krank, Kita streikt? Bieten Sie Jobsharing-Möglichkeiten an? Wie viel Rat und Unterstützung bieten Sie Ihren Mitarbeitern für private Belange (Wohnungs- oder Hauskauf, Geburt von Kindern, Pflege von Eltern, private Vorsorge)?**

## 2. ROLLENVERTEILUNG

Wir sind die erste Generation, in der Kompetenz vor Geschlecht gestellt wird. Selbst leben wir im Alltag gerne auch mal Unisex – ob in Bezug auf Kleidung, Freizeitbeschäftigung oder Berufsbild. Umso weniger interessieren uns die ständigen Diskussionen über die Frauenquote, das Gesetz für die gleichberechtigte Teilhabe von Frauen und Männern an Führungspositionen in der Privatwirtschaft und im öffentlichen Dienst.

»Familien brauchen Zeit. Zeit, um überhaupt als Familie bestehen zu können.«

**Prof. Dr. Ulrike Hellert**

»Wir müssen in vielen Punkten deutlich schneller dazulernen. Das ist weniger eine Frage des Wissens als eine des Wollens und Dürfens. Es ist empirisch beobachtbar, dass das Verlassen eingeschliffener Denkbahnen für die Gestaltung der Arbeit der Zukunft von ganz herausragender Bedeutung sein wird. Implizit darin enthalten ist der Abschied von traditionellen Geschlechterstereotypen oder auch Arbeitszeitritualen.«

**Thomas Sattelberger, Ex-Telekom-Personalvorstand**

Mit dieser Aussage treffe ich allerdings bei manchen Frauenrechtlerinnen auf Unverständnis. Die meisten Gleichaltrigen wiederum stimmen mir nickend zu. Das spricht für sich. Während ältere Frauen immer noch sehr vom Gerechtigkeitskampf geprägt sind, pflegen jüngere Frauen – und auch die Männer – einen viel entspannteren Umgang mit der Thematik. Das Bild der klassischen Rollenverteilung ist in unseren Köpfen nicht so tief verankert wie noch in der Babyboomer-Generation. Aber weil die alten Herren ihre Entscheiderpositionen gerne unter sich verteilen, müssen wir uns leider in der Arbeitswelt mit Quoten auseinandersetzen. Ich wünsche mir und hoffe, dass wir das angestrebte Ziel beim nächsten Generationenwechsel in der Arbeitswelt nicht mehr mit Quoten erreichen müssen, sondern es ganz selbstverständlich dazugehört, Kompetenz Vorrang vor Geschlecht zu geben. #KompetenzVorGeschlecht

**Reflexionsfrage**

Wie gleichberechtigt agieren Sie? Wie viele Frauen und wie viele Männer arbeiten in Ihrem Team? Wie gut unterstützen Sie beide Geschlechter in ihrer Entwicklung? Kennen Sie die Stärken von Frauen im Vergleich zu Männern? Wie gut setzen Sie unterschiedliche Stärken in Ihrem Team ein?

## 3. WORK-LIFE-BLENDING

Wir wissen: Die Welt wird immer mehr VUKA, globale Prozesse greifen immer enger ineinander. In diesem sich rasant ändernden Umfeld wird es zunehmend schwieriger, Arbeitszeit und Freizeit strikt

voneinander zu trennen. Wer das versucht, endet früher oder später in Unzufriedenheit, Zeitdruck und Stress. Umso absurder ist die Tatsache, dass in vielen Unternehmen nach wie vor mit Stechuhrsystemen und hoher Präsenzkultur gearbeitet wird. Was wir brauchen, sind mündige Mitarbeiter, die je nach Lebensphase selbst oder im Team entscheiden können, wie sie ihre Tages- und Wochenzeit ressourcensparend, effizient und gewinnbringend einsetzen. #MündigeMitarbeiter

Hinzu kommt, dass die Work-Life-Balance uns vorgaukelt, dass wir Arbeitszeit und Lebenszeit voneinander trennen sollten. Für immer mehr Menschen ist das ein No-Go. Es gilt an vielen Fronten die Formel: **Arbeitszeit = Freizeit**. Wir wollen nicht erst nach 17 Uhr mit dem glücklichen Teil des Lebens anfangen. Zu häufig haben wir im persönlichen Umfeld erlebt, wie unzufrieden Menschen sind, die im Job ihre Mündigkeit an den Arbeitgeber verkaufen. Deshalb: Für uns geht es im Leben mehr um Work-Life-Blending, der Verschmelzung von Arbeitszeit und Lebenszeit. Was jedoch nur dann möglich ist, wenn Aufgaben unseren Stärken entsprechen, wir Sinn erkennen in dem, was wir tun, und uns das, was wir tun, auch wirklich Spaß macht. Das heißt: Wir wollen der Arbeit eine neue Bedeutung geben, damit Unternehmen erfolgreich und Mitarbeiter glücklich sein können. Dabei müssen wir zukünftig Begrifflichkeiten wie Präsenzpflicht, feste Arbeitszeiten, Feierabend neu definieren.

Das heißt, die Basis für mehr Attraktivität in Bezug auf Work-Life-Blending ist mehr Flexibilität in der Arbeitszeitgestaltung und Lockerung der Präsenzpflicht. Am 24. Juli 2015 habe ich in meiner »Zeit«-Online-App einen Beitrag über die neue Forderung der Wirtschaft an die Bundesregierung, den Achtstundentag aus dem Arbeitszeitgesetz zu streichen, entdeckt: »Um mehr Spielräume zu schaffen und betriebliche Notwendigkeiten abzubilden, sollte das **Arbeitszeitgesetz von einer täglichen auf eine wöchentliche Höchstarbeitszeit umgestellt werden**«, wird das Positionspapier der Bundesvereinigung der deutschen Arbeitgeberverbände (BDA) zitiert. Und der Präsident des Deutschen Industrie- und Handelskammertages (DIHK) Eric Schweitzer kommentiert: »Flexible Arbeitszeiten gewinnen, angesichts von Digitalisierung und der Notwendigkeit zur besseren Vereinbarkeit von Beruf und Familie, immer mehr an Bedeutung. Unsere starren Arbeitszeitregelungen mindern allerdings diese Flexibilität. Daher wäre es wichtig, die gesetzlichen Regelungen an die aktuelle Entwicklung anzupassen.« Das klingt für mich nach einem wichtigen und guten Schritt in die richtige Richtung – solange er nicht missbraucht wird. Spannend wird sein, wann sich auch die Politik für diese Gesetzesänderung bereit erklären wird. Aktuell will Ministerin Nahles vorerst nicht am Achtstundentag rütteln. #9to5versusFlexibilität

**Reflexionsfrage**

Wie viel Freiheit wünschen Sie sich bezüglich Arbeitszeitgestaltung? Welchen Flexibilitätsgrad erwarten Sie von sich? Und Ihren Mitarbeitern? Welchen Verpflichtungen und Aufgaben müssen Sie bzw. Ihre Mitarbeiter (aktuell) beruflich und privat nachgehen? Wie lassen sich beide Anforderungen optimal vereinbaren? Wo in Ihrem bzw. dem Job Ihrer Mitarbeiter besteht welcher Spielraum für mehr Flexibilität in Arbeitszeitgestaltung?

Bewegen wir uns auf eine solche Gesetzesänderung zu, wird auch das Thema Feierabend mehr und mehr zum Auslaufmodell. Dann werden wir uns nicht mehr am Morgen auf den Feierabend freuen, schon Montagvormittag auf das nächste Wochenende oder mit 55 schon auf die Rente. Das geht natürlich nicht in allen Berufen. Vor allem nicht bei den Schichtarbeitern oder Berufen, die auf Präsenz basieren. Wir erkennen aber heute schon eine Tendenz, dass immer mehr Menschen Möglichkeiten wie Gleitzeit, flexible Vertrauensarbeitszeit oder andere Modelle wie Retire-a-Little nutzen. Und genau an dieser Stelle möchte ich auch das Thema Selbstverantwortung und Selbstorganisation platzieren: Denn je mehr Flexibilität zukünftig auf Mitarbeiter zukommt, desto mehr müssen Mitarbeiter lernen, mit diesem hohen Freiheitsgrad auch zurechtzukommen. Das können manche, aber nicht alle. Und es bringt nichts, als Arbeitgeber mit Maßnahmen wie den Server um 19 Uhr abzuschalten, Mitarbeiter vor sich selbst zu schützen. Wir müssen Mitarbeiter stattdessen dazu qualifizieren, sich selbst vor zu viel Arbeit zu schützen.

## 4. ARBEITSPLATZGESTALTUNG

Schauen wir uns junge Unternehmen wie beispielsweise Soundcloud, Dark Horse oder Airbnb an, fällt deren Bürokonzeption auf. Das hat nichts mehr mit alten Firmengebäuden zu tun, in denen oftmals eine kühle und kalte Raumatmosphäre vorherrscht. Bei Ford bin ich im vergangenen Jahr durch ein Bürogebäude gelaufen: weiße Wände, grauer Fußboden, graue Trennwände und Neonlicht von oben. Eine Schreibtischreihe sieht aus wie die andere. Grässlich! Auch in meinem alten Job in einem Großunternehmen saß ich in einem ähnlich hässlichen Raum. Ich weiß noch, man ging zwei Etagen die Treppen hoch. Dann gab es eine Tür zum rechten und eine Tür zum linken Flur. Ich saß im linken Flur, im dritten Zimmer auf der linken Seite. Insgesamt gab es in unserem Flur sieben Bürozimmer, die alle ähnlich kalt, altmodisch und unkreativ wirkten. Das erste Zimmer links war die kleine Mini-Küche. Dort gab es zwei Stühle. Der einzige Raum – der leider auch recht hässlich war –, in dem man sich privat austauschen konnte. Nach zehn Minuten Kaffeepause ist man wieder in seinem kleinen Büro verschwunden und hat weitere Stunden auf seinen Bildschirm gestarrt. Ich bin mir sicher, Sie kennen das. **#StaubigeBüros**

Geben Sie bei Google Suche mal »SoundCloud Headquarters« ein (Die Raumkonzeption stammt vom Berliner Architekturbüro KINZO). Eine Arbeitsoase für junge Menschen! Auch bei der Gestaltung der Raumkonzeption wurde Diversity – oder anders formuliert Perspektivenwechsel – berücksichtigt. Um für Abwechslung zu sorgen, wurden neben **Rückzugsmöglichkeiten** auch **Austausch- und Desk-Sharing-Plattformen** geschaffen, die **Kommunikation** und **Interaktion** ermöglichen. So können die Mitarbeiter drinnen oder draußen sitzen, auf Stühlen, Bänken oder auch auf weichen Möbeln wie Sofas oder Sesseln. Es gibt Raum-

Wie traditionell bzw.
hierarchisch sind Ihre
Räumlichkeiten aufgebaut?
Wie viel Interaktion und
Kommunikation kann hier
stattfinden? Wie flexibel
werden Arbeitsplätze ge-
nutzt bzw. getauscht? Wie
kalt oder wie warm wirken
Ihre Räumlichkeiten? Wie
viel Perspektivenwechsel
ermöglichen die Sitzge-
legenheiten? Wo arbeiten
Sie am liebsten? Am pro-
duktivsten? Am wenigsten
gestört? Wie sieht das bei
Ihren Mitarbeitern aus?
Welche Wünsche äußern
Ihre Mitarbeiter bezüglich
Arbeitsplatzgestaltung?

ecken, in denen Austausch mit mehreren problemlos stattfinden kann, und es gibt Schreibtische, die für alle Mitarbeiter zur Verfügung stehen (Schreibtisch-Sharing am Arbeitsplatz). Dann gibt es größere Tischflächen, die kreatives und konzeptionelles Arbeiten auch im Stehen ermöglichen. Bei der Beleuchtung wird auf weißes, kaltes Licht verzichtet. Stattdessen wird auf Wärme und gutes Licht geachtet.

Die Idee dahinter: den Büroalltag zu humanisieren. Raumkonzepte so zu gestalten, dass sich die Architektur positiv auf Leistung und Wohlbefinden auswirkt. Und weil der Erfolg eines Unternehmens immer mehr auch von der Zusammenarbeit, dem Wissensaustausch und der gemeinsamen Problemlösung seiner Mitarbeiter abhängig ist, spielen offene Bürostrukturen eine zentrale Rolle. Bürowelten von morgen werden zu eigenen Lebensräumen, die Qualitäten und Ästhetik aus Privatbereich, Freizeitwelt und Arbeitsplatz verbinden und stark auf eine kommunikative und posthierarchische Atmosphäre ausgelegt sind.

## 5. KOLLABORATION

Dank Internet und Globalisierung von Wirtschaft und Gesellschaft wird auch die Arbeit digitaler, vernetzter und flexibler. Ein zentraler Treiber für Arbeit in der neuen VUKA-Welt ist die Wir-Kultur. Die Generation Y ist mit dieser Wir-Kultur aufgewachsen, stark geprägt durch digitale Vernetzungsmöglichkeiten wie Social-Media-Kanäle, SMS, WhatsApp oder Online-Lernkurse und Austauschplattformen.

Coworking mit Kollegen gehört für junge Menschen mit dazu. Die traditionell ausgelebte Ich-Kultur in klassischen Bürokonzepten wirkt auf viele Youngster wie ein Kulturschock. Demnach ist es als Arbeitgeber wichtig, auch Zeit und Raum für Coworking zur Verfügung zu stellen. Die Zusammensetzung der Teams sollte dabei auf Freiwilligkeit basieren und wenn möglich auch interkulturell durchmischt sein. Es sind vor allem die zufälligen Begegnungen und der informelle Austausch untereinander, der die Entwicklung kreativer Ideen fördert. Umso wichtiger ist es, abteilungsübergreifendes zufälliges Aufeinandertreffen zu organisieren – über

**Reflexionsfrage**

Wie viel Teamarbeit lassen Sie zu? Wie stark ist der Austausch in Ihrem Unternehmen durch Networking geprägt? Wie gut sind Ihre Räumlichkeiten darauf ausgelegt, zufällige abteilungsübergreifende Begegnungen zu fördern? Überdenken Sie entsprechend Ihre physische Arbeitsumgebung!

entsprechende Räumlichkeiten. Denn die wirklich kreativen Ideen entstehen nicht vorm Computerbildschirm, sondern oftmals durch informellen Austausch in entspannter Atmosphäre. Verstehen Sie Büroräumlichkeiten nicht einfach nur als Arbeitsplatz, sondern als Kommunikationsplattform mit entsprechenden Werkzeugen für den formellen und informellen Austausch Ihrer Mannschaft!

Ben Waber und seine Mitautoren haben im Harvard Business Manager 01 / 2015 von einem Experiment von 50 Managern eines Pharmaunternehmens berichtet.[101] Die Manager setzten über Wochen Soziometer ein. Sie wollten wissen, was Auslöser für die Umsatzsteigerung der Belegschaft waren bzw. sind. Die Ergebnisse zeigten: Wenn beispielsweise Vertriebsmitarbeiter den Austausch zu Kollegen aus anderen Abteilungen um 10 Prozent steigerten, wuchs damit einhergehend auch deren Umsatz um bis zu 10 Prozent. Dies veranlasste die Manager, das aktuelle Raumkonzept zu überdenken.

## 6. ALTERNATIVE VERGÜTUNGSMODELLE

Wir haben in Kapitel 3 gelernt, extrinsische Antreiber bremsen die intrinsische Motivation aus. Deshalb propagieren Managementvordenker wie Daniel Pink und Forscher wie Edward Deci und Richard Ryan auch seit Längerem die **Abschaffung von klassischen Provisionsmodellen** – zumindest für komplexe, kreative und konzeptionelle Aufgaben. Und modernere Unternehmen greifen vermehrt zu neuen Möglichkeiten wie Teamanreizen, angemessenem Grundeinkommen, Mitarbeiterbeteiligung in Form von Stock Options (Mitarbeiteraktien) oder sie lassen sogar Mitarbeiter über ihre Gehälter im Team entscheiden.

Ich möchte Sie an einer Geschichte teilhaben lassen, die mir selbst im Sommer vergangenen Jahres widerfahren ist: Mein Freund und ich waren bei einer Bekannten zu Besuch. Bettina war damals 33 Jahre alt, promovierte in BWL und sammelte diszipliniert Überstunden in einer hohen Position in einem erfolgreichen Start-up in Berlin. Bei Kaffee und Kuchen berichtete sie davon, dass die Gründer des Start-ups demnächst einen Exit planen. Mein Freund, selbst BWLer, reagierte positiv überrascht mit: »Ey, das ist ja cool! Dann bekommst du ja echt viel Geld! Wie viel Prozent?« Ich hab erst mal nichts verstanden. Egal. Bettina antwortete: »Mir wurde zugesagt, dass ich am Exit beteiligt bin.« So langsam dämmerte mir, um was es geht: Exit ist der Verkauf eines Unternehmens, das Gründer nach ein paar Jahren anstreben. Und während ich das verstand, ging meinem Freund ein anderes Lichtlein auf: Nämlich dass Bettina beim Einstieg ins Unternehmen diese Beteiligung versprochen wurde, aber vertraglich zugesichert wurde ihr das nicht. Man hat die junge, talentierte und hoch motivierte Bettina also mit leeren Versprechen versucht ins Unternehmen zu locken. So etwas passiert in Deutschland leider sehr häufig. In den USA hingegen ist es bei Neugründungen häufig so, dass alle, die von Anfang an das Unternehmen mit aufbauen, in eine Aktiengesellschaft mit eingebunden und somit auch am Exit beteiligt sind. Und da viele der jungen Unternehmen an die Börse gebracht werden und somit innerhalb kürzester Zeit Millionen von Dollar wert sind, gibt es in den USA so einige Menschen, die schon in sehr jungen Jahren sehr reich geworden sind. Dazu gehören beispielsweise alle Mitarbeiter von Instagram, 900 Mitarbeiter von Google, 1000 Mitarbeiter von Facebook oder ca. 10 000 Mitarbeiter von Microsoft.#ReichWerden

Viele dieser Mitarbeiter bleiben damit hoch motiviert und viele von ihnen kommen später selbst auf den Geschmack, ein eigenes Unternehmen zu gründen, und es entsteht ein Kreislauf an jungen und hoch motivierten Start-ups, die wiederum über Stock Options und Innovationen neue junge Mitarbeiter zu Höchstleistungen führen. Gar kein schlechtes System, oder?

## 7. FÜHRUNGSKULTUR

Führungskultur ist einer der zentralsten Schlüsseltreiber im Wandel der Arbeitswelt. Deshalb habe ich dem Thema Führung das ganze Kapitel 4 gewidmet.

Doch einen Gedanken möchte ich an dieser Stelle noch mitteilen: Ich halte es zum aktuellen Zeitpunkt für durchaus angebracht, eine Quote für junge Führungskräfte einzuführen. Denn die Mehrzahl von Entscheidern in Unternehmen gehören der Babyboomer-Generation an. Und jene rücken nur sehr ungern von ihren Positionen (was menschlich auch gut nachvollziehbar ist) und machen Platz für neuen Wind in der Organisation. Alternativ zur Quote könnte auch der Ansatz interessant sein, jeder älteren Führungskraft einen jungen Tandempartner zur Seite zu stellen, um den Austausch zwischen langjähriger Führungserfahrung und neuer Wertekultur zu fördern und nach und nach den Einflussbereich des jungen Mitarbeiters zu vergrößern. #TandemFürFührungskräfte

## 8. KARRIEREPFADE

Die Ansprüche an Arbeitgeber nehmen zu. Der Mensch strebt nach **mehr Aufmerksamkeit, mehr Wertschätzung, mehr Fürsorge,** nach Freiraum in sicheren Strukturen und Selbstentfaltung in einer gelebten Wir-Kultur. Demnach breitet sich das Verlangen nach individuellen Weiterbildungsmöglichkeiten und Karrierepfaden immer weiter aus – ähnlich wie im Leistungssport. Statt Gießkannenprinzip wollen die Arbeitnehmer Trainings und Coachings basierend auf individuellen Belangen, Stärken und Potenzialen. Dazu könnte gehören, jungen Menschen ein Erst- oder Zweitstudium zu finanzieren und sie mit MBA-Themen vertraut zu machen. Und weil Arbeit und Privates immer mehr miteinander verschmelzen, bietet es sich an, Mitarbeiter über den Job hinaus zu unterstützen: durch kostenfreie Coachings und Beratung für private und berufliche Themen, Mentoring-Programme, Jobrotation-Optionen, analoge und digitale sowie nationale und internationale Weiterbildungsmöglichkeiten. Das heißt ebenfalls, dass jedes zeitgemäße Unternehmen auch in der Lage sein sollte, jungen Mitarbeitern einen Aufenthalt im Ausland zu ermöglichen und zu finanzieren – ob im eigenen Unternehmen, bei brancheninternen oder -externen Kooperationspartnern oder kooperierenden Forschungsinstitutionen.

**Reflexionsfrage**

Wie sehr steht bei Ihnen der Mensch im Fokus? Wissen Sie, wohin sich Ihre Mitarbeiter beruflich und privat entwickeln wollen? Wie viele Mitarbeiterentwicklungsgespräche führen Sie pro Jahr? Welche Weiterbildungsmöglichkeiten bieten Sie Ihren Mitarbeitern? Welche Karrieremodelle bieten Sie an? Fachspezifisch und führungsspezifisch? Haben Sie schon einmal über das Einstellen eines »Feel Good Managers« nachgedacht? Wie häufig laden Sie Externe für Impulsvorträge ein?

Zwar heißt es auch häufig, junge Menschen wollen heute keine Karriere mehr machen. Dem stimme ich aber nur bedingt zu. Ich glaube vielmehr, junge Menschen wollen heute einer anderen Karriere nachgehen als klassisch üblich. Während Karriere früher hieß, die Karriereleiter aufzusteigen und immer mehr Führungsverantwortung zu übernehmen, bedeutet Karriere heute, sich im Job selbstverwirklichen zu dürfen und an den neuen Aufgaben wachsen zu können. Wenn ich also mehr daran interessiert bin, mich in meiner Fachexpertise weiterzuentwickeln, möchte ich mich auf der Ebene zukünftig auch weiterentwickeln dürfen und nicht damit beschäftigt sein, mehr und mehr Mitarbeiter zu führen. Demnach müssen Unternehmen vermehrt auch unterschiedliche Karriereoptionen anbieten: die Möglichkeit,

Karriere dank der Fachkompetenz zu machen, oder Karrieren, die bedeuten, mehr Verantwortung für Menschen zu übernehmen.

## ATTRAKTIVITÄT GUT VERMARKTEN

Es ist auch wichtig, die innere Attraktivität nach außen zu tragen. Ähnlich wie beim Verkauf von Produkten liegt bei der Gewinnung neuer Mitarbeiter die Marktmacht beim Kunden, also beim Arbeitnehmer – zumindest in vielen Branchen. Tendenz wachsend. Umso wichtiger ist es, als Unternehmen die eigene Marke aktiv nach außen zu kommunizieren, echt und transparent (Versprechen Sie nur das, was Sie tatsächlich halten können!), den Sinn des Unternehmens klar hervorzuheben und immer auch den Mehrwert für potenzielle Bewerber aufzuzeigen. In Fachkreisen spricht man dabei vom **Employer Branding**.

Die Basis einer **erfolgreichen Außendarstellung** als Arbeitgeber ist die Definition und Ausarbeitung einer Arbeitgebermarke. Haben Sie sich darüber noch keine oder nur wenige Gedanken gemacht, holen Sie sich hierzu Unterstützung bei einer externen Agentur ein! Finden Sie Antworten auf Fragen wie: Was zeichnet Sie aus? Was macht Sie besonders? Wodurch heben Sie sich von Konkurrenzunternehmen ab? Und dann gilt es, genau diese Besonderheiten nach außen zu kommunizieren. Sie müssen sich sichtbar machen für Ihre Zielgruppe. Das machen vor allem kleine und mittlere Unternehmen (KMU) bisher noch viel zu wenig.

Von meinen Studenten an der FH in Köln habe ich mal aufschreiben lassen, welche Unternehmen sie kennen. Was glauben Sie, wie viele Unternehmen genannt wurden? Insgesamt – also alle zusammengetragen – waren es gerade mal 20 Unternehmen! Und dazu gehörten Big Player wie Apple, BWM, Audi, McDonald, Nestle, Lidl, Aldi und so weiter und so fort. KMU – vor allem aus der Region selbst, und Köln ist nicht grade klein – wurden keine genannt. Erschreckendes Ergebnis, nicht wahr?

In einem zweiten Schritt habe ich den Studenten eine IHK-Liste mit über 100 KMU aus dem Raum Köln in die Hand gedrückt mit der Bitte, sich alle Webseiten der Unternehmen anzuschauen und zu überlegen, wie attraktiv die Außendarstellung auf sie wirkt, und zweitens zu schauen, wie viele relevante und wichtige Informationen sie finden. #BigPlayerForTheWin

Meine Studenten selbst waren überrascht, wie statisch und uninteressant die meisten Seiten aufgebaut waren. Wären sie Schaufenster in der Fußgängerzone, würden die Studis gnadenlos daran vorbeilaufen. So gehen Unternehmen potenzielle Bewerber flöten. Die Seiten sind nicht cool aufgebaut und erzeugen auch vom Inhalt her keine Sogwirkung. Es fehlen Informationen zu den Mitarbeitern und den Chefs, der Sinn des Unternehmens wird nicht klar kommuniziert, es gibt keine Verlinkungen zu Social-Media-Kanälen, über die man sich weiter informieren kann, es wird kein Mehrwert geliefert. Warum sich ein junger Mensch dort bewerben sollte, bleibt unklar, und die Seiten sind sehr textlastig aufgebaut. Bilder oder gar Filme sind sehr häufig nicht vorhanden.

Danach sollten sich die Studis im Netz umschauen und Notizen zu Seiten machen, die sie sehr gut finden. Als Beispiele wurden genannt: Coffee Circle

## Tipps zum Thema Employer Branding und Co.

Blogs: Wollmilchsau, Recruitainment Blog
Buch: »Perspektivwechsel im Employer Branding. Neue Ansätze für die Generation Y und Z«, herausgegeben von Gero Hesse und Roland Mattmüller, erschienen im Springer Verlag, 2015
Online-Akademie: whatchacademy
Awards: Human Resources Excellence Awards, Golden Runkelrübe der HR Kommunikation
Studien: Christoph Athanas & Prof. Dr. Peter M. Wald: Candidate Experience Studie 2014,[102] Marcel Hörnschemeyer & Sven Gábor Jánszky: Das HR-Management der Zukunft: Personalstrategien für eine Welt der Vollbeschäftigung,[103] in Kooperation mit SAP, Monster World Wide und Centre of Human Resources Information Systems (CHRIS): Bewerbungspraxis 2015, Recruiting Trends 2015 [104]

Nico Rose, Employer-Branding-Verantwortlicher bei Bertelsmann darüber, welche Hausaufgaben er – besonders mittelständischen – Unternehmen mit auf den Weg geben würde:

»Ich würde sie fragen: Welche Geschichten habt ihr zu erzählen? Welche Eigenheiten, Erfolgsgeschichten, vielleicht auch Schrulligkeiten, gibt es nur bei euch? Mittelständler glauben oft, sie könnten aufgrund der finanziellen Einschränkungen nicht mit ›den Großen‹ mithalten. Aber das trifft nur bedingt zu. Jedes Unternehmen hat (für bestimmte Zielgruppen) spannende Geschichten zu erzählen. Und die kosten erst mal nichts. Es kann aber helfen, externe Beratung hinzuzuziehen, um diese Geschichten herauszukitzeln. Man braucht oft den externen Blick, um das ›Besondere im Alltäglichen‹ zu erkennen.«

(»Über-uns«-Seite), Zalando (»Jobs«), Jimdo (»Jobs«). Fällt Ihnen etwas auf? Das sind Seiten von überwiegend jungen Unternehmen. Seiten mit modernem Design, vielen Bildern, die sehr lebendig

**Erzeugen Sie positive Emotionen und Bilder im Kopf junger Bewerber!**

und fröhlich wirken, auf denen auch klar der Unternehmenssinn und der Nutzen, der eine Mitarbeit bringen würde, kommuniziert werden.

Wichtig ist Employer Branding auch bei der Ausschreibung von offenen Stellen. Ganz häufig werden hierzu PDF-Dokumente offline oder online veröffentlicht, die inhaltlich dann wie folgt aufgebaut sind: 1. Kurz was übers Unternehmen, 2. Ihre Aufgaben, 3. Ihr Profil, 4. Was wir Ihnen bieten. Und irgendwo rechts am Rand sind – wenn überhaupt – zwei, drei Bilder mit eingefügt. Was fehlt? Der Fokus auf den Sinn des Unternehmens (welchen gesellschaftlichen Beitrag liefert das Unternehmen?), auf den konkreten Mehrwert für den Bewerber (was bekommt man hier, was man woanders nicht bekommt?) sowie auf das, was das Herz des Unternehmens ausmacht (wie sind die Mitarbeiter, das Betriebsklima und die Arbeitskultur?).

Viel spannender und interessanter als klassische Ansätze zur Stellenbesetzung sind **neue kreative Recruiting-Konzepte**. Ein gutes Beispiele ist der Online-Reiseanbieter Urlaubsguru. Er hat einen Aufruf für »Das Praktikum deines Lebens«[105] gemacht. Auf diesen Aufruf haben sich 5000 Kandidaten beworben. 100 davon kamen in die engere Auswahl, und die Bewerber mussten sich vor einer Jury mit lustigen und pfiffigen Ideen behaupten. Im Praktikum selbst geht es dann um folgende Aufgaben: Reise-Schnäppchen testen, um die Welt traveln, Erlebnisberichte verfassen und mit der Redaktion zusammenarbeiten. Können Sie auch ein spannendes Praktikum zur Verfügung stellen, wodurch Sie Ihre Sogwirkung auf junge Menschen steigern können? Trauen Sie sich, **über den Tellerrand zu schauen**!

Ein weiteres Beispiel ist Mobile.de, ein Fahrzeugmarkt im Internet, der potenzielle Bewerber auffordert[106], ein Konzept zu entwickeln, um das Unternehmen zukünftig als einer der Top-Arbeitgeber im E-Commerce-Bereich zu platzieren. Damit sammelt Mobile.de nicht nur viele kreative Ideen, sondern schafft eine enorme Strahlkraft auf junge Menschen: Die Website wirkt kreativ, cool und macht den Anschein, als könne man dort im Unternehmen seine eigenen Ideen verwirklichen. Die besten Vorschläge wurden mit Preisgeldern belohnt. Nehmen Sie sich ein Beispiel und schaffen Sie neue attraktive Jobprofile! Dadurch erhöhen Sie Ihre Strahlkraft als Unternehmen und heben sich von Mitbewerbern Ihrer Branche ab!

Das dritte coole – etwas andere – Beispiel ist »Schwarze Dose 28«. Die Hersteller dieses Energydrinks haben 2010 das Kreativprojekt »Schwarze Dose 28 und der Halbtagsjob 2010« ins Leben gerufen. Die Idee: »Schwarze Dose 28« finanziert fünf talentierten und engagierten Kreativen aus den Bereichen Mode, Kunst, Design, Musik und kreatives Schreiben vier Stunden Arbeitszeit pro Tag – für ein halbes Jahr. Damit erhalten junge Menschen mehr Zeit, um eigene innovative Projekte voranzutreiben. Vielleicht lässt sich diese Idee auch unternehmensintern umsetzen? Das meinte ich mit »über den Tellerrand hinausschauen« … Welche Kampagnen ziehen junge Menschen an? Was finden die gut? Und überlegen Sie, wie sich eine solche Aktion auf Ihren eigenen Recruiting-Prozess anpassen lässt!

Was die drei Beispiele deutlich machen: Heute zeigen sich die Kompetenzen und Ressourcen junger talentierter Bewerber nicht mehr im klassischen Bewerbungsprozess. Es ist vielmehr konkretes Können,

### Umsetzungstipps

- Machen Sie sich sichtbar.
- Seien Sie das beste digitale Schaufenster Ihrer Region oder Ihrer Branche.
- Stellen Sie den Mehrwert für Bewerber in den Fokus.
- Zeigen Sie online all Ihre Besonderheiten auf, die für den Bewerber von Interesse sein könnten.
- Präsentieren Sie sich echt und transparent – auch über bewegte Bilder (Videos).
- Seien Sie auch über Social-Media-Kanäle aktiv: Facebook, Twitter (#Karriere), YouTube, Instagram.
- Sorgen Sie dafür, dass Ihr Webauftritt an eine mobile Nutzung angepasst ist.
- Lassen Sie sich von professionellen Agenturen beraten.
- Beziehen Sie bei Ihren Überlegungen Generation-Y-Vertreter mit ein, wenn Sie neue junge Mitarbeiter gewinnen wollen.
- Ziehen Sie neue Bewerber über neue Jobprofile an.

### Setzen Sie sich auch mit Fragen auseinander wie:

- Wo überall (analog und digital) präsentieren Sie sich?
- Wie laut (aktiv) sind Sie in Ihrer Kommunikation nach außen?
- Wie breit (unpersönlich) und wie gezielt (persönlich) suchen Sie den Kontakt zu potenziellen Bewerbern?

das zeigt, wer sich von der Masse abhebt. Es sind Querdenker und Kreative, nach denen Unternehmen vermehrt suchen sollten. Und die Beispiele zeigen auch, dass der Wandel der Arbeitswelt – und dort vor allem die digitale Revolution – vielfältige Möglichkeiten für neue Jobprofile schafft. Diese erkennen Sie aber erst dann, wenn Sie digitale Trends sehen und auf Ihre eigene Branche anwenden. Es sind vor allem die neuen Jobprofile, die auf junge Menschen attraktiv wirken. #KonkretesKönnen

**Seien Sie anders als andere, investieren Sie Zeit in eine innovative Außendarstellung Ihres Unternehmens! Früher oder später werden Sie mit guten Bewerbern belohnt.**

Noch einmal zu meinen Studis: Ich war natürlich neugierig und wollte erfahren, wie sie bei der Suche nach potenziellen Arbeitgebern vorgehen, und dabei sind mir zwei zentrale Ansätze besonders aufgefallen: erstens die Google-Suche und zweitens die Suche im sozialen Umfeld. Weniger häufig wurden Online-Jobbörsen genutzt. Und keiner von den Studenten wurde bisher aktiv von einem potenziellen Arbeitgeber angesprochen. Aber genau darin liegt für Unternehmen eine gute Möglichkeit, gezielt gute Mitarbeiter zu finden. Suchen Sie den direkten Kontakt zu jungen Menschen – sei es über die Hochschulen (Lehrauftrag, Vortrag, Weiterbildungen, Campus), über Karrieremessen, über den Bekanntenkreis eigener Mitarbeiter oder über Wettbewerbe für Studenten. Der Recruiting-Trend geht auch dahin, bereits schon in den Schulen anzusetzen und dort die jungen Leute zum einen auf die eigene Branche und zum anderen direkt auf das eigene Unternehmen aufmerksam zu machen.

## NEUES NETZWERK ZWISCHEN WIRTSCHAFT UND FORSCHUNG

Die drei Jungs Steffen Bünau, Leon Näsemann und Niels Reinhard haben zwei tolle Plattformen geschaffen: **die-bachelorarbeit.de** und **die-masterarbeit.de**. Hier haben Forschung und Wirtschaft die Möglich-

**Reflexionsfrage**

Wie wollen Sie Ihr Unternehmen auf die Zukunft ausrichten? Welche neuen Jobs sind relevant und auf welche kreative Weise wollen Sie junge Menschen dafür gewinnen?

80 % aller Bewerber teilen ihr Erlebnis mit Freunden/Bekannten

Positive CandEx kann gezielt erzeugt werden

Positive CandEx = Beziehung = Vertrauen

Negative CandEx beschädigt Arbeitgeber-Image

persönlicher Ansprechpartner

kürzere Bewerbungsdauer

Klarheit über Jobanforderungen
und Bewerbungsverfahren

unpersönliche Absage

Online-Bewerbungsformulare
unbeliebt

Job/Firma bei Google
nicht auffindbar

(Quelle: Candidate Experience Studie 2014)

keit, zueinanderzufinden. Unternehmen können dort wissenschaftlich interessante Themen für Abschlussarbeiten einstellen – ein perfektes Marketinginstrument! Auf der anderen Seite lernen Studenten dort interessante praxisrelevante Projekte kennen und haben die Möglichkeit, leichter in ein Unternehmen hineinzukommen. Das Projekt ist seit April 2015 vom EXIST-Gründerstipendium (BMWE) gefördert, wird von etwa 260 Hochschulprofessoren aktiv unterstützt und hatte in den letzten sechs Wochen seit Gründung mehr als 20 000 Benutzer.

**Nutzen Sie das Empfehlungsmarketing Ihrer Mitarbeiter. Denn kommen Sie bei denen gut an, werden sie gut über Sie sprechen. Werden Sie von Ihren Mitarbeitern nicht weiterempfohlen, sollten Sie sich nach Ursachen erkundigen. Arbeiten Sie aktiv an dem Empfehlungsmarketing Ihrer Mitarbeiter. Legen Sie Ihren Fokus dabei auf Ihre besten Mitarbeiter. Die Besten ziehen die Besten an.**

Auf die Frage, was sie im Bewerbungsprozess nervt, haben einige meiner Studenten geantwortet:

- kein zeitnahes Feedback zu den Bewerbungsunterlagen
- kein konstruktives Feedback zu den Unterlagen
- Online-Formulare, die ausgefüllt werden müssen

Nutzen Sie dieses Feedback und arbeiten Sie daran, die **Candidate Experience** zu optimieren (Abb. S. 239)! Denn junge Menschen sind schnelle Reaktionen gewohnt, wollen zeitnahes und konstruktives inhaltliches Feedback und sind eher ungeduldig in ihrem Verhalten – sie wollen lieber eine E-Mail-Bewerbung absenden, als sich durch Online-Formulare zu quälen. Weitere konkrete Empfehlungen erhalten Sie auch über die **Candidate Experience Studie 2014**.[107]

Mir ist durch unterschiedliche Erfahrungen in meinem Gen-Y-Umfeld aufgefallen (und das bestätigen viele Umfragen und Studien): Die Masse an offenen Stellen ist groß – vor allem bei KMU. Demnach ist auch die Anzahl an Ausschreibungen hoch. Und die Zahl wird zukünftig weiter steigen. Umso wichtiger ist es, aus der Masse hervorzustechen und die Guten für sich begeistern und gewinnen zu können. Dazu müssen Unternehmen umdenken lernen, verstehen, dass sie aktiv auf Bewerber zugehen müssen, weil diese nicht mehr unbedingt alle von alleine kommen. Es sei denn, man gehört zu Unternehmen wie Google, Facebook oder Apple. Wenn das nun aber immer mehr Unternehmen verstehen, laufen alle wieder in dieselbe Richtung. Umso wichtiger wird es sein, sich immer wieder von anderen abzuheben, eigene und neue Wege zu gehen. Setzen Sie sich dazu zum Beispiel mit guten Agenturen in Verbindung! Und lernen Sie zu akzeptieren: **Ja, junge Menschen werden immer mehr picky – so wie Kunden auch.** Sie können es auch – die demografische Entwicklung wird ihnen die Karten zuspielen.

In einer Diskussionsrunde in der MDR-Sendung »Fakt ist …!« zum Thema »Frech, faul, fordernd – die Generation Y« erzählte uns Prof. Dr. med. Christian Schmidt, Vorstandsvorsitzender Universitätsmedizin Roststock, folgende Geschichte: Ein älterer Professor, Präsident seiner Fachgesellschaft, hospitierte den ganzen Tag bei einem jungen Bewerber. Nach dem Tag saßen die beiden im Büro beim Auswahlgespräch. Der junge Mann ergriff das Wort, bedankte sich für die gute Betreuung und teilte mit: »Sie stehen in der engeren Wahl.« Diese Situation wird zukünftig kein Einzelfall bleiben …

# DAUERBRENNER BLEIBEN

Fakt ist: Sie werden für junge Menschen nur ein Dauerbrenner bleiben, wenn Sie beim Thema der Mitarbeiterbindung umdenken. Denn die wird es zukünftig nicht mehr so, wie es früher üblich war, geben. Junge Menschen werden mit hoher Wahrscheinlichkeit in ihrem Leben mehrmals den Arbeitgeber wechseln. Das heißt, auch der Begriff Loyalität erlebt einen Wandel: Nicht mehr die Länge der Zugehörigkeit steht im Fokus, sondern der Identifikationsgrad.

Trotzdem können Sie bei unterschiedlichen Zielgruppen immer einen attraktiven und interessanten Eindruck hinterlassen. Aber nur dann, wenn Sie als Organisation aktiv an einem modernen Mindset arbeiten. Und das – so erlebe ich es in vielen Organisationen – ist keine Selbstverständlichkeit. Zu viele Menschen in Unternehmen denken betriebsblind und schaffen den Blick nicht über den Tellerrand hinaus. Sie stolpern gedanklich immer und immer wieder über diverse »Handläufe«, die im Unternehmen selbst existieren. Und statt sich die Frage zu stellen, wie sich solche »Handläufe« beseitigen lassen, versuchen Menschen, diese auch noch zu verteidigen.

# FAZIT: DER 360°-BLICK ENTSCHEIDET

Wir müssen also dranbleiben an den jungen Leuten. Sie müssen dranbleiben. Das geht nur, wenn Sie sich die Dinge aus dem sechsten und letzten Kapitel dieses Buches wirklich zu Herzen nehmen – wenn Sie Ihr Herz und das Ihres Unternehmens für die Wünsche der Jungen öffnen.

Dazu gehört unter anderem:
- dass Sie auf dem neuesten Stand aller digitalen und wirtschaftlichen Entwicklungen bleiben – Oldtimer will man nur als Auto,
- dass Sie begehrt sind (vielleicht setzen Sie mal ein spritziges Teambuilding an oder veranstalten einen Kreativ-Tag),
- dass Sie transparent arbeiten (damit gemeint ist, dass sich kein Chef wochenlang in seinem Büro verstecken sollte – das schafft Distanz und das ist nicht gut),
- dass Sie alle »Handläufe« aus Ihrem Unternehmen verbannen.

Öffnen Sie sich, und zwar um 360 Grad!

Auch Unternehmen haben eine Komfortzone …

## FAST GESCHAFFT ...

Nun fast ganz am Ende dieses Buches erlauben Sie mir diese Worte: Ich erhebe weder Anspruch auf Vollständigkeit noch auf absoluten Tiefgang. Weder an mich noch an Sie. Viel wichtiger ist es mir, einen Gesamtüberblick zu geben, der aufzeigt, welche Stellung die Generation Y in der aktuellen Arbeitswelt hat und wie unterschiedliche Trends und Themen miteinander verwoben sind.

Sehr häufig erlebe ich, dass Veränderungen auf der Führungsebene durchgeführt werden, ohne dass das Organisationsmodell hinterfragt wird. Oder ich höre Vorurteile gegenüber Ypsilonern, ohne dass deren Verhalten im Gesamtkontext betrachtet wird. Und das ist mein Wunsch: Ihnen mit diesem Buch Impulse an die Hand zu geben, damit Sie die Themen Generation Y, Mitarbeitergewinnung und -bindung auf eine vielschichtigere Weise betrachten können als bisher. #YimKontext

**Mögliche »Handläufe«: Zu viel Bürokratie! Stechuhrsysteme! Anwesenheitspflicht! Einzelarbeitsbüro! Mehrstufiges Hierarchiemodell! Festhalten an altem Wertesystem! Status quo vehement verteidigen! Kein kostenfreies WLAN in Unternehmen! Sicherheitsvorkehrungen, die moderne digitale Werkzeuge nicht zulassen! Vertikale Wertigkeit! Management by Objectives!**

Denn ich bin überzeugt davon: Nur mit einem 360-Grad-Blick schaffen Sie es, in einer VUKA-Welt auch als Organisation dynamisch, up to date und erfolgreich zu sein. Sie müssen versuchen, zu verstehen, wie sich die Arbeitswelt verändert, und basierend darauf permanent die eigene Branche und das eigene Unternehmen hinterfragen. Um auf den Handlauf vom Anfang zurückzukommen: Überlegen Sie, welche »Handläufe« Ihre Organisation daran hindern, im Wandel gut mitzuziehen oder sich als Vorreiter von der Masse abheben zu können.

# EPILOG

## SPINNEN WIR DOCH MAL RUM ...

**…d**enn so richtig rumgesponnen haben wir noch nicht. Im Gegenteil. Wir haben über die Anpassung des alten Systems an die neue Welt gesprochen. Also über den normalen evolutionären Verlauf und darüber, wer im ökonomischen Wettstreit ganz weit vorne mitspielen wird. #SurvivalOfTheFittest

Setzen wir jetzt mal einen gedanklichen Cut. Packen Sie all Ihr Wissen auf eine imaginäre Wolke und lassen Sie diese gedanklich von Ihnen wegtreiben. Befreien wir uns vom ökonomischen Antrieb, der so tief verankert in uns steckt, und kreieren wir ein neues Bild: Stellen wir uns vor, unser einziger menschlicher Antrieb bestünde darin, gesellschaftlich relevante Probleme zu lösen: Umweltschutz, Ressourcenschonung, $CO_2$-Einsparung, soziale Verantwortung anderen gegenüber, weltweite Verteilung von Vermögen und Waren, Fair Business, Fair Trade, Präventivmedizin, der menschliche Trieb, seine Umgebung (derzeit das Weltall) zu erkunden, und, und, und …

Klingt absurd? Mag sein! Aber wir dürfen nicht vergessen: Wir sind eine Generation, die nicht damit beschäftigt ist, ein zerstörtes Land wieder aufzubauen. Uns geht es existenziell gut. Statt den Fokus auf uns selbst zu richten, haben wir heute viel mehr die Möglichkeit, dorthin zu blicken, wo globale Probleme zu lösen sind. Und die Aufgabe von Unternehmen bestünde in diesem Szenario darin, junge Menschen darin zu unterstützen, groß zu denken und groß zu handeln, um Lösungen für weltweit relevante Probleme zu finden – unabhängig von ökonomischen Zielsetzungen und über den Tellerrand der Unternehmensmauern hinausschauend. #GroßDenkenGroßHandeln

So wie der 19-jährige Student für Luft- und Raumfahrttechnik Boyan Slat groß gedacht hat. Der leidenschaftliche Taucher hat unter Wasser teilweise vor lauter Müll die Fische nicht mehr gesehen. Das war für ihn der Anlass, sich mit einer Lösung des weltweiten Problems der Meeresverschmutzung zu beschäftigen. Seit 2011 arbeitet Boyan mit einem Freund an der Idee, den Ozean zu reinigen, und hat dazu auch die Webseite »theoceancleanup.com« aufgebaut. Seinem Crowdfunding-Aufruf sind fast 40 000 Unterstützer gefolgt. Zusammen haben sie mehr als 2,1 Millionen Dollar bereitgestellt, damit Boyan an einem Prototypen seines Modells zur Reinigung der Meere arbeiten kann. Mit seiner Machbarkeitsstudie sind heute mehr als 100 Forscher beschäftigt.

Oder so wie Mark Zuckerberg: Seine Vision ist es, in abgelegene Regionen der Erde eine riesige Drohne namens Aquila (schwer wie ein Pkw und mit einer Spannweite wie eine Boeing 737) zu schicken, um eine weltweite Vernetzung und einen weltweiten Zugang zum Internet zu ermöglichen. Dazu sagte Zuckerberg im März 2015: »As part of our Internet.org effort to connect the world, we've designed unmanned aircraft that can beam internet access down to people from the sky.«

Und wie tief man sich vor dem Whistleblower Edward Snowden verneigen sollte, ist vermutlich nicht zu bemessen. Er hat sein Leben aufs Spiel gesetzt. Für das Allgemeinwohl.

Erinnern Sie sich an Kapitel 1 zurück, in dem ich kurz die Entwicklung von eierlosen Eiern und fleischlosem Fleisch angesprochen habe? Heute sind Hacker-Labore (Bereich Biotechnologie) im Silicon Valley damit beschäftigt, solche Bio-Ideen umzusetzen, um die weltweite Ressourcenausbeutung auszubremsen und dadurch die Welt ein Stück weit besser zu machen. #BioEierAusDemValley

Stellen Sie sich vor, in jedem Unternehmen gäbe es lauter junge Boyan Slats, Mark Zuckerbergs oder Edward Snowdens, die unabhängig von ökonomischem Druck auf geniale Ideen zur Lösung weltweit relevanter Probleme kämen. Wäre das nicht großartig?

Bevor Sie in die Ja-aber-das-sind-Ausnahmen-Falle tappen: Es reichen auch schon kleinere Aktionen wie zum Beispiel die **Online-Jobbörse** workeer.de, die Flüchtlinge und Arbeitgeber zusammenbringt und von zwei Studenten im Rahmen ihrer Masterarbeit entwickelt worden ist. Oder die **Online-Plattform** netzpolitik.org, die sich für digitale Freiheitsrechte einsetzt.

Wir könnten die Idee, dass Unternehmen junge Menschen darin unterstützen, ohne ökonomischen Antrieb groß zu denken und groß zu handeln, Realität werden lassen, aber dazu brauchen wir die Alten. Sie dominieren Politik und Wirtschaft, ja genau sie sind es, die den Jungen mehr Freiräume schaffen müssen, damit diese große Visionen entwickeln. Sie sind es, die eine junge Generation positiv beeinflussen können – weg von zu viel Narzissmus und Materialismus, hin zu mehr Engagement, weg von einer Ich-Kultur, hin zu einem Wir-Gedanken, der auch nach mehr Sorge für andere und die Umwelt strebt.

Der kanadische Schriftsteller Douglas Coupland, der den Bestseller »Generation X« geschrieben hat, hat in einem Interview mal gesagt: »Wir haben das Gefühl verloren, in einem spezifischen Moment der Zeitgeschichte zu leben.« Nutzen wir die Chance, sinnvoller im Hier und Jetzt zu leben und damit gute Geschichten zu schreiben. Vielleicht auch über das Ende des Kapitalismus, den Beginn eines neuen Wirtschaftssystems und die »soziale Gemeinschaft«, wie sie von einem der berühmtesten Berufsvisionäre der Gegenwart, dem Ökonom Jeremy Rifkin, in seinem neuen Buch »Die Null-Grenzkosten-Gesellschaft« vorhergesagt wird. #ImHierUndJetzt

Den wichtigsten Meilenstein auf dem Weg dahin hat Sir Timothy John Berners-Lee mit der Erfindung des Internets gesetzt. Damit, dass er das World Wide Web patentfrei für die Allgemeinheit zur Verfügung gestellt hat, hat er die Kommunikation revolutioniert und eine neue Ära eingeläutet – die Ära der Social Society, die erstmalig in der Menschheitsgeschichte einen freien und gleichberechtigten Informations- und Kommunikationsaustausch ermöglichen sollte. Die Macht von Staaten, die kommerziell Informationsfrequenzen (ETAs) verkaufen, wurde damit ausgehebelt.

Seit den 1990er-Jahren hat das Internet bisher zwei zentrale Phasen durchlebt: die weltweite Konnektivität und den Start der Interaktionen miteinander. In der zweiten Phase etablierten sich digitale Unternehmen wie Google, Facebook, Yahoo, Amazon, die zu neuen Gatekeepern des Internets wurden. Mit ihrer Selektions- und Vermittlungsfunktion ermöglichen sie zwar einerseits das Filtern von

Informationen und stellen für Nutzer (scheinbar) relevante Informationen zur Verfügung (Wer kennt es nicht: Man sucht bei Amazon nach Hosen und bekommt auf jeder weiteren Seite Werbung zu Hosen eingespielt). Auf der anderen Seite vergrößert sich ihre Macht im Netz, was mehr und mehr zu einer Kommerzialisierung des Internets führt – was der Phase 3 der evolutionären Entwicklung des Netzes entspricht. Auch Berners-Lee äußert sich zu dieser Entwicklung kritisch und fordert deshalb eine »Magna Carta«

(eine »große Urkunde der Freiheit«) für das Internetzeitalter: »Unsere Rechte werden auf allen Seiten mehr und mehr verletzt, und die Gefahr besteht, dass wir uns daran gewöhnen«, so seine Aussage im Gespräch mit dem britischen Guardian. Er fordert zum Kampf für ein freies Internet auf – und genau darin liegt eine zentrale Aufgabe im Hier und Jetzt! Wir haben es selbst in der Hand, die neue Ökonomie des Teilens und Tauschens (Sharing-Economy), wie Rifkin sie bezeichnet, voranzubringen – und somit Wirtschaft, Gesellschaft und unsere Art zu leben und zu denken positiv zu beeinflussen. Oder geschehen zu lassen, was passiert, dass wir mehr und mehr in eine Welt von Stasi 2.0, Freiheitsberaubung, Informationsmonopolen und der Ausbreitung vom UBER-Modell (Kapitalismus der Plattform-Machtmonopole, der kostspielige Mittelsmänner ausschaltet und den Enddienstleister in eine »neue Sklaverei« führt) in andere Branchen gleiten.

# We can't blame the technology when we make mistakes.

Tim Berners-Lee

Die Hoffnung stirbt zuletzt.

# ANHANG

# DANKSAGUNG

Ich habe mir in den Kopf gesetzt, dieses Buch zu schreiben. Von der Idee bis zum Ergebnis sind einige Stunden, Tage und Monate vergangen. Der Weg dorthin war eine lehrreiche, interessante und spannende Reise. An dieser Stelle möchte ich mich ganz herzlich bei meinen treuen Wegbegleitern bedanken, die mit mir gemeinsam aus der Ursprungsidee das Buch gemacht haben, das Sie nun in den Händen halten.

An oberster Stelle steht mein Schlauberger-Freund **Firas Philipp Ghadri.** Er hat mich mit seinem Wissen in vielen Diskussionsrunden bereichert, mich energetisch unterstützt und akzeptiert, dass mal für ein halbes Jahr mein Lebensmittelpunkt nicht er, sondern mein Buchprojekt war. Dann möchte ich auch **Laura Waßermann** danken. Sie war das fleißige Bienchen an meiner Seite, die mit ihrem journalistischen Blick, ihren Ideen, ihrem Know-how und Können eine tolle Bereicherung war. Und auch bei **Dorothea Pluta** möchte ich mich für die grafischen Highlights bedanken. Sie hat viel Zeit und Energie investiert, hat vieles ausprobiert und das Buch mit zu dem gemacht hat, was es heute ist. Danke auch an Ute Flockenhaus und den GABAL Verlag für die tolle Zusammenarbeit.

Und danken möchte ich natürlich auch all jenen, die sich bereit erklärt haben, dass ich ihre Gedanken, Ideen und Aussagen in diesem Buch präsentieren darf. #EinHochAufDieWirKultur!

# QUELLEN

1  http://www.spiegel.de/politik/deutschland/gesetzentwurf-rentenre-
   form-soll-offenbar-60-milliarden-euro-kosten-a-943815.html
2  http://sz-magazin.sueddeutsche.de/texte/anzeigen/43404/1/1
3  http://www.2bahead.com/analyse/trendanalyse/detail/trendanalyse-
   die-maer-von-der-boesen-sharing-economy/
4  http://www.2bahead.com/analyse/trendanalyse/detail/trendanalyse-
   die-maer-von-der-boesen-sharing-economy/
5  http://www.zukunftsinstitut.de/artikel/future-learning-kreativ-und-
   flexibel/
6  http://www.songtexte.com/songtext/deichkind/buck-dich-hoch-
   6384966b.html
7  http://www.huffingtonpost.de/2014/08/11/thomas-sattelberger-gene-
   ration-y-_n_5667238.html
8  http://steffiburkhart.de/replik-auf-das-interview-mit-thomas-starnber-
   ger-ueber-die-generation-y/
9  http://www.faz.net/aktuell/wirtschaft/netzwirtschaft/naina-debatte-
   wie-ein-tweet-eine-bildungsdebatte-ausloesen-konnte-13372015.html
10 http://www.zukunftsinstitut.de/fileadmin/user_upload/Die_Neue_Wir-
   Kultur-Leseprobe__1_.pdf
11 Rahner, Sven (2014) Architekten der Arbeit: Positionen, Entwürfe,
   Kontroversen. Körber-Stiftung, Hamburg
12 https://www.youtube.com/watch?v=nDhwsNyWdVA (ab Minute
   45:00)
13 http://sz-magazin.sueddeutsche.de/texte/anzeigen/43404/1/1
14 http://www.zukunftsinstitut.de/artikel/auftragsstudie-fuer-signium-
   international-generation-y-mt-new-work/
15 Ego-Shows? Gibt's bei uns nicht! t3n Magazin, Nr. 39, S. 37
16 Melodram im Aldi-Clan. manager magazin, 12/2014, S. 118
17 Elance-oDesk (2015) Millennial Branding 2015: Generation Y. Herausforderungen und Chance
18 http://t3n.de/magazin/konzerne-grossunternehmen-startup-kultur-
   adaptieren-235213/
19 http://www.2bahead.com/profil/news/artikel/detail/neue-trendanaly-
   se-der-angriff-der-bitcoin-nachfolger/

20 http://www.2bahead.com/profil/news/artikel/detail/neue-trendanaly-se-der-angriff-der-bitcoin-nachfolger/

21 Dueck, Gunter (2013) Das Neue und seine Feinde: Wie Ideen verhindert werden und wie sie sich trotzdem durchsetzen. Campus Verlag, Frankfurt a. M.

22 http://www.trend-update.de/2014/11/24/ungeschriebene-regeln/

23 https://netzoekonom.de/2015/01/15/die-politik-ist-das-groesste-problem-fuer-die-digitalisierung-der-deutschen-wirtschaft/

24 Münchner Kreis (2014) Zukunftsstudie 2014. Ausbildung von Verlierern?

25 http://www.zukunftsinstitut.de/dossier/megatrend-silver-society/

26 Jánszky, S. G. / Abicht, L. (2013) 2025 – So arbeiten wir in der Zukunft. Goldegg Verlag, Berlin

27 Statistisches Bundesamt (betrachtet man den Altenlastquotient 2015, also die Relation der Bevölkerung im Alter von 65 und mehr Jahren zur Bevölkerung im Alter von 15 bis 64 Jahren)

28 http://www.zukunftsinstitut.de/artikel/lebensstile2014/29https:// www.destatis.de/DE/PresseService/Presse/Pressemitteilungen/2015/05/ PD15_185_213pdf.pdf?__blob=publicationFile

30 http://www.zeit.de/2011/22/Zwangsberentung/seite-2

31 http://www.welt.de/wirtschaft/article143756255/Die-Generation-Y-traegt-die-Kosten-des-Sozialstaates.html

32 http://www.tagesspiegel.de/meinung/andrea-nahles-und-das-rentenpaket-die-rente-mit-63-bleibt-ungerecht/9916558.html

33 BBE Retail Experts GmbH (2009)

34 Gesellschaft für Konsumforschung (2010)

35 BMFSFJ (2010) Initiative »Wirtschaftsfaktor Alter«. Berlin

36 Muthers Institut (Juli 2010) Gold-Quelle 50 Plus. Die ältere Generation ist wirtschaftliches Edelmetall

37 Bundesministerium des Innern (Oktober 2011) Demografiebericht

38 Institut für Arbeitsmarkt- und Berufsforschung (2011) IAB-Kurzbericht. Aktuelle Analysen aus dem Institut für Arbeitsmarkt- und Berufsforschung

39 Gaedt, Martin (2014) Mythos Fachkräftemangel: Was auf Deutschlands Arbeitsmarkt gewaltig schiefläuft. Wiley VCH Verlag, Weinheim an der Bergstraße

40 http://www.erfahrung-deutschland.de/silver-workers---arbeit-im-ruhe-stand.html

41 http://www.zukunftsinstitut.de/artikel/silverpreneure-vom-beruf-zur-berufung/

42 http://www.spiegel.de/karriere/berufsleben/rentner-kehren-in-unter-nehmen-wie-daimler-bosch-und-otto-zurueck-a-968112.html

43 http://www.focus.de/finanzen/karriere/alt-weise-und-begehrt-mento-ren-fuer-juengere-generationen_id_3602812.html

44 http://fundersandfounders.com/too-late-to-start-life-crisis/

45 Gallup (März 2015) Engagement Index

46 http://www.brandeins.de/archiv/2014/arbeit/alt-lernt-von-jung-viele-generationen-im-unternehmen-sag-mal-wie-geht-das/

47 Pwc (2011) Millennials at work. Reshaping the workplace

48 http://www.faz.net/aktuell/wirtschaft/vollbeschaeftigung/schwerpunkt-arbeit-fuer-alle-vollbeschaeftigung-unglaublich-aber-wahr-12164794.html

49 Jánszky, S. G. / Abicht, L. (2013) 2025 – So arbeiten wir in der Zukunft. Goldegg Verlag, Berlin

50 https://wollmilchsau.de/employer-branding/der-arbeitsmarkt-der-zu-kunft-interview-mit-zukunftsforscher-sven-gabor-janszky/

51 Steinle, Andreas et al (2008): Lebensstile für morgen. Zukunftsinstitut

52 https://www.youtube.com/watch?v=faoGOas1Dh4

53 http://www.rolandberger.de/expertise/trend_compendium_2030/De-mografische_Dynamik.html

54 http://de.statista.com/statistik/daten/studie/186370/umfrage/anzahl-der-internetnutzer-weltweit-zeitreihe/

55 http://www.brandeins.de/archiv/2015/talent/ausbildung-fuer-fluecht-linge-an-die-flex/

56 Kearny, A. T. (2014) »Deutschland 2064 – Die Welt unserer Kinder«. https://www.atkearney.de/web/361-grad/deutschland-2064

57 ZDF (2007) 2057 – Unser Leben in der Zukunft: Der Mensch (Teil 1/3)

58 Wohland, Gerhard / Wiemeyer, Matthias (2012) Denkwerkzeuge der Höchstleister. Warum dynamikrobuste Unternehmen Marktdruck er-zeugen. UNIBUCH Verlag, Lüneburg

59 Kearny, A. T. (2014) »Deutschland 2064 – Die Welt unserer Kinder«. https://www.atkearney.de/web/361-grad/deutschland-2064

60 https://www.zukunftsinstitut.de/artikel/konnektivitaet-die-vernetzung-der-welt/

61 Zukunftsinstitut (April 2015) Trendstudie Youth Economy BÄM!

62 https://netzoekonom.de/2014/12/03/industrie-4-0-ist-chefsache-kommt-aber-in-deutschland-kaum-voran/

63 https://www.youtube.com/watch?v=m3QqDOeSahU&index=5&list=PL6F8B805C5213A40B

64 Pfläging, Niels (2014) Organisation für Komplexität: Wie Arbeit wieder lebendig wird – und Höchstleistung entsteht. REDLINE Verlag, München

65 Leadership. Wie geht Führung im Zeitalter digitaler Transformation? Ein Heft über Management im Wandel. Harvard Business Manager, 02.12.2014

66 Pfläging, Niels / Steinmann, Pia (2014) Organisation für Komplexität: Wie Arbeit wieder lebendig wird – und Höchstleistung entsteht. Books on Demand, Nordstedt

67 Leskovec, Jure / Horvitz, Eric (2008) Planetary-Scale Views on a Large Instant-Messaging Network. International World Wide Web Conference Committee (IW3C2). Beijing, Cina. https://cs.stanford.edu/people/jure/pubs/msn-www08.pdf

68 Kearny, A. T. (2014) »Deutschland 2064 – Die Welt unserer Kinder«. https://www.atkearney.de/web/361-grad/deutschland-2064

69 Kruse, Peter (2204) next practice. Erfolgreiches Management von Instabilität. Veränderung durch Vernetzung. GABAL Verlag, Offenbach

70 Münchner Kreis (2014) Zukunftsstudie

71 https://netzoekonom.de/2014/11/16/die-techs-kommen-wie-internet-firmen-traditionelle-branchen-disrupten/

72 Gensler (2008) Workplace Survey

73 http://www.manager-magazin.de/magazin/artikel/a-838699-2.html

74 http://www.manager-magazin.de/magazin/artikel/finnland-ist-ein-traum-fuer-gruender-der-digitalbranche-a-1031225-2.html

75 McGregor, Douglas (2005) The Human Side of Enterprise. Mcgraw-Hill Education Ltd, New York

76 Daniel H. Pink (2010) Drive: Was Sie wirklich motiviert Ecowin Verlag, Salzburg

77 Monster Worldwide / Otto-Friedrich-Universität Bamberg (2015) Bewerbungspraxis 2015

78 http://www.epi.org/publication/top-ceos-make-300-times-more-than-workers-pay-growth-surpasses-market-gains-and-the-rest-of-the-0-1-percent/

79 http://t3n.de/magazin/amorelie-lea-sophie-cramer-238318/

80 Initiative Neue Qualität der Arbeit(2014) Führungskultur im Wandel. Kulturstudie mit 400 Tiefeninterviews

81 http://vision.haufe.de/blog/agile-strukturen-brauchen-spielregeln/

82 http://www.ted.com/talks/simon_sinek_how_great_leaders_inspire_action

83 http://www.zukunftsinstitut.de/artikel/die-individualisierung-der-welt/

84 http://www.gdi.ch/de/Think-Tank/Trend-News/So-lernen-wir-morgen

85 http://www.spiegel.de/schulspiegel/medienkrise-16-jaehriger-kauft-sich-erstmals-eine-zeitschrift-a-1002550.html

86 http://www.shell.de/aboutshell/our-commitment/shell-youth-study.html

87 http://www.zukunftsinstitut.de/artikel/gender-shift/

88 Euro RSCG Worldwide (2010) Prosumer Report, GENDER SHIFT: Are Women the New Men?

89 http://blog.iao.fraunhofer.de/arbeitswelten-40---wie-wir-morgen-arbeiten-und-leben/

90 Think!Tank (November 2014) HR-Management der Zukunft: Personalstrategien für eine Welt der Vollbeschäftigung

91 Rifkin, Jeremy (2014) Die Null-Grenzkosten-Gesellschaft: Das Internet der Dinge, kollaboratives Gemeingut und der Rückzug des Kapitalismus. Campus Verlag, Frankfurt a. M.

92 https://www.wired.de/artikel/ausgabe-0615-hallo-wir-sind-die-neuen

93 Rifkin, Jeremy (2014) Die Null-Grenzkosten-Gesellschaft: Das Internet der Dinge, kollaboratives Gemeingut und der Rückzug des Kapitalismus. Campus Verlag, Frankfurt a. M.

94 http://www.ted.com/talks/matt_ridley_when_ideas_have_sex.html

95 http://www.brandeins.de/archiv/2015/talent/die-schwierigen/

96 HR Innovation (2014) Gemeinsam Unternehmenskultur umdenken. Insight Innovation Press, Nürnberg

97 http://www.rolandtichy.de/daili-es-sentials/vom-equal-pay-boss-zum-equal-pleite-loss/

98 http://app.handelsblatt.com/politik/deutschland/arbeitsstaettenverordnung-nahles-ist-auf-dem-weg-nach-absurdistan/11286988.html

99 Sven Rahner (2014) Architekten der Arbeit. Positionen, Entwürfe, Kontroversen. edition Körber-Stiftung

100 http://steffiburkhart.de/wp-content/uploads/2015/06/Mehdorn_Spiegel_Interview.pdf

101 Der Wert der Gestaltung. Harvard Business Manager, 01/2015

102 meta HR/stellenanzeigen.de (2014) Candidate Experience Studie

103 Think!Tank (November 2014) HR-Management der Zukunft: Personalstrategien für eine Welt der Vollbeschäftigung

104 http://arbeitgeber.monster.de/LiteReg/GatedA.aspx

105 http://www.urlaubsguru.de/praktikum-deines-lebens/

106 https://your-next-job.jovoto.com/briefing

107 http://www.metahr.de/candidate-experience-studie-2014/

# STICHWORTVERZEICHNIS

# ÜBER DIE AUTORIN

**Dr. Steffi Burkhart** (Köln) ist Jahrgang 1985 und versteht sich als Sprachrohr der Generation Y. Sie hat Sportwissenschaften studiert und an der Deutschen Sporthochschule in Köln im Bereich Gesundheitspsychologie promoviert. Parallel zur Promotion hat sie zwei Jahre im Gesundheitsmanagement eines Großkonzerns gearbeitet und wechselte danach zu einem Start-up. Dort hat sie eine Führungskräfte-Akademie mit aufgebaut und bis Ende 2015 die Leitung übernommen. Seit dem Sommer 2014 setzt sie sich aktiv für junge Generationen in der modernen Arbeitswelt ein. Dazu hält sie als professionelle Speakerin Vorträge für DAX-Unternehmen, Verbände und Hochschulen, war schon mehrfach in TV-Formaten präsent, nimmt an Podiumsdiskussionen teil und vertieft ihre Inhalte durch Workshops, Trainings und Lehraufträge an Hochschulen. Seit Januar 2016 ist Steffi Burkhart selbstständig aktiv und freut sich auf die spannenden Projekte, die sie neu anpacken will.

**www.steffiburkhart.de**

## VORTRAG ZUM BUCH

Buchen Sie einen Vortrag von Steffi Burkhart. Inhaltliche Schwerpunkte können in einem persönlichen Gespräch abgestimmt werden. Dazu melden Sie sich bitte unter: **hallo@steffiburkhart.de**

Bibliografische Information der Deutschen Nationalbibliothek
Die Deutsche Nationalbibliothek verzeichnet diese Publikation
in der Deutschen Nationalbibliografie; detaillierte bibliografische Informationen sind im Internet unter http://dnb.d-nb.de
abrufbar.

ISBN 978-3-86936-691-3

2. Auflage 2016

Lektorat: Christiane Martin, Köln | www.wortfuchs.de
Umschlaggestaltung: Stephanie Böhme, Neuwied |
www.stephanieboehme.de
Umschlagillustration: Dorothea Pluta, Landsberg am Lech
Satz und Layout: Das Herstellungsbüro, Hamburg |
www.buch-herstellungsbuero.de
Illustrationen: Dorothea Pluta, Landsberg am Lech

www.gabal-verlag.de

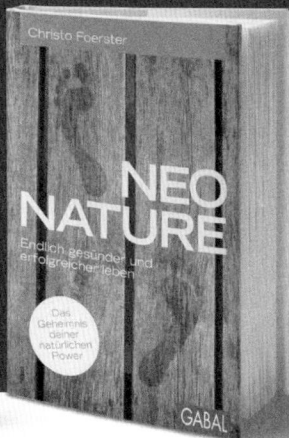